碳达峰 碳中和

理论政策与实用指南

河北省生态环境厅◎编著

中国环境出版集团·北京

图书在版编目 (CIP) 数据

碳达峰碳中和理论政策与实用指南 / 河北省生态环境厅编著 . —北京：中国环境出版集团，2022.5

ISBN 978-7-5111-5117-9

Ⅰ. ①碳… Ⅱ. ①河… Ⅲ. ①二氧化碳—排污交易—研究—中国 Ⅳ. ① X511

中国版本图书馆 CIP 数据核字（2022）第 060202 号

出 版 人 武德凯
责任编辑 田 怡
责任校对 任 丽
封面设计 光大印艺

出版发行 中国环境出版集团
（100062 北京市东城区广渠门内大街 16 号）
网 址：http: //www.cesp.com.cn
电子邮箱：bjgl@cesp.com.cn
联系电话：010-67112765（编辑管理部）
发行热线：010-67125803，010-67113405（传真）
印 刷 北京中科印刷有限公司
经 销 各地新华书店
版 次 2022 年 5 月第 1 版
印 次 2022 年 5 月第 1 次印刷
开 本 787mm × 1092mm 1/16
印 张 26.5
字 数 488 千字
定 价 98.00 元

编委会

编写组

序

当前，全球气候变化挑战日益严峻紧迫，已经从未来挑战转变为现实危机，威胁着全人类的生存发展与子孙后代的福祉。应对全球气候变化事关人类前途命运，需要全球各个国家共同携手应对，构建人类命运共同体。

我国作为一个负责任的发展中大国，一直以来高度重视应对气候变化。习近平总书记多次指出，这不是别人要我们做，而是我们自己要做。党的十八大以来，在习近平生态文明思想、经济思想和外交思想指引下，我国采取了一系列积极应对气候变化的政策和措施，主动将面临的气候挑战和危机转化为加快经济社会转型创新的机遇，超额完成2020年碳强度下降行动目标，与各方一道推动全球气候治理，为气候变化《巴黎协定》的达成、签署、生效、实施做出了历史性、基础性的重要贡献，成为全球生态文明的重要参与者、贡献者和引领者。

我国力争2030年前实现碳达峰、2060年前实现碳中和，是以习近平同志为核心的党中央经过科学论证、深思熟虑做出的重大战略决策。实现碳达峰、碳中和，是我国实现可持续发展的内在要求，体现了对历史负责、顺应时代潮流、以人民为中心的发展思想，也展现了推动构建人类命运共同体的大国担当。

我国是发展中国家，正处于工业化、城镇化进程中，产业结构偏重、能源结构偏煤、科技及基础能力偏弱，全面绿色低碳转型要付出更为艰辛的努力。尽管如此，我国将立足新发展阶段、贯彻新发展理念、构建新发展格局，采取切实有效的措施，言必信、行必果，如期实现碳达峰和碳中和目标，为全球应对气候变化不断做出新的贡献。

实现习近平总书记宣布的我国碳达峰、碳中和的目标，需要政府部门、企业、金融机构、科研院所、公众和社会各界紧密携手。本书采用政策解读和实践解析的形式进行编著，是一部面向党员领导干部、省直机关及下属部门的科学普及书籍，旨在提高全省党员领导干部、管理人员、相关技术人员对如何应对气候变化以及碳达峰、碳中和相关理论、政策、行动的认识，也便于公众更好地了解、关注这方面的工作，有助于推动形成全社会做好碳达峰、碳中和工作，积极应对气候变化的合力。

让我们在以习近平同志为核心的党中央的坚强领导下，共同参与和行动，为应对气候变化、推进生态文明建设、实现绿色低碳循环可持续发展贡献力量！

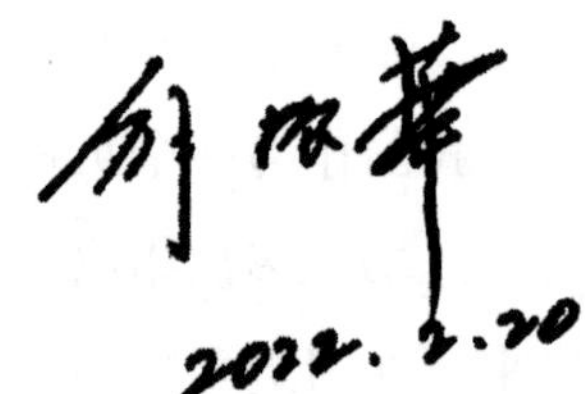

>>>

前言

工业革命以来的人类活动，尤其是发达国家在工业化过程中大量消耗能源资源，导致大气中温室气体浓度增加，引起全球气候以变暖为主要特征的显著变化。温室气体过度排放导致的全球变暖问题，关系到人类自身的生存与发展，已成为各国政府关注的重点。2020 年 9 月 22 日，在第 75 届联合国大会一般性辩论上，习近平主席向国际社会做出庄严承诺，中国将提高国家自主贡献力度，采取更加有力的政策和措施，二氧化碳排放力争于 2030 年前达到峰值，争取在 2060 年前实现碳中和（以下简称“30 · 60 目标”）。实现碳达峰、碳中和目标（以下简称“‘双碳’目标”），是我国实现可持续发展、高质量发展的内在要求，也是推动构建人类命运共同体的必然选择。

2021 年 2 月 22 日，河北省第十三届人民代表大会第四次会议通过《河北省国民经济和社会发展第十四个五年规划和 2035 年远景目标纲要》，明确把碳达峰、碳中和纳入河北省生态文明建设整体布局，强调将加强政策设计，加快重点行业、重点领域绿色低碳发展。因此，编制河北省应对气候变化与碳达峰、碳中和相关书籍是十分必要的。

本书分为 7 章，第 1 章通过应对气候变化背景及意义、国际与国内进程以及我国应对气候变化的运作体系和机构变化等，阐述了应对气候变化的理论及政策；第 2 章介绍了我国重点领域应对气候变化的措施行动以及取得的工作成效；第 3 章主要从“双碳”的定义、关系、意义，我国“双碳目标”的提出，全球“双碳”整体进展、发展形势，以及我国低碳减排与碳市场政策背景等方面阐述了“双碳”相关理论及政策；第 4 章分析了河北省重点产业产能分布，应对气候变化工作取得的成效及下一阶段的工作部署；第 5 章介绍了实现“双碳”目标的技术路径，并在“双碳”背景下对全省主要行业进行了展望；第 6 章介绍了碳市场的基本要素、碳排放权交易的流程、分配等，分析了我国碳交易试点情况、碳市场建设进展及展望；第 7 章通过分析温室气体排放统计、核算、报告的主要内容，并结合我国碳市场上线交易行业（发电企业）以及河北省代表性行业（钢铁企业）等特点，以中国发电企业及钢铁生产企业为例，对其温室气体排放核算报告指南进行了解读分析，使读者了解、熟悉、逐步掌握其核算方法。

本书由河北省生态环境厅委托河北省环境科学学会，组织国内相关领域专家共同编写。编写组查阅了大量文献资料，力图科学、通俗地阐述相关内容。由于涉及内容广泛，受知识和时间所限，难免有不足之处，敬请读者批评指正，以便今后再版时补充完善。

2021 年 12 月

>>>

目 录

1

应对气候变化

1.1 背景及意义

1.1.1 引起气候变化的原因

引起气候系统变化的原因可以分为自然因子和人为因子两大类。前者包括了太阳活动、火山活动的变化，以及气候系统的内部变化等；后者包括人类燃烧化石燃料以及毁林引起的大气中温室气体浓度的增加、气溶胶浓度的变化及陆面覆盖的变化等。

工业革命以来，由于煤、石油等化石能源大量使用而带来的二氧化碳排放，造成了大气中二氧化碳浓度升高，二氧化碳等温室气体的温室效应导致气候变暖，众多科学理论和模拟实验均验证了温室效应理论的正确性。只有考虑人类活动的作用才能模拟再现近百年来全球变暖的趋势，只有考虑人类活动对气候系统变化的影响才能解释大气、海洋、冰冻圈以及极端气候事件等方面的变化。更多的观测和研究也进一步证明，人类活动导致的温室气体排放是全球极端气候事件出现的主要原因，也可能是全球范围内陆地强降水加剧的主要原因。更多证据也揭示出人类活动对极端降水、干旱、热带气旋等事件存在影响。此外，在区域尺度，土地利用、土地覆盖变化和气溶胶浓度变化等也会影响极端气候事件的变化，城市化则可能加剧城市地区的升温幅度。

20 世纪中叶以来，人类活动也导致了我国区域气温升高、极端气候事件增多。包括温室气体、气溶胶排放以及土地利用变化在内的人类活动，很可能是我国西部地表气温增加的主要原因。人类活动很可能使得我国极端高温频率、强度和持续时间增加，极端低温频率、强度和持续时间减少，同时使得夏日日数和热夜日数增加、霜冻日数和冰冻日数减少。人类活动很可能增加我国高温热浪的发生概率，并且可能减少低温寒潮的发生概率。

由于我国降水观测资料的时间 / 空间范围有限、质量不佳和模式模拟的局限性，以及降水内部变化的较强影响，区分我国区域降水变化中人类活动的影响研究仍然存在很大的不确定性。目前的研究显示，人类活动对 1950 年以来我国东部地区小雨减少和强降水增加产生了影响，但是对东亚夏季风南涝北旱的降水格局的影响仍然信度较低。自 1950 年以来，我国极端降水呈现显著增加的趋势，在一定程度上可以归结到人类活动的影响。

1.1.2 全球温室气体排放现状

1.1.2.1 全球温室气体排放情况

根据联合国环境规划署（UNEP）《2020 年排放差距报告》的数据，2019 年创下历史新高，不包括土地利用变化的排放总量达到 524 亿 t 二氧化碳当量，若包括土地利用变化排放，全球总排放量高达 591 亿 t 二氧化碳当量。自 2010 年以来，不包括土地利用变化，全球温室气体排放总量平均每年增长 1.3%，当包括更多不确定性和易变的土地利用变化排放时，全球温室气体排放总量平均每年增长 1.4%。

2010—2019 年的十年间，前六大温室气体排放国（地区）的温室气体排放量合计占全球温室气体排放总量（不包括土地利用变化）的 61.8%，其中中国占 26%，美国占 13%，欧盟 27 国和英国占 9.3%，印度占 6.6%，俄罗斯占 4.8%，日本占 2.8%。按人均排放量计算，2019 年全球人均排放约为 6.8 t，美国高出世界平均水平 3 倍，而印度比世界平均水平低 60% 左右。

1.1.2.2 中国温室气体排放现状

根据 PBL 数据，2019 年我国温室气体排放量达到 140 亿 t 二氧化碳当量，人均约为 9.7 t 二氧化碳当量，排放总量约占全球温室气体排放总量（不包括土地利用变化）的 27%。2010—2019 年的 10 年，我国温室气体排放总量年均增长约为 2.3%，高于全球平均水平。2010 年以来，我国温室气体排放总量增加了约 24%，其中二氧化碳排放量增加了 26%。

2019 年，我国二氧化碳排放量在温室气体排放总量中的比重达到 82.6%，高于全球平均水平约 10 个百分点，除二氧化碳之外，11.6% 的排放源于甲烷，约 3% 和 2.8% 分别源于氧化亚氮和氟化气体的排放。

根据 IEA 化石燃料燃烧的二氧化碳排放数据，2018 年我国煤炭、石油、天然气燃烧的碳排放分别占 80%、14% 和 6%，煤炭燃烧是最主要的碳排放源。从部门分布来看，电力和供热的碳排放约占 50%，工业占 28%，合计约为 78%；此外，交通运输、民用等也是 CO_2 排放的重要领域。

1.1.3 应对气候变化的意义

20 世纪 80 年代以来，全球气候变化导致极端气候发生的频率和强度明显增加，科学界对气候变化问题的认识不断深化。1988 年成立的联合国政府间气候变化专门委员会（IPCC）先后于 1990 年、1995 年、2001 年、2007 年、2014 年发布了 5 次评估报告，并在报告中更加肯定地指出：气候变化的影响不仅是明确的，而且还在不断加强。人为活动是造成全球气候变化的主要原因。

工业革命以来的人类活动，尤其是发达国家在工业化过程中大量消耗资源，导致大气中温室气体浓度增加，引起全球气候产生了以变暖为主要特征的显著变化。

全球变暖的主要来源是化石燃料，如煤、石油、天然气的燃烧导致温室气体的排放。大气中温室气体浓度升高，引起地表与海面变暖。最初的变暖效应通过大气、海洋、冰盖和生物系统中的反馈效应而扩大。二氧化碳在大气中捕获热量并长期存留，对温室气体的影响最为重要。因此，国际上一般将温室气体折算成二氧化碳当量来计算。

气候变化的影响除了包括全球大气平均温度升高，还包括冰川融化、海平面升高、极端气候发生的频率和强度增加、局部气候条件改变等负面影响。气候变化已对全球自然生态系统产生了显著影响，给人类社会的生存和发展带来严峻的挑战。

应对气候变化是一个全球性的公共问题。地球大气资源具有公共物品属性，气候变化的影响和治理均是全球性的，依靠单一国家的努力难以有效应对气候变化。从当前每年的二氧化碳排放情况看，我国是最大的碳排放国，但从历史累积角度来看，我国并不是最大的碳排放贡献国。

气候变化事关人类的前途和命运，需要全球各个国家和地区携手应对。我国作为一个负责任的发展中国家，一直以来高度重视应对气候变化，充分认识应对气候变化的重要性和紧迫性，按照科学发展观的要求，统筹考虑经济发展与生态建设、国内与国际、当前与长远，制定并实施了应对气候变化国家方案，采取了一系列应对气候变化的政策和措施。

国际合作为全球应对气候变化规划出目标和路径。一方面，国际合作可以推动气候认知和科技创新，通过交流与合作，提升国际社会对气候问题的认识并确立行动目标，促进气候友好技术的开发和普及应用；另一方面，通过国际合作引导投资、市场及经济发展方向，借助资金支持模式、国际贸易规则等手段，促进建立气候与环境友好型市场体系，引导建立低碳经济。

《联合国气候变化框架公约》等国际合作机制为国家（地区）间开展气候治理提供了合作平台。通过在联合国平台下开展气候行动目标谈判，以及在G20、APEC等相关国际机制下开展气候对话，促进各国进一步凝聚共识，提升气候行动成效。各国发展阶段不同，应对气候变化的能力存在差异，国际合作可以帮助和推动更多国家实现低碳转型发展，同时保障全球气候安全。

1.1.4 人类应对气候变化的途径

人类应对气候变化的途径主要有两类，即减缓和适应。减缓是指通过经济、技术和生物等各种政策、措施和手段，控制温室气体的排放，增加温室气体吸收。为保证温室气体在一定时间内不威胁生态系统、粮食生产、经济社会的可持续发展，将大气中温室气体的浓度稳定在防止气候系统受到危险的人为干扰的水平上，必须通过减缓气候变化的政策和措施来控制或减少温室气体的排放。控制温室气体排放的途径主要是改变能源结构、控制化石燃料使用量、增加可再生能源使用比例；提高发电和其他能源转换部门的效率；提高工业生产部门的能源使用效率，降低单位产品能耗；提高建筑采暖等民用能源效率；提高交通部门的能源效率；减少森林植被的破坏，控制水田和垃圾填埋场的甲烷排放等，由此来控制和减少二氧化碳等温室气体的排放。增加温室气体吸收的途径主要有植树造林和采用固碳技术，其中固碳技术指把燃烧排放的气体中的二氧化碳分离、回收，然后通过深海弃置和地下弃置，或者通过化学、物理以及生物方法固定。从各国政府可能采取的政策手段来看，可以实行直接控制，包括限制化石燃料的使用和温室气体的排放，限制砍伐森林；也可以应用经济手段，包括征收污染税费，实施排放权交易（包括各国之间的联合履约），提供补助资金和开发援助；还需要鼓励公众参与，包括向公众提供信息，致力于开发各种先进发电技术及其他面向碳中和目标的远景能源技术等。

适应是自然或人类系统在实际或预期的气候变化刺激下做出的一种调整反应，这种调整能够使气候变化的不利影响得到减缓或能够充分利用气候变化带来的各种有利条件。适应气候变化有多种方式，包括制度措施、技术措施、工程措施等，如建设应对气候变化基础设施、建立极端气候事件的监测预警系统、加强对气候灾害风险的管理等。在农业适应气候变化方面，包括为应对干旱发展新型抗旱品种、采取间作方式、保留作物残茬、治理杂草、发展灌溉和水培农业等；为应对洪涝采取圩田和改进的排水方法、开发和推广可替代作物、调整种植和收割时间；为应对热浪发展新型耐热品种、改变耕种时间、对作物虫害进行监控等。

1.2 应对气候变化进程

1.2.1 国际进程

1898 年，瑞典科学家斯万特·阿伦尼乌斯首次提出碳排放可能会导致全球变暖。自人类进入工业革命时代以来，温室气体浓度持续上升，全球平均气温也随之增加。为应对气候变化，促进可持续发展，人类应减缓温室气体排放和适应气候变化。

IPCC 于 1988 年 11 月成立，致力于为决策者定期提供针对气候变化的科学基础、对其影响和未来风险的评估以及适应和缓和的可选方案，并于 2018 年发布了一份题为《关于全球升温高于工业化前水平 1.5℃的影响》的特别报告。该报告称，要将全球变暖限制在 1.5℃，需要在土地、能源、工业、建筑、交通和城市中实现“快速且具深远影响的”转型。到 2030 年，全球人为二氧化碳净排放量必须比 2010 年的水平减少约 45%，到 2050 年左右实现“净零”排放。这意味着需要去除空气中的二氧化碳来平衡剩余的排放。

为应对并减缓气候变化带来的影响，《联合国气候变化框架公约》于 1992 年 5 月 9 日在联合国大会通过。1994 年 3 月 21 日，公约正式生效。如今，公约得到了绝大多数国家的批准。公约的终极目标是防止气候系统受到“危险的”人为干扰。

为将大气中的温室气体含量稳定在一个适当的水平，进而防止剧烈的气候改变对人类造成伤害，2005 年 2 月 16 日，《京都议定书》正式生效。《京都议定书》具有法律约束力，要求发达国家缔约方遵守减排目标。

2015 年，《联合国气候变化框架公约》第 21 次缔约方大会暨《京都议定书》第 11 次缔约方大会（COP 21）在巴黎举行，各缔约方达成了一项具有里程碑意义的协议——《巴黎协定》，以应对气候变化并加快行动、加大所需投资来创建一个可持续、低碳的未来。《巴黎协定》规定，各国通过国家自主贡献方案，自主承担减排责任。《巴黎协定》的核心目标是加强对气候变化所产生的威胁做出全球性回应，实现与前工业化时期相比将全球温度升幅控制在 2℃以内，并争取把温度升幅限制在 1.5℃。我国于 2016 年 9 月正式成为缔约方（图 1-1）。

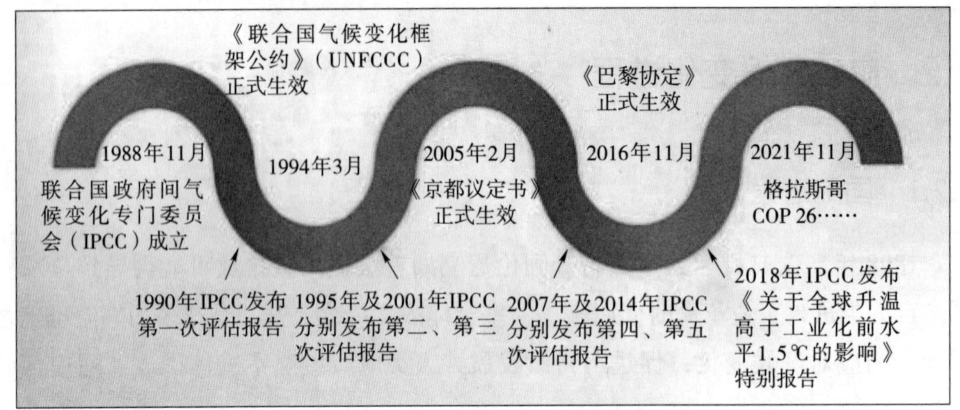

图 1-1　应对气候变化国际进程示意

资料来源：《澎湃新闻·澎湃号·政务》，https: //www.thepaper.cn/newsDetail_forward_12203253。

1.2.2　国内进程

我国应对气候变化可以追溯到2006年发布的“十一五”规划，该规划呼吁建设“资源节约型、环境友好型社会”，提出我国要在5年内单位GDP能耗下降20%；2007年，国务院颁布了《中国应对气候变化国家方案》，成为我国政府采取积极措施应对气候变化的开端；2009年，在哥本哈根世界气候大会上，我国政府首次提出了2020年单位国内生产总值的二氧化碳排放比2005年下降40%～45%的国际承诺；2011年制定并实施的“十二五”规划纲要中明确了应对气候变化的目标任务，使气候变化议题开始进入我国的顶层设计，同年颁布的《“十二五”控制温室气体排放工作方案》提出5年间碳排放强度下降17%的政策目标；国家发展和改革委员会在2011年发布了《关于开展碳排放权交易试点工作的通知》，将北京市、广东省、深圳市、天津市、重庆市、上海市及湖北省纳入碳排放权交易试点省（市）；2012年，国家发展和改革委员会气候司印发《温室气体自愿减排交易管理暂行办法》，标志着我国自愿碳减排交易的开始；2015年颁布的“十三五”规划纲要提出“推动建设全国统一的碳排放交易市场”。

2020年9月22日，习近平总书记在第七十五届联合国大会一般性辩论上做出了中国碳达峰及碳中和的承诺，为我国能源转型和绿色低碳产业发展指明了方向。2020年12月30日，生态环境部正式发布《2019—2020年全国碳排放权交易配额总量设定与分配实施方案（发电行业）》；2021年1月5日，生态环境部发布了《碳排放权交易管理办法（试行）》，明确了全国碳市场的两大支撑系统为全国碳排放权注册登记系统和全国碳排放权交易系统。2021 年 3 月 26 日，为进一步规范全国碳排放权交易市场企业温室气体排放报告核查活动，生态环境部印发了《企业温室气体排放报告核查指南（试行）》（图 1-2）。

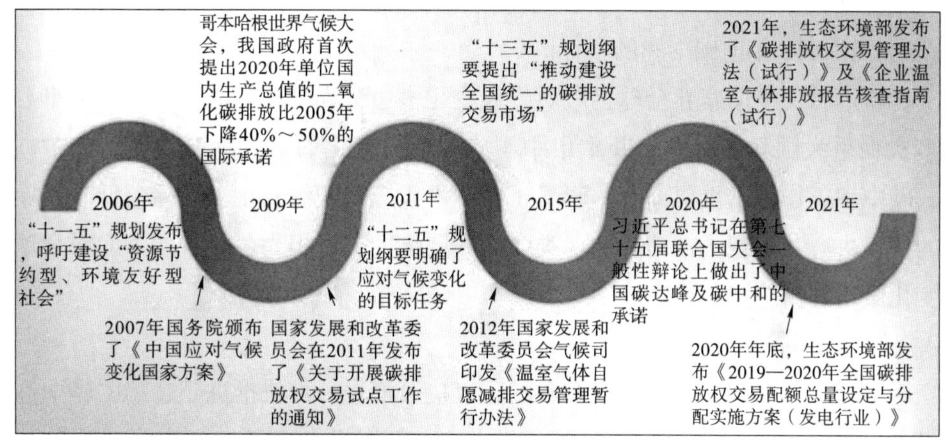

图 1-2 应对气候变化国内进程示意

资料来源：《澎湃新闻 · 澎湃号 · 政务》，https: //www.thepaper.cn/newsDetail_forward_12203253。

我国作为最大的发展中国家，面临着发展经济、改善民生、消除贫困、治理污染等一系列艰巨任务。实现碳达峰、碳中和是一项巨大的挑战，不是轻而易举就能实现的，需要付出艰苦卓绝的努力。下一步，将根据《中华人民共和国国民经济和社会发展第十四个五年规划和 2035 年远景目标纲要》及中央经济工作会议、中央财经委员会第九次会议的部署，以更大的决心和力度，坚定实施积极应对气候变化国家战略，全面加强应对气候变化工作，加快做好碳达峰、碳中和工作，推动构建绿色、低碳、循环发展的经济体系，大力推进经济结构、能源结构、产业结构转型升级。加强应对气候变化与生态环境保护相关工作统筹融合、协同增效，进一步推动经济高质量发展和生态环境高水平保护。

1.2.2.1 把碳达峰、碳中和纳入生态文明建设整体布局

2020 年 9 月 22 日，习近平总书记在第七十五届联合国大会一般性辩论上发表重要讲话，承诺中国将提高国家自主贡献力度，采取更加有力的政策和措施，二氧化碳排放力争于 2030 年前达到峰值，努力争取 2060 年前实现碳中和。12 月 12 日，习近平总书记在气候雄心峰会上进一步宣布：到 2030 年，中国单位国内生产总值二氧化碳排放将比 2005 年下降 65% 以上，非化石能源占一次能源消费比重将达到 25% 左右，森林蓄积量将比 2005 年增加 60 亿 m^3，风电、太阳能发电总装

机容量将达到12亿kW以上。党的十九届五中全会、2020年中央经济工作会议对碳达峰、碳中和做出了重要部署。在中央财经委员会第九次会议上，习近平总书记强调，实现碳达峰、碳中和是一场广泛而深刻的经济社会系统性变革，要把碳达峰、碳中和纳入生态文明建设整体布局，拿出抓铁有痕的劲头，如期实现2030年前碳达峰、2060年前碳中和的目标。

在新冠肺炎疫情席卷全球、应对气候变化多边进程受到挑战之际，习近平总书记多次在重大国际场合做出并重申中国应对气候变化的重大承诺，在国内对碳达峰、碳中和工作做出重要部署，彰显了我国积极应对气候变化、走绿色低碳发展道路的坚定决心，体现了推动构建人类命运共同体的责任担当，是我国为应对全球气候变化做出的新的重要贡献。

1.2.2.2 加强碳达峰、碳中和相关研究

落实党中央关于碳达峰、碳中和的重大决策部署，加快推进碳达峰、碳中和顶层设计，研究制定2030年前碳达峰行动方案。开展努力争取2060年前碳中和战略研究，开展实现碳中和的重大领域、关键技术、关键产业、重要制度安排和政策研究。

1.2.2.3 推进应对气候变化规划编制

生态环境部开展"十四五"应对气候变化规划专题研究，研究并制定应对气候变化专项规划思路，起草"十四五"应对气候变化专项规划编制大纲。自然资源部研究并编制《全国国土空间规划纲要（2021—2035年）》，开展应对气候变化专题研究；制定并印发《市级国土空间总体规划编制指南（试行）》，要求在市级国土空间总体规划中研究气候变化等因素对空间开发保护的影响和对策，推进建设低碳城市，并将新能源和可再生能源利用比例纳入规划指标体系。国家林业和草原局制定并印发《2019年林业和草原应对气候变化重点工作安排与分工方案》，启动"十四五"时期林业和草原应对气候变化行动要点研究。中国民用航空局推进"十四五"民航绿色发展规划前期研究和编制工作。国家铁路局积极将应对气候变化工作纳入铁路相关发展规划中，编制《铁路强国建设行动纲要》和《"十四五"铁路标准化发展规划》，完善铁路行业技术规范和标准，强化环境保护与能源节约；制定铁路工程环境保护设计规范、铁路工程节能设计规范、绿色铁路客站评价标准等专项标准和规范，建立健全铁路环保技术标准、考核评价体系。工业和信息化部组织编制《船舶工业中长期发展规划（2021—2035年）》，提出以绿色低碳为准则，大力推进绿色船舶和绿色制造，深度参与国际船舶温室气体减排规则和标准制定。

1.2.2.4 启动《国家适应气候变化战略 2035》编制工作

生态环境部成立了编制工作领导小组和领导小组办公室，牵头开展《国家适应气候变化战略 2035》编制各项相关工作；组建了专家咨询委员会，为编制过程中涉及的重要问题提供咨询意见。针对受气候变化影响较大领域，分别研究并提出提升自然领域适应气候变化能力、强化经济领域适应气候变化韧性、增强社会领域气候变化适应水平的任务要求。

定期对气候变化的科学事实、影响和风险、适应和减缓措施进行评估是国际惯例，目前 IPCC 正在组织编写第六次评估报告。与此类似，各国政府也定期组织编写自己的气候变化国家评估报告。我国于 2015 年公布了第三次国家评估报告，目前正在进行第四次评估报告的编写，评估时间段为“十二五”和“十三五”中前期。与 IPCC 框架不同，我国评估报告特别增加了一个“政策卷”，专门对应对气候变化政策实施状态和成效进行评估，有别于 IPCC 体系的“与政策相关、但避免对政策开药方”（policy relevant but not policy prescriptive）的特点，显示了应对气候变化这项公共事业中的政策主导性。

1.3 我国应对气候变化运作体系和机制变化

1.3.1 组织机构调整

自 2007 年我国成立由国务院总理担任组长的国家应对气候变化及节能减排工作领导小组（以下简称“领导小组”）以及 2008 年设立应对气候变化司以来，2013 年成员单位由成立之初的 20 个调整至 26 个。除中国民用航空局与交通运输部合并外，新增了教育部、民政部、国务院国有资产监督管理委员会、国家税务总局、国家质量监督检验检疫总局、国家机关事务管理局、国务院法制办公室等 7 个成员单位，覆盖经济社会发展的方方面面。各省（区、市）人民政府也进行了相应调整。2014 年，成立了由国家发展和改革委员会、国家统计局等 23 个部门组成的应对气候变化统计工作领导小组，建立了以政府综合统计为核心、相关部门分工协作的工作机制，强化应对气候变化基础统计工作和能力建设。2018 年 3 月，在新一轮政府机构调整中，国家发展和改革委员会承担的应对气候变化和减排职责被整合到新组建的生态环境部，成为应对气候变化历程中最重大的机构调整之一。随后，领导小组也进行了改组，新增文化和旅游部、中国人民银行以及新成立的司法部、国际发展合作署，具体工作由生态环境部和国家发展和改革委员会按职责承担。对于此次调整，众多研究认为生态环境部的组建弥补了制度缺口，增强了制度力量。

1.3.2 不断完善体制机制

2018 年以来，我国政府在加强规划编制、推进制度建设、推动碳交易市场建设等方面取得一系列成效。

积极谋划中长期应对气候变化目标任务。2018 年，生态环境部启动下一阶段应对气候变化工作总体思路的研究谋划，组织研究并编制《中国国家自主贡献进展报告》和《中国本世纪中叶长期温室气体低排放发展战略》，在总结“中国国家自主贡献”目标完成情况的基础上，分析我国控制温室气体排放的现状和总体趋势，研究我国到 21 世纪中叶控制温室气体排放的主要目标、实施路径和支撑条件。

加强各领域应对气候变化相关规划编制。国家能源局开展 2035 年、2050 年可再生能源发展战略研究，加强行业发展顶层设计。2018 年，自然资源部印发了《自然资源科技创新发展规划纲要》，将气候变化纳入自然资源科技规划。中国气象局编制完成《生态气象服务保障规划（2021—2025 年）》并印发了相关分工方案。国家林业和草原局印发了《国家林业和草原长期科研基地规划（2018—2035 年）》《全国森林城市发展规划（2018—2025 年）》《国家储备林建设规划（2018—2035 年》。

2019 年 7 月，国务院总理、国家应对气候变化及节能减排工作领导小组组长李克强主持召开领导小组会议，研究和部署应对气候变化工作。2018 年和 2019 年，国务院两次调整了国家应对气候变化及节能减排工作领导小组成员。根据“十三五”前两年碳强度下降目标考核经验，结合机构改革的实际情况，生态环境部对考核办法及评分细则进行了修订。各地应对气候变化工作稳步推进，2018 年碳强度降低序时进度目标完成良好。

我国政府在持续完善制度建设、制定应对气候变化标准、加快全国碳排放权交易市场建设等方面取得了积极成效。

1.3.2.1 推动立法和标准制定

生态环境部组织开展应对气候变化和环境保护法律制度相关性研究，进一步完善应对气候变化法律草案。推动地方做好应对气候变化相关立法工作，支持在深圳经济特区生态环保条例修订中增加应对气候变化。研究完善应对气候变化相关标准体系，加强与部内现有标准体系的打通融合。组织开展温室气体排放核算方法与报告指南等国家标准的修订工作。研究制定乘用车等碳排放标准，引导相关行业低碳转型。

1.3.2.2 推进绿色制度建设

（1）推动绿色金融体系建设

中国人民银行等有关部门立足于强化金融支持绿色低碳发展的资源配置、风险管理、市场定价三大功能，持续推动绿色金融体系建设和国际合作，并取得积极成效。一是加快构建绿色金融标准体系。标准制定充分考虑了国际关切和国情需要，聚焦气候、治污和节能 3 个领域。2019 年，国际标准化组织可持续金融标准技术委员会（ISO/TC 322）将中方提出的可持续金融术语标准确立为 ISO/TC 322 首个国际标准项目。《绿色金融术语》国家标准完成立项答辩，《环境权益融资工具》《绿色债券信用评级规范》《金融机构环境信息披露指南》《碳金融产品》《绿色私募股权投资基金基本要求》5 项行业标准完成立项工作，其中 4 项标准于 2020 年在 6 个国家级绿色金融改革创新试验区率先试行。二是强化金融机构监管和信息披露要求。推动金融机构、证券发行人、公共部门分类提升环境信息披露规范性和透明度。中国人民银行正会同有关部门加快研究将上市公司和发债企业纳入环境信息强制性披露范畴的可行性问题。中国人民银行征信部门与生态环境部已建立企业环境信息共享机制，截至 2019 年年末，征信系统共采集环保处罚信息 12.75 万条，涉及企业 8.83 万家；采集环保许可信息 19.21 万条，涉及企业 6.69 万家。三是点面结合，不断完善政策激励约束体系。2017 年以来，国务院批准中国人民银行牵头在浙江湖州等 6 省（区）9 地开展绿色金融改革创新试验。目前试验区绿色贷款余额在全部贷款中的占比高出全国水平 4 个百分点。四是进一步发展绿色金融产品和市场体系。截至 2019 年年末，我国绿色贷款余额为 10.22 万亿元；绿色债券累计发行 1.1 万亿元。五是深度参与绿色金融国际合作。中国人民银行参与发起的央行与监管机构绿色金融网络（NGFS）已扩展至 83 家正式成员和 13 家观察机构。中欧等经济体共同发起可持续金融国际平台（IPSF），推动全球绿色金融标准趋同。

（2）推进气候投融资

生态环境部会同国家发展和改革委员会、中国人民银行、银保监会、证监会联合印发了《关于促进应对气候变化投融资的指导意见》，会同银保监会修订了《绿色融资统计表》中涉及低碳经济、气候融资的有关内容，调整了相关统计口径。组织开展国家自主贡献重点项目库设计、国家自主贡献重点项目评估标准等气候投融资重点问题研究。会同国内外 20 余所顶尖院校和 10 余家权威学术期刊，共同举办了 2020 气候投融资全球征文活动。组织征集了气候投融资重点政策研究类文章，并由《环境保护》杂志刊发了“创新气候投融资，助力开创应对气候变化新局面”专刊。组织开展气候投融资试点准备工作，重庆、山东、陕西等省（市）已形成试点工作方案。

（3）完善税收政策支持

2019年4月，财政部会同国家税务总局、国家发展和改革委员会、生态环境部发布了《关于从事污染防治的第三方企业所得税政策问题的公告》。《中华人民共和国车辆购置税法》自2019年7月1日起正式实施。2020年4月，财政部会同国家税务总局、工业和信息化部发布了《关于新能源汽车免征车辆购置税有关政策的公告》，明确将新能源汽车免征车辆购置税政策执行期限延长至2022年12月31日。

（4）制修订绿色产品认证、标准

国家市场监管总局、国家标准委批准发布了人造板和木质地板、涂料、卫生陶瓷等18项绿色产品评价国家标准。国家市场监管总局办公厅与住房和城乡建设部办公厅、工业和信息化部办公厅联合印发了《绿色建材产品认证实施方案》，以现有7种低碳产品认证为基础，指导认证机构开展碳足迹、碳中和、减碳产品认证试点。派员参与联合国气候大会，向国际社会宣传中国方案。

1.3.2.3 加快全国碳排放权交易市场建设

加快推进全国碳排放权交易市场建设。生态环境部加快全国碳排放权交易市场建设步伐，建立并完善制度体系，夯实碳排放数据基础，推进基础支撑系统建设并强化能力建设。起草《碳排放权交易管理暂行条例（征求意见稿）》并公开向社会征求意见，研究制定碳排放权交易相关制度文件。组织开展2018年度和2019年度碳排放数据报告编制、核查及排放监测计划制定工作。组织各省（区、市）报送并核对了发电行业重点排放单位名单。深入开展发电行业配额分配基准值研究并组织开展电力行业配额分配试算。

稳步推进全国碳排放权注册登记系统和交易系统建设，组织开展两系统施工建设方案优化评估和专家论证，推进两系统管理机构组建。组织开展了面向地方应对气候变化工作队伍和发电行业重点排放单位的大规模能力建设培训活动。

试点碳市场平稳运行。北京、天津、上海、重庆、广东、湖北、深圳等省（市）碳排放权交易试点的市场保持平稳运行，对试点地区完成温室气体减排目标发挥了积极作用。生态环境部加快推进全国碳排放权注册登记系统和交易系统联建机构组建工作；各试点碳市场持续完善碳排放核算、报告与核查等政策标准，优化碳市场管理流程，强化市场监管力度，创新碳普惠等业务形式，保障试点碳市场运行效率。各试点碳市场履约工作总体延续了此前的良好势头。截至2019年12月31日，7个试点碳市场配额现货累计成交量约为3.68亿t二氧化碳当量，累计成交金额约为 81.28 亿元。

温室气体自愿减排交易机制改革有序开展。生态环境部加快完善温室气体自愿减排交易机制，开展《温室气体自愿减排交易管理暂行办法》修订工作。国家核证自愿减排量（CCER）在试点碳市场履约抵销中扮演重要角色，截至 2019 年 12 月 31 日，CCER 交易呈稳中有升态势，累计成交量超过 2 亿 t，成交额超 16.4 亿元。

2

应对气候变化措施行动及成效

2.1 重点领域措施和行动

随着适应气候变化工作不断推进，我国在农业、水资源、森林和其他生态系统、海岸带和沿海生态系统、城市领域、人体健康、综合防灾减灾、适应气候变化国际合作等领域取得积极进展。

2.1.1 农业领域

我国发布《全国农业现代化规划（2016—2020 年）》等政策文件，积极应对由气候变化诱发的地区旱涝不均、病虫害突发、极端气候事件对农业生产的不利影响。各地积极发展节水农业，推广旱作农业、抗旱保墒等适应技术；努力保护和提升耕地质量，大力推进秸秆还田等增加土壤有机质的工作；大力提升农作物育种能力，培育耐高温、抗寒抗旱等适应力强的作物品种。

推进高标准农田建设，以粮食生产功能区和重要农产品生产保护区为重点，以土地平整、土壤改良、灌溉排水与节水设施等为主要建设内容，加强高标准农田和农田水利建设，提高农业综合生产能力。2019 年全国新增高标准农田 8 150 万亩[①]，高效节水灌溉面积 2 000 万亩。全国农田有效灌溉面积由 2005 年的 5 500 万 hm^2 提高到 2019 年的 6 830 万 hm^2。

推广旱作节水农业技术。在华北、西北等旱作区建立 220 个高标准旱作节水农业示范区，示范推广蓄水保墒、集雨补灌、垄作沟灌、测墒节灌、水肥一体化、抗旱抗逆等旱作节水技术，提高水资源利用效率。

2.1.2 水资源领域

实施防汛抗旱水利提升工程，进一步完善防洪抗旱减灾体系，成功应对长江、黄河、淮河、珠江、松辽、太湖 6 大流域多条河流发生的超警以上洪水和东北、华北、西南、江南、江淮等部分地区出现的旱情。我国出台《水污染防治行动计划》《全国重要江河湖泊水功能区划（2011—2030 年）》《关于实行最严格水资源管理制度的意见》《京津冀工业节水行动计划》等政策文件，印发实施《国家节水行动方案》，在全国实行最严格的水资源管理制度，建立省、市、县、乡四级河长体系，统筹水资源保护、河湖水域岸线管理、水污染防治、水环境治理、水生态修复和

① 1 亩≈666.67 m^2。

执法监督，推进和完善水文水资源监测体系，加强地表水、地下水动态监测，强化水资源分析评价与预测预报；在全国加快建设节水型社会，完成了第一批65个县（区）节水型社会达标建设，实施农业节水增产、工业节水增效、城镇节水降耗等重大节水行动；在全国开展水资源综合治理与保护，推进重点水源工程建设，加强饮用水卫生监督监测，提高城乡供水保障能力。我国水资源配置格局进一步优化。截至2019年6月，南水北调中线一期工程已累计向北方供水209亿 m^3，其中生态补水19.6亿 m^3；水安全保障进一步强化，农村饮水安全问题基本解决，城市污水处理率从2010年的82.3%提高到95.49%。

加强水利基础设施建设。2019年以来治理中小河流2.4万km，开展6 700余座小型病险水库除险加固，新增9个长江中下游重点涝区和53个易涝片区排涝能力建设项目，一批重大水利工程相继建成并发挥效益，有力提升了流域水安全保障能力，完善水资源配置。实施国家节水行动，国家发展和改革委员会、水利部印发《国家节水行动方案》及分工方案，截至2020年6月，30个省（区、市）出台国家节水行动省级实施方案，全面加强水资源管理“三条红线”控制，实施水资源消耗总量和强度双控行动。开展节水型城市创建工作，全国共有96个城市成为国家节水型城市，每年城市节水量约50亿 m^3，相当于城市年供水量的10%。继续加强农田灌排设施改造建设，截至2019年年底，全国农田灌溉水有效利用系数达到0.559。2019年以来，推动海水淡化在大连、唐山、舟山、日照等沿海严重缺水城市高耗水行业的规模化应用，新建成海水淡化工程规模近40万t/d。

加强水生态保护修复。水利部出台《关于做好河湖生态流量确定和保障工作的指导意见》，发布两批次跨省重点河湖保障目标，2019年完成华北地下水超采治理区21个河湖生态补水34.9亿 m^3，最大有水河长1 100 km，形成最大水面面积403 km^2，在降水偏少的情况下，治理区地下水位下降速度明显减缓。2019年全国新增水土流失综合治理面积6.68万 km^2。

推动河长、湖长制“有名有实”。各地共明确省、市、县、乡四级河长、湖长30多万名，村级河长、湖长90多万名，组织实施全国河湖“清四乱”、长江干流岸线利用项目专项整治、长江经济带固体废物清理整治、长江河道采砂专项整治等专项行动。

提升水利信息化水平。2019年，水利部启动水利网信水平提升三年（2019—2021年）行动。基本完成国家地下水监测、水资源监控能力、防汛抗旱指挥系统二期、水利安全生产监管等信息化工程建设。

2.1.3 森林和其他生态系统

加强资源保护与修复。国家发展和改革委员会、自然资源部印发《全国重要生态系统保护和修复重大工程总体规划（2021—2035年）》。贯彻落实习近平总书记关于“山水林田湖草是生命共同体”的生态文明理念，中央财政安排资金支持内蒙古乌梁素海流域、河北雄安新区、西藏拉萨河流域等10个山水林田湖草生态保护修复工程试点项目，支持项目统筹自然生态各要素，开展整体保护、系统修复、综合治理，提升生态系统质量和稳定性。启动陕西子午岭、内蒙古呼伦贝尔沙地两个百万亩防护林基地建设和退化草原人工种草生态修复试点。印发《天然林保护修复制度方案》，2019年，中央财政投入天然林保护资金434亿元，全国19.44亿亩天然林得以休养生息，完成森林和草原有害生物防治面积2.82亿亩。

强化森林生态保护。根据《林业发展“十三五”规划》《林业适应气候变化行动方案（2016—2020年）》和林业领域应对气候变化的五年行动要点，增加耐火、耐旱（湿）、抗病虫、抗极温等树种的比例，推广适应气候变化的森林培育经营模式，加大森林及天然林资源保护力度。加强火灾、有害生物入侵等森林灾害的监测防控力度，增强森林生态系统对气候变化的适应性和韧性。

促进草原生态良性循环。在《全国草原保护建设利用“十三五”规划》《耕地草原河湖休养生息规划（2016—2030年）》等草原领域的顶层设计中更加强化适应气候变化因素，努力转变草原畜牧业生产方式，扩大退耕还林还草面积。2018—2019年，中央财政通过农业资源及生态保护补助资金支持实施草原生态保护补助奖励，该资金主要用于草原禁牧补助、草畜平衡奖励等方面。

加强湿地保护和荒漠化治理，推动湿地恢复。实施湿地恢复与综合治理工程，进一步完善湿地保护制度，强化湿地保护。开展荒漠化地区植被恢复、沙区物种保护、荒漠化动态监测和退化土地植被恢复行动，推进荒漠化、石漠化、水土流失综合治理。国家林业和草原局出台《国家重要湿地认定和名录发布规定》，编制黄河流域湿地保护修复实施方案，2019年，实施湿地保护和恢复项目387个，退耕还湿面积达30万亩，恢复退化湿地110万亩，160处国家湿地公园通过验收，国家湿地公园总数达到899处，全国湿地保护率达到52.19%。

加大生态系统保护力度，提升生态系统服务功能。在国土空间规划中统筹划定落实生态保护红线、永久基本农田、城镇开发边界3条控制线，加强国土空间基础信息平台建设，优化生态安全屏障体系。加快推进生态保护红线划定和自然保护地整合优化工作，结合市（县）国土空间规划编制，将生态保护红线勘界定标、精准落地。实施石漠化综合治理，构建岩溶生态修复技术体系，因地制宜形成可推广的生态产业模式。同时，启动编制《全国重要生态系统保护和修复重大工程总体规划（2021—2035 年）》。确定第三批山水林田湖草生态保护修复试点工程 14 个，通过加大生态系统保护修复力度，健全耕地草原森林河流湖泊休养生息制度，建立市场化、多元化生态补偿机制，构建生态廊道和生物多样性保护网络，实施陆生野生动植物保护及自然保护区建设等重大生态保护与修复工程，提升生态系统质量和稳定性。2018 年，农业农村部继续完善海洋伏季休渔制度，实现内陆七大重点流域禁渔期制度全覆盖，推动长江流域重点水域常年禁捕；加强水生野生动物及其栖息地保护，发布并实施了海龟等 6 个重点物种（拯救）行动计划；全国共增殖放流水生生物苗种超过 370 亿尾（只）。

2.1.4 海岸带和沿海生态系统

落实《中华人民共和国海洋环境保护法》、国家海洋事业发展、海洋观测预报和防灾减灾等方面的规划和行政管理条例的要求，加大对海洋环境污染的处罚力度，强化海洋适应气候变化的制度建设；加强沿海生态修复和植被保护，建设沿海防护林带、防潮工程，提升海岸带和沿海生态系统抵御气候灾害的能力；加强风暴潮、海浪、海冰、海岸带侵蚀等海洋灾害的立体化监测和预报预警，海洋灾害预警发布频率显著提高；发布海平面上升影响脆弱区评估技术指南，开展沿海省（市）等重点区域的脆弱性评估、海平面变化影响调查和海岸侵蚀监测与评价；对中国近海海洋灾害与环境因子长期变化趋势进行了研究，预估未来气候变化对海洋灾害的可能影响；开展我国管辖海域海—气二氧化碳交换通量监测工作，初步掌握我国管辖海域不同季节大气二氧化碳源汇状态。开展海洋生态系统修复和应对气候变化研究，编制《红树林保护修复专项行动计划（2020—2025 年）》，实施红树林修复和滨海湿地修复项目，在废弃虾塘再造林和可持续利用等方面开展了试点工作，推进红树林保护修复，实施海岸带保护修复工程，改善海洋生态环境质量。加强海洋生态保护修复，中央财政安排资金支持地方开展“蓝色海湾”整治行动和支持打好渤海综合治理攻坚战，促进沿海岸线和海岛海域生态功能恢复。探索开展蓝色碳汇研究及试点工作，组织开展红树林碳汇监测，指导推进红树林生态修复碳汇交易试点等工作。

2.1.5 城市领域

气候适应型城市建设试点梳理进展。国家发展改革委、住房和城乡建设部印发

《关于印发气候适应型城市建设试点工作的通知》。第一批28个气候适应型城市建设试点系统梳理总结试点进展并报送工作情况。

推进城市生态修复和功能完善。结合城市更新行动，推进绿色城市建设，修复被破坏、被侵占的城市水系、山体和林地，完善生态系统。优化城市布局结构，完善城市市政设施和公共服务设施，支持城市功能混合和建筑复合利用，促进城市集约紧凑发展。营建城市慢行系统，支持绿色出行。

大力发展装配式建筑。2019年11月，印发《装配式混凝土建筑技术体系发展指南（居住建筑）》，进一步完善装配式建筑技术体系。2019年全国新开工装配式建筑面积达4.2亿 m^2，占新建建筑面积的比例为13.4%。

推进海绵城市建设。30个国家海绵城市建设试点城市共完成落实海绵城市建设理念项目4 900余个。深圳、珠海、萍乡、宁波、昆山、西咸新区等地落实海绵城市理念，发挥“渗、滞、蓄、排”等作用，有效缓解了城市内涝灾害。

深入推进城市园林绿化。指导各地不断拓展城市绿地规模，截至2019年年底，全国城市建成区绿地面积达228.5万 hm^2。完善城乡绿道网络，全国已建成绿道约8万km，增强了城市生态承载力和宜居性，有效改善了城乡生态和人居环境。

有力保障能源安全。能源自主保障能力高于80%，建成投运特高压直流输电通道14条，全国大电网基本实现联通，西电东送能力达到2.4亿kW，四大油气进口通道基本形成。

2.1.6 人体健康领域

提升政府适应气候变化的公共服务能力和管理水平，推进建立健康监测、调查和风险评估制度及标准体系，做好高温天气医疗卫生服务工作；加强与气候变化密切相关的疾病防控、疫情动态变化监测和影响因素研究，制定中东呼吸综合征疫情、人感染H7N9禽流感疫情、登革热等与气候变化密切相关的公共卫生应急预案和救援机制；在各省（区、市）开展公共场所健康危害因素监测试点，建立高温热浪与健康风险早期预警系统；加强适应气候变化人群健康领域研究，组织开展适应气候变化保护人类健康项目，增强公众应对高温热浪等极端天气的能力。

开展健康影响监测响应。持续开展空气污染（雾霾）天气对人群健康影响监测与风险评估，全国有31个省（区、市）84个城市设立164个空气污染（雾霾）对人群健康影响监测点。制定洪涝、干旱、台风等不同灾种自然灾害卫生应急工作方案，做好自然灾害、极端天气卫生应急工作，加强气候变化条件下媒介传播疾病的监测与防控，开展气候敏感区寄生虫病调查和处置。

组织健康影响研究。组织开展极端天气事件对人群健康影响、气候变化对寄生虫病传播影响等研究，在全国范围内确立调查基地，开展区域人群气象敏感性疾病专项调查，开展气候变化健康风险评估策略和技术研究，加强气候变化对寄生虫病传播风险影响评估研究。

2.1.7 综合防灾减灾

加强气候变化对自然灾害孕育、发生、发展及其影响机理研究，牢固树立灾害风险管理和综合减灾理念，切实强化灾害风险防范应对化解工作。应急管理部门探索形成国家级灾害事故应急响应救援扁平化组织指挥模式、防范救援救灾一体化运作模式等有效工作机制，成功应对超强台风“利奇马”、金沙江和雅鲁藏布江四次堰塞湖灾害等一系列重特大灾害。同时，注重加强灾害综合风险监测预警和评估制度建设，强化风险形势研判，组织实施灾害风险调查和重点隐患排查工程，加强自然灾害防治重点工程的统筹协调，开展全国综合减灾社区和示范县创建工作，夯实适应气候变化及其影响的基层基础。

加强西部变暖变湿对生态系统改善与水资源利用的影响和应对措施研究；加强极端天气与气候事件的预报，以及高温热浪、暴雨、台风、森林火灾等灾害的防灾减灾措施，如加强对沿岸超大城市的海平面上升、风暴潮等灾害的研究，研究制订新的防御综合灾害的长期规划。

编制完成《“十四五”解决防洪薄弱环节实施方案》。针对大江大河及重要支流、中小河流、病险水库和山洪灾害防治等防洪薄弱环节，提出整治建设的主要任务，提升防洪减灾能力。全力做好水旱灾害防御。2019 年，全国平均降水量较常年同期多 1%，有 616 条河流发生超警戒水位以上洪水，其中 120 条河流超保证水位、35 条河流超历史记录。通过主动防控，成功应对洪涝灾害威胁，全国大中型水库和小（Ⅰ）型水库无一垮坝，主要江河堤防无一决口。城市内涝防治取得积极进展，成功应对“利奇马”台风、区域性强降雨，城市安全运行得到保障。通过科学调度，全国 2 690 座次大中型水库（湖泊）共拦蓄洪水 1 518 亿 m^3，最大限度地减轻了洪涝灾害影响和损失。

提升海洋灾害防范和应对能力。组织完成 16 个区（县）海洋灾害风险评估和区划工作，完成第一轮警戒潮位核对评估。编制发布《2019 年中国海洋灾害公报》《2019 年中国海平面公报》。2020 年，编制完成了《第一次海洋与气候变化国家评估报告》，评估了中国海洋环境变化和海平面基本状况，预测了未来海洋与气候变化走势。完成海平面变化监测和影响调查评估，开展海平面上升对海岸工程、岸线资源等专题影响评估。

气象灾害风险管理和适应能力不断加强。在我国的 1 027 个县全面实施基层气象防灾减灾强基行动，初步完成全国气象防灾减灾监控管理平台一期建设，建立国、省两级防灾减灾信息的共享通道。

气候资源开发利用与气候可行性论证工作稳步推进。完成 352 项城市规划、国家重点建设工程、重大区域性经济开发项目、气候可行性论证项目。完成 2 项气候可行性论证标准建立工作，完成第一批 11 个气候可行性论证机构信用评价和授牌工作。完成全国 1 km 分辨率精细化太阳能资源评估，推动各地为 1 147 个风电场、太阳能电站做好选址评估和预报服务。

加强地质灾害综合防治。制定印发《地质灾害风险调查评价技术要求（1：50 000）（试行）》《地质灾害专群结合监测预警技术指南（试行）》。初步形成地质灾害隐患遥感识别技术方法。部署开展 543 个县 1：50 000 风险详细调查，287 个县 1：10 000 风险精细化调查。建设普适型监测预警试点 2 512 处，地质灾害气象风险预警由未来 24 h 拓展至未来 72 h。完成 3 777 处地质灾害隐患点的工程治理，5 200 处受地质灾害隐患点威胁的 8.4 万人搬迁。地方各级自然资源主管部门累计派出专家及专业技术人员 29 万人次，应急处置灾情险情 2 万余起。

2.1.8 适应气候变化国际合作

积极开展适应气候变化国际合作。2018 年 10 月，在习近平主席、李克强总理的支持下，中国作为发起国之一推动全球适应委员会的启动和运行，生态环境部部长李干杰代表中方担任委员。2019 年 6 月，全球适应中心在北京成立第一个区域办公室（中国办公室）。2019 年 9 月，全球适应中心适应旗舰报告——《立即适应：呼吁增强气候韧性的全球领导力》发布会在北京举行。

推动适应气候变化国际合作重点任务。我国与全球适应中心研究形成了全球适应中心中国办公室工作框架及 2020 年重点工作计划。2020 年，出席全球适应委员会推动全球疫后韧性复苏等国际电话会议，推动延续中国适应气候变化国际合作良好势头。

2.2 应对气候变化工作成效

生态环境部坚持以习近平新时代中国特色社会主义思想为指导，全面贯彻党的十九大和十九届二中、三中、四中、五中、六中全会精神，深入学习贯彻习近平生态文明思想，按照党中央、国务院决策部署，深入推进应对气候变化相关工作，取得明显成效。

2.2.1 超额完成碳强度降低约束性指标

推动落实“十三五”全国碳强度降低目标，将控制温室气体排放目标责任考核相关内容纳入污染防治攻坚战成效考核。据初步测算，我国2020年单位国内生产总值二氧化碳排放较2015年下降18.8%，超额完成“十三五”下降18%的约束性目标，较2005年下降48.4%，超额完成40%～45%的控制温室气体排放目标。

2.2.2 不断加强全国碳市场制度体系建设和履约管理

自2011年起，在北京、天津、上海、重庆、湖北、广东和深圳7个省、市开展碳排放权交易试点，覆盖了近3 000家重点排放单位。截至2021年2月28日，碳市场试点累计配额成交量约4.47亿t二氧化碳当量，累计成交金额约103.60亿元。加快推动《碳排放权交易管理暂行条例》立法进程，出台《碳排放权交易管理办法（试行）》，印发《2019—2020年全国碳排放权交易配额总量设定与分配实施方案（发电行业）》，正式启动全国碳市场第一个履约周期。2021年7月16日，全国碳市场正式启动线上交易，全国碳市场第一个履约周期纳入发电行业重点排放单位2 162家，年覆盖约45亿t二氧化碳当量。

2.2.3 持续开展低碳试点示范工作

累计开展三批低碳省市试点，包括6个低碳省（区、市）和81个低碳城市，共涉及31个省（区、市）、涵盖5个计划单列市。鼓励地方探索开展近零碳排放区示范工程相关研究。“十三五”以来，低碳试点工作不断深化，试点省（区、市）在完善体制机制、产业结构调整、能源结构优化、节能提高能效、提升公众意识等方面开展了有益工作，积极探索符合本省（区、市）实际的低碳发展路径。组织开展低碳试点经验评估推广相关研究，为深化低碳试点奠定基础。

2.2.4 积极推进气候投融资工作

气候投融资工作在总体设计、人才队伍建设等方面取得积极进展。2019年8月，中国人民银行、银保监会、国家发展和改革委员会、财政部等有关部门推动成立了中国环境科学学会气候投融资专业委员会，为气候投融资领域信息交流、产融对接和国际合作等搭建了平台。2020 年 10 月，生态环境部、国家发展和改革委员会、中国人民银行、银保监会、证监会联合印发了《关于促进应对气候变化投融资的指导意见》，发挥投融资对应对气候变化的支撑作用、落实国家自主贡献目标的促进作用和绿色低碳发展的助推作用。

2.2.5 持续提升全社会绿色低碳意识

2013—2021 年，全国低碳日活动已成功举办 9 届，成为传播绿色低碳发展理念和培育简约适度、绿色低碳生活方式的重要平台。其中 2020 年，成功举办主题为“绿色低碳全面小康”的全国低碳日线上主场活动。组织编写《中国应对气候变化的政策与行动 2020 年度报告》并在国新办举办新闻发布会。同时，在每次联合国气候大会期间，组织设计各有关部门、NGO 等多方参与的“中国角”主题边会活动，宣传中国应对气候变化举措和成效。

3

碳达峰、碳中和

3.1 定义、关系及意义

3.1.1 定义和关系

碳达峰是指某个地区或行业年度二氧化碳排放量达到历史最高值，然后经历平台期进入持续下降的过程，是二氧化碳排放量由增转降的历史拐点，标志着碳排放与经济发展实现脱钩，碳达峰目标包括达峰年份和峰值。

IPCC 将碳中和（carbon neutral）定义为“由人类活动造成的二氧化碳排放，通过二氧化碳去除技术的应用，对二氧化碳吸收量达到平衡”。简言之，就是在一定时间内，由企业、团体、个人等人类活动直接或间接产生的二氧化碳排放量，可以通过人类植树造林、节能减排等形式来抵销掉，最终实现二氧化碳“零排放”（图 3-1）。

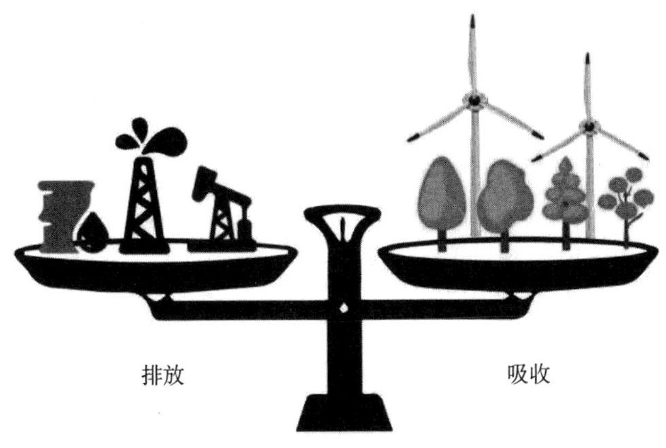

图 3-1　碳中和示意图

碳达峰是碳中和的基础和前提，达峰时间的早晚和峰值的高低直接影响碳中和实现的时长和实现的难度。碳中和是对碳达峰的紧密约束，要求达峰行动方案必须要在实现碳中和的目标引领下制定。

3.1.2 碳达峰、碳中和的意义

全球升温已经导致气候风险越来越高，气候变化是人类面临的全球性问题。如果继续以目前的速率升温，全球温升幅度可能会在 2030—2052 年达到 1.5℃。根据《京都议定书》，全球二氧化碳排放量在 2020 年达到顶峰，然后下降。但由于各

种政治、经济因素，这一目标并没有实现。全球多数国家的二氧化碳排放量达到顶峰的时间被推后。芬兰确认在 2035 年，瑞典、奥地利、冰岛等国家在 2045 年实现净零排放；欧盟各国、英国、挪威、加拿大、日本等将碳中和的时间节点定在 2050 年。一些发展中国家（如智利）也计划在 2050 年实现碳中和。

气候问题是全球面临的共同挑战，中国也不例外，海平面上升、极端天气的增多，对我们的生产和生活产生了很大影响，成为全球性的问题。目前，占世界 GDP 总量 75% 和碳排放量 65% 的各国家都提出了各自碳中和的远景目标。

我国已经提出高质量发展的目标和要求，其中能源和环保，也是高质量发展的重要内涵。因此，碳达峰和碳中和是我们实现高质量发展的内在要求。

碳达峰对我国的能源安全也具有重要意义。我国的能源结构是比较特殊的，目前在化石能源方面，我国的石油供给对进口依赖很大，因此无论是从降低总的能源消耗角度，还是从降低化石能源的依赖角度，降低碳排放都对我国的能源安全具有重要的意义。

近年来，我国积极实施应对气候变化国家战略，采取调整产业结构、优化能源结构等方式提高能效。通过推进碳市场建设、增加森林碳汇等一系列措施，使得温室气体排放得到有效控制。我国采取行动积极应对气候变化，尽早达峰迈向近零碳排放，这不仅是国际责任担当，也是美丽中国建设的需要和保障。

3.2 我国“双碳”目标的提出

习近平主席在 2020 年 9 月 22 日召开的第七十五届联合国大会一般性辩论上表示：“中国将提高国家自主贡献力度，采取更加有力的政策和措施，二氧化碳排放力争于 2030 年前达到峰值，努力争取 2060 年前实现碳中和。”之后，在各种场合多次提出、部署并落实我国碳达峰碳中和工作，详见表 3-1。

表 3-1 我国碳达峰、碳中和目标的提出

序号	时间	会议名称	提出主要内容
1	2020 年 9 月 22 日	第七十五届联合国大会	中国将提高国家自主贡献力度，采取更加有力的政策和措施，二氧化碳排放力争于 2030 年前达到峰值，努力争取 2060 年前实现碳中和
2	2020 年 9 月 30 日	联合国生物多样性峰会	采取更加有力的政策和措施。二氧化碳排放力争于 2030 年前达到峰值，努力争取 2060 年前实现碳中和

续表

序号	时间	会议名称	提出主要内容
3	2020年11月12日	第三届巴黎和平论坛	力争2030年前二氧化碳排放达到峰值，2060年前实现碳中和，中方将为此制定实施规划
4	2020年11月17日	金砖国家领导人第十二次会晤	采取更有力的政策和举措，二氧化碳排放力争于2030年前达到峰值，努力争取2060年前实现碳中和
5	2020年11月22日	二十国集团领导人利雅得峰会“守护地球”主题边会	力争二氧化碳排放2030年前达到峰值，2060年前实现碳中和。中国言出必行，将坚定不移加以落实
6	2020年12月12日	气候雄心峰会	到2030年，中国单位国内生产总值二氧化碳排放将比2005年下降65%以上，非化石能源占一次能源消费比重将达到25%左右，森林蓄积量将比2005年增加60亿立方米，风电、太阳能发电总装机容量将达到12亿千瓦以上
7	2020年12月18日	中央经济工作会议	2021年重点任务之一：做好碳达峰、碳中和工作
8	2021年1月25日	世界经济论坛“达沃斯议程”对话会	中国力争于2030年前二氧化碳排放达到峰值、2060年前实现碳中和。实现这个目标，中国需要付出极其艰巨的努力
9	2021年2月19日	中央全面深化改革委员会第十八次会议	建立健全绿色低碳循环发展的经济体系，统筹制定2030年前碳排放达峰行动方案
10	2021年3月15日	中央财经委员会第九次会议	实现碳达峰、碳中和是一场广泛而深刻的经济社会系统性变革，要把碳达峰、碳中和纳入生态文明建设整体布局，拿出“抓铁有痕”的劲头，如期实现2030年前碳达峰、2060年前碳中和的目标
11	2021年10月12日	《生物多样性公约》第十五次缔约方大会领导人峰会	为推动实现碳达峰、碳中和目标，中国将陆续发布重点领域和行业碳达峰实施方案和一系列支撑保障措施，构建起碳达峰、碳中和“1+N”政策体系。中国将持续推进产业结构和能源结构调整，大力发展可再生能源，在沙漠、戈壁、荒漠地区加快规划建设大型风电光伏基地项目
12	2021年11月1日	《联合国气候变化框架公约》第二十六次缔约方大会世界领导人峰会	气候变化不利影响日益显现，全球行动紧迫性持续上升。如何应对气候变化、推动世界经济复苏，是我们面临的时代课题。中方期待各方强化行动，携手应对气候变化挑战，合力保护人类共同的地球家园

3.3 全球“双碳”整体进展及发展形势

3.3.1 全球碳达峰整体进展

根据世界资源研究所（WRI）近期发布的报告，全球已经有 54 个国家的碳排放实现达峰，占全球碳排放总量的 40%。1990 年、2000 年、2010 年和 2020 年碳排放达峰国家的数量分别为 18 个、31 个、50 个和 54 个，其中大部分属于发达国家。2020 年，排名前 15 位的碳排放国家中，美国、俄罗斯、日本、巴西、印度尼西亚、德国、加拿大、韩国、英国和法国已经实现碳排放达峰，中国、墨西哥、新加坡等国家承诺在 2030 年以前实现达峰。根据国际科学家组成的全球气候变化计划组织（GCP）测算，2020 年全球碳排放量为 340 亿 t，与 2019 年相比减少了 24 亿 t，比上一年下降 7%。

国际能源署（IEA）发布的《全球能源回顾：2020 年二氧化碳排放》显示，2020 年，发达经济体的年排放量下降幅度最大，平均下降了近 10%，而新兴市场和发展中经济体的排放量相对于 2019 年则只下降了 4%。与最近的排放增长率相比，大多数经济体的排放量下降了 5～10 个百分点。巴西下降幅度较小，最明显的是中国。中国是唯一一个年度二氧化碳排放量增长的主要经济体，与 2015—2019 年的平均增长率相比，中国的排放增速仅下降了 1 个百分点。尽管 2020 年是历史上全球二氧化碳排放量降幅最大的一年，许多经济体的能源需求和排放迅速反弹，凸显出 2021 年二氧化碳排放量将面临大幅增加的风险。

3.3.2 全球碳中和发展形势

从宣布时间看，部分欧洲国家（如德国）在 20 世纪就实现了碳达峰，其从碳达峰到碳中和有超过 50 年的时间，美国 43 年，但作为世界最大的碳排放国，我国仅有 30 年。在陡峭的碳排放量下降曲线背后，是规模化的经济结构转型，这意味着我国当前经济结构下相当规模的存量资产将失去原有功能。

当下参与碳中和的国家已占全球大多数。但这些国家的地理环境、资源禀赋、发展阶段和政治样态的差别很大，碳中和在不同的国家和地区有着不同的含义，如法国、瑞典、德国等国把碳中和纳入国家法律，而中国、日本和韩国等国则做出了碳中和的目标承诺，还有许多国家内部已达成联合协议或正在讨论中。

3.3.3 主要国家、地区“双碳”基本情况

3.3.3.1 欧盟

早在 2008 年 2 月，以冰岛和挪威为首的欧洲国家就已加入联合国环境规划署牵头的一项气候中性倡议。由于欧洲大部分地区很早就实现了碳达峰，所以欧盟国家近年来在碳中和的道路上一路飞奔，但道路并不平坦。

2018 年 11 月，欧盟委员会公布了要在 2050 年实现碳中和的愿景，希望在减少碳排放的同时创造经济繁荣，提高人们的生活质量。

2019 年 12 月，新一届欧委会公布《欧洲绿色协议》，提出在 2050 年前建成全球首个碳中和大洲，协议涉及的变革涵盖了能源、工业、生产和消费、大规模基础设施、交通、粮食和农业、建筑、税收和社会福利等方面。

2020 年 3 月，欧委会公布《欧洲气候法》草案，决定以立法的形式明确到 2050 年实现碳中和的目标。

2020 年 12 月，27 个欧盟成员国的领导人在欧盟峰会上就更高减排目标达成一致：到 2030 年，其温室气体净排放量将从此前设立的目标——比 1990 年的水平减排 40%，提升到至少 55%。为推动能源转型，欧洲在 7 个战略性领域开展联合行动：①提高能源效率；②发展可再生能源；③发展清洁、安全、互联的交通；④发展竞争性产业和循环经济；⑤推动基础设施建设和互联互通；⑥发展生物经济和天然碳汇；⑦发展碳捕获和储存技术以解决剩余排放问题。此外，欧洲还积极推动产业技术革命，如推动汽车电动化进程，在钢铁行业开启技术革命，推进可持续智能交通战略等。

3.3.3.2 德国

德国在 2019 年 11 月通过《气候保护法》，首次以法律形式确定德国的中长期温室气体减排目标，到 2050 年实现碳中和。德国在《气候保护法》中明确了能源、工业、建筑、交通、农林等不同经济部门所允许的碳排放量，并规定联邦政府部门有义务监督有关领域遵守每年的减排目标。这意味着，一旦相关行业未能实现减排目标，主管部门须在 3 个月内提交应急方案，联邦政府将在征询有关专家委员会意见的基础上，采取相应措施确保减排。

2019 年 10 月，德国政府还通过了一项法律草案，规定了建筑业和交通业的碳排放定价。相关企业的碳定价将从 2021 年起以每吨 10 欧元开始，到 2025 年时逐步升至每吨 35 欧元。德国政府希望通过适度的碳排放价格上涨，在避免给相关企业和个人造成太大资金负担的同时方便其进行规划，在中长期投资更环保的设施，

购买更环保的产品。

2021 年，德国启动了国家碳排放交易系统，向销售汽油、柴油、天然气、煤炭等产品的企业出售排放额度，由此增加的收入将用来降低电价、补贴公众出行等。

3.3.3.3 英国

2008 年，英国《气候变化法案》正式生效，成为全球第一个通过立法，明确 2050 年实现零碳排放的发达国家。英国于 2019 年 6 月 27 日通过议会修订法案，将净零排放目标由 80% 改为 100%。目前议会正在制定新的法案，目标在 2045 年实现净零排放。

3.3.3.4 美国

美国作为碳中和概念最早的实践国之一，多个州和许多企业近年来宣布加入碳中和行动。例如，加利福尼亚州（加州）州长杰里·布朗在 2018 年 9 月签署了《碳中和法令》，拟在 2045 年前实现电力 100% 可再生，加州如此有底气是因为该州的可再生能源在过去的 10 年里增速迅猛。

不过，由于共和党、民主党在气候变化问题上分歧巨大，所以美国联邦政府对待碳减排的态度长期摇摆不定。2016 年，奥巴马政府签署了《巴黎协定》。2020 年 11 月，特朗普政府正式退出该协定。但 2021 年新上任的拜登总统非常重视气候问题，已表态将带领美国重新加入《巴黎协定》。2021 年 1 月 27 日，拜登签署了《关于在国内外应对气候危机的行政令》，内容包括“美国不迟于 2035 年实现无碳污染电力供应；提供公平、清洁的能源未来，使美国走上不迟于 2050 年实现全经济净零排放的道路”等目标。

3.3.3.5 加拿大

2020 年 11 月，加拿大总理贾斯汀·特鲁多在渥太华公布了政府的净零排放责任计划，一项新法律将迫使当前和未来的加拿大政府制定有约束力的气候目标，使加拿大到 2050 年实现碳中和。这意味着从现在起 30 年中产生的碳排放将通过大气环境（如植树）或技术（如碳捕获和储存）完全吸收掉，目前的执政党已经承诺要种植 20 亿棵树。加拿大是做出碳中和承诺较晚的发达国家之一，不过该国一部分企业、组织和地方政府 10 余年前就已经先行起步，在碳中和上做了很多尝试。例如，该国咖啡生产商盐泉咖啡从减少远距离货运、使用生物柴油的送货卡车、升级节能设备和购买碳补偿额度等方面入手减排，旗下生产的碳中和咖啡在 2010 年受到加拿大非营利环保组织大卫铃木基金会的认可。2010 年的温哥华冬奥会是被许多媒体誉为有史以来首个达到碳中和标准的冬奥会，这与举办城市大力使用水电能源、氢动力车辆和公共交通以及制定严格的绿色建筑标准密不可分。

2011 年 6 月，加拿大不列颠哥伦比亚省（卑诗省）宣布自己正式成为北美洲第一个在公共部门运营中实现碳中和的省级辖区，当地的每一所中小学校、医院、大学、隶属联邦或地方政府的公司和政府办公室经过测量后，均按照自身 2010 年的温室气体排放量购买了碳补偿份额。近年来，加拿大阿尔贝塔省埃德蒙顿市在碳中和社区建设方面走在了前面。当地碳中和社区布莱奇福德是由一座退役的机场改造的，占地 3 200 多亩。该社区要求建筑商遵守绿色建筑规范，大幅提高房屋的能源效率。社区内遍布花园、果园和生态湿地，还有雨水池塘和雨水花园来存储降水，以改善水质和减轻排水设施的压力。社区的区域能源共享系统能够为社区中所有建筑物提供制冷和供热服务，系统第一阶段（名为“一号能源中心”）于 2019 年 11 月完工，下一阶段准备利用现有的污水基础设施进行下水道的热交换，最终使社区的能源消耗减少 15%～20%。

3.3.3.6 日本

2020 年 10 月，时任日本首相菅义伟向国会发表首次施政讲话，宣布日本将提前达成温室气体净零排放的目标，在 2050 年完全实现碳中和。此前，日本的长期气候策略是在 21 世纪后半叶尽早实现碳中和。

为在 2050 年实现净零碳排放，日本政府在 2020 年年底发布了“绿色增长战略”，在 14 个领域确定路线图，据称每年可创造近 2 万亿美元的绿色经济增长。这一战略确定了到 2035 年以电动汽车取代汽油车的目标。为此，要尽可能扩大可再生能源来满足需求，到 2050 年使可再生能源占全国电力供应的 50%～60%。为了促进绿色能源，日本计划到 2030 年安装高达 10 GW 的海上风电装机容量，到 2040 年达到 30～45 GW。同时，在 2030—2035 年前，将每度电的成本削至 8～9 美分，大幅降低发电和运输等领域的用氢成本。

3.3.3.7 韩国

2020 年 10 月，韩国总统文在寅在国会发表演说时宣布，将在 2050 年以前实现碳中和的目标，会对早前宣布的绿色新政投入约合人民币 46 亿元的资金，用可再生能源取代对煤炭的依赖。

2020 年，韩国发布的“绿色新政”称将投资约合 650 亿美元的资金，力图创造 65.9 万个就业岗位，包括对公共建筑进行节能改造、扩大可再生能源，以及推广电动汽车和氢燃料汽车等气候友好型的交通方式。然而“绿色新政”被批评为只是各部门现有计划的综合，缺乏贯穿整体的全面减排计划，并完整地保留了目前以化石燃料为中心的电力系统和环境监管框架。不过，有消息称，在过去的几年里，韩国的私人资本已经在缓慢地向低碳经济迈进，这在一定程度上为中央政府做出更大胆的承诺创造了条件。

3.3.4 我国“双碳”基本情况

2020 年 9 月，中国宣布了要努力在 2060 年实现碳中和的目标。此举立即获得了联合国秘书长及各主要国家政要、国际舆论的一致赞誉，被外界认为是过去 10 年应对气候变化领域最重要的新闻，是全球气候治理史上的里程碑。中国从碳达峰到碳中和的过渡期只有 30 年时间，而大部分发达国家的过渡期长达 60～70 年。

2021 年 10 月，国务院印发《2030 年前碳达峰行动方案》，随着碳达峰、碳中和的目标逐渐落地，国内从部委到行业都开始密集出台一系列具体实施的路线图。据不完全统计，在国资委的官方网站上，至少有 29 家央企发布了有关碳中和的实施计划。

3.4 我国“双碳”目标的重要意义

3.4.1 实现碳中和面临的挑战

碳中和是一项关乎人类文明存续的攻坚事业，也是颠覆我国现代化以来形成的空间格局、产业结构、生产方式、生活方式的一场文明革命。推动文明进步的革命，难免会有妨碍前进的难度与阻力。事实上，碳中和在我国的实现，远比其他发达国家碳中和的难度与阻力更大，我国政府需要投入与付出的也远比其他国家更多。

3.4.1.1 从发展进程的角度来看，我国面临着现代化与绿色低碳的双重压力

英、法、德等欧洲发达国家在 1990 年开启国际气候谈判之前就实现了碳达峰，美国、加拿大、意大利等国在 2007 年前后实现碳达峰，这些国家从碳排放达峰到承诺的碳中和之间，所用时间多为 40～60 年，而我国从 2030 年前实现碳达峰到 2060 年前实现碳中和之间只有 30 年左右，因此任务会更加紧迫，也会面临更大的挑战。与西方先实现现代化、后考虑碳减排不同，我国经济社会的下一步发展必须附加降碳减污为主要重点战略方向。我国只有全方面加大绿色投资，才有可能在不影响现代化的同时实现全面低碳发展。

3.4.1.2 从能源转型的角度来看，我国面临着高效调整与持续低碳的双重要求

目前，包括煤炭、石油和天然气在内的化石能源碳排放占全国排放总量 70% 以上，非化石能源比重的提升遭遇“绿色溢价”因素的困扰。能源绿色化转型必须支付额外成本的溢价，极大地限制产业结构、能源结构、交通运输结构、用地结构的调整效率。例如，只有在资源、建设与市场条件均优越的地区，风电、光伏发电成本才能与燃煤上网电价水平相当，这就抑制了人们选择风电、光伏发电的欲望。再如，虽然新能源汽车近年来销量快速增长，但仍仅为传统汽车的 5% 左右。只有在城乡各地普及充电桩、实现快速充电等基本条件后，新能源汽车才有可能全面替代传统汽车。由此看来，只有加速扩大非化石能源消费基础设施与科技创新的投资，才有可能在不影响能源供给调整的同时实现绿色低碳循环发展经济体系的构建。

3.4.1.3 从民众参与的角度来看，我国仍面临着富裕追求与集约消费双重任务

研究显示，仍有 10 亿中国人未乘坐过飞机，9 亿多人没有驾照，近 5 亿人平常不用冲水式厕所。中国人不断提升生活标准，自然而然就会出现碳排放的提升。同时，每年餐饮浪费现象极其严重，废弃食物腐烂产生大量甲烷，约占温室气体排放的 6%。应对气候变化在发达国家是与多数人生活习惯与未来命运休戚相关的自觉行为，但对许多中国人可能仍与个人相关性不大，或是与追求生活享受相抵触。普通民众追求富裕生活的权利应被尊重、被保护，同时，实现碳中和迫切需要提升民众的人类关怀意识、改善用餐习惯、培养集约型生活方式的自觉性等。由此看来，只有大量增加公共投资，例如更深入人心的教育、更精准的激励与惩戒政策，建设更便捷的公共交通网络，更低碳循环、更高性价比的智能家居设施等，才有可能让更多民众自觉参与实现碳中和。

做好碳中和工作，不仅影响我国绿色经济复苏和高质量发展、引领全球经济技术变革的方向，而且对保护地球生态、推进应对气候变化的国际合作具有重要意义。

当前我国的碳排放总量大、排放强度高。我国处在工业化、城市化发展阶段，需要大量基础设施建设，高耗能原材料产业的比重较大，且当前仍处于工业化和城市化发展阶段中后期，对未来经济增速仍有较高预期，尽管不断加大节能降碳力度，但能源总需求一定时期内还会持续增长，二氧化碳排放也呈缓慢增长趋势。

对我国来说，二氧化碳排放达峰时间越早，峰值排放量越低，就越有利于实现长期碳中和目标。当前最主要的是控制和减少二氧化碳排放的增量，推进碳排放尽早达到峰值，并迅速转为下降趋势，持续降低排放总量，走上长期碳中和的发展路径。

3.4.2 我国在全球气候治理中做出的贡献

我国作为一个开放型的大规模经济体和全球性大国，既是全球治理的参与者，也是全球治理机制和体系的重要成员，发挥着日益重要的引领作用。

我国是目前世界上最大的碳排放国，但人均碳排放量相对较低。作为一个负责任的发展中国家，我国政府对气候变化问题给予了高度重视，并根据国家可持续发展战略的要求，采取了一系列与应对气候变化相关的政策和行动。

3.4.2.1 积极参与气候治理谈判，开展国际气候合作

我国主张各国应自觉履行《巴黎协定》相关义务，有能力的国家和行为体应该在力所能及范围内援助弱小国家，提升其适应气候变化的能力。中方坚持公平、共同但有区别的责任、各自能力原则，推动落实《联合国气候变化框架公约》及《巴黎协定》，积极开展气候变化南南合作，既为全球治理做出了贡献，也体现了中国的国际担当。我国不断加强生态环境治理和生态文明建设，不仅超额完成了《联合国气候变化框架公约》及《京都议定书》框架下的履约义务，提升了《巴黎协定》框架下的国家自主贡献力度，而且实质性地改善了国内生态环境整体质量。我国的行动和努力不仅为全球气候治理增添新动力，更有助于全球气候治理体系朝着更加包容、普惠和高效的方向发展。

3.4.2.2 积极采取国内气候措施

我国以习近平生态文明思想为指导，贯彻新发展理念，以经济社会发展全面绿色转型为引领，以能源绿色低碳发展为关键，坚持走生态优先、绿色低碳的发展道路。实施积极应对气候变化国家战略，把应对气候变化融入国家经济社会发展中长期规划，通过法律、行政、技术、市场等多种手段，全力推进各项工作。主要措施如下：

第一，调整经济结构，不断推进产业结构转型升级，加快淘汰煤炭和钢铁等高能耗、高碳排放行业的产能，扶植和发展高技术、高附加值和低碳排放的战略新兴产业；

第二，优化能源结构，严格控制高碳排放的煤炭消费，加快推进天然气、浅层地热、电力等替代散烧煤的清洁取暖基本格局，淘汰落后低效率的煤电产能，组织扩大生物燃料如乙醇生产和广泛使用，大力发展水电、风电、太阳能发电等可再生能源，推进大型二氧化碳捕捉、利用和封存（CCUS）项目；

第三，推广节能技术和产品，着重推进建筑、交通等领域节能，推动碳排放交易市场建设；

第四，健全应对气候变化体制机制，推进应对气候变化法制化和标准化进程，加强温室气体统计核算体系建设。

3.4.3 做好“双碳”工作与生态文明建设的关系

2021 年 3 月 15 日，习近平总书记主持召开中央财经委员会第九次会议，强调推动平台经济规范健康持续发展，把碳达峰、碳中和纳入生态文明建设整体布局。碳达峰、碳中和工作与生态文明建设是相辅相成的，我国建设社会主义现代化的一大特征，就是要建设人与自然和谐共生的现代化，注重同步推进物质文明建设和生态文明建设。实现碳达峰、碳中和，是我国建设人与自然和谐共生现代化的必然选择，是全面贯彻新发展理念、推动高质量发展的必然要求，将有力推动实现更高质量、更有效率、更公平、更可持续、更为安全的发展，走出一条生产发展、生活富裕、生态良好的文明发展道路，也必将为全球生态文明建设、共同构建人与自然生命共同体注入强大动力。

坚持不懈推动绿色低碳发展。实现碳中和、碳达峰目标是我国对全世界的庄严承诺。在我国能源产业格局中，产生碳排放的化石能源（煤炭、石油、天然气等）占能源消耗总量的 70%，生态文明建设的各项要求尤其是碳中和、碳达峰目标，对我国而言既是一项重要战略任务，也是推动全国产业转型升级的一个关键契机，要把握好、利用好这一关键契机，更好地推动我国产业绿色低碳循环发展。通过应对气候变化政策和行动来引领绿色、低碳、循环发展，推动经济结构转型升级，发展高技术、高附加值和低碳排放的战略新兴产业，优化能源结构，推广节能技术和产品，发展低碳经济，达到实现可持续发展的目标。

3.4.4 对我国参与未来国际技术经济竞争的重要意义

3.4.4.1 提高资源掌控能力，降低能源进口依赖，创造就业机会

为实现碳中和，能源将大规模从化石能源向可再生能源迁移，可加强我国在国际博弈中的抗风险能力。如果到了 2060 年，我国实现碳中和，意味着我国会摆脱对外部能源进口的依赖。碳中和的背景下，“石油地缘政治时代”被完全打破，传统石油出口国将面临全面利益丧失。国际竞争的焦点也将逐渐转移到低碳技术价值链的控制上，新能源和低碳技术的价值链将会成为重中之重。

碳中和首先改变的将会是能源产业格局。要实现 2060 年碳中和的目标，就要大幅发展可再生能源，降低化石能源的比重，因此，能源格局的重构必然是大势所

趋。我国光伏、风电、水电装机量均已占到全球总装机量的 1/3 左右，无论是在投入还是在规模上都领跑全球。如果到了 2060 年，我国实现碳中和，核能的装机容量将是现在的 5 倍，风能的装机容量将是现在的 12 倍，而太阳能会是现在的 70 多倍。一个巨大的产业发展空间将会被打开，而在产业链的细分领域，将产生众多的新兴产业，创造大量的就业机会。碳中和还将重构整个制造业，我国的所有产业将从资源属性切换到制造业属性。在碳中和的大背景下，全球制造业的产业链将进行新的国际合作、国际分工，形成新的产业格局。

3.4.4.2 产业链重构带来大量超车机会

控制碳排放，控制全球变暖已经是人类的共识，而在这条共识之路上，会涉及一系列的技术变革、能源变革、产业变革，谁在这一轮产业升级中拥有主动权，谁就能在世界产业链中占据上游，自然就能接过引领世界的接力棒，成为未来几十年国际经济的引领者。

例如汽车产业，因为欧美汽车产业起步早，手握大量的专利，发动机和变速箱等关键技术，我国长期落后并且很难逆转，市场长期被德国、美国、日本的几大品牌瓜分。而转型电动汽车后，都在同一条起跑线上，大家的差距瞬间被抹平。再如水电和光电产业，全球的二氧化碳，大概有 30% 是火力发电排放的，随着碳中和的进一步推进，水电、风电、光伏等绿色发电肯定会在全球普及，在能源领域，我国领先的光伏技术、特高压技术都将有巨大的市场前景。

3.4.4.3 提高国际影响力，增强话语权

目前，占世界 GDP 总量 75% 和碳排放 65% 的国家都提出了各自碳中和的远景目标，可以说碳中和已经成为不可逆转的发展趋势，是世界强国追逐的竞赛。

一方面，我国是世界第一排碳大国，对世界气候变化有着至关重要的作用。因此，适时提出碳中和的目标，表明中国的立场，顺应人类未来的需求，为可持续发展做出表率，无疑能进一步提升国际地位。同时也是对外寻找共识，为在国际上赢得更多话语权做铺垫，展现大国风范，获得政治伙伴，塑造良好的国际形象的需要。

另一方面，在新能源、新动力、新材料等新技术上的领先，无疑也会进一步提升国际话语权。在太阳能领域，经过近年来的发展，中国在全球太阳能电池的晶硅材料生产中占比 50%，全球逆变器的生产占比 60%。由于中国的贡献，过去 10 年太阳能每度电的发电成本下降了 90%。这些技术对我国的国际地位会产生直接支撑作用。

3.5 我国低碳减排与碳市场政策背景

3.5.1 气候变化是全人类面临的严峻挑战

20 世纪 80 年代以来，随着全球气候变化导致极端天气发生的频率和强度明显增加，科学界对气候变化问题的认识不断深化。1988 年成立的联合国政府间气候变化专门委员会（IPCC）于 1990 年、1995 年、2000 年、2007 年、2014 年先后发布了 5 次评估报告，并在报告中更加肯定地指出：气候变化的影响不仅是明确的，而且还在不断加强。人为活动是造成全球气候变化的主要原因。

工业革命以来的人类活动，尤其是发达国家在工业化过程中大量消耗能源资源，导致大气中温室气体浓度增加，引起全球气候以变暖为主要特征的显著变化。

全球变暖的终极来源是化石燃料，例如煤、石油、天然气的燃烧，导致温室气体的排放。大气中温室气体浓度升高，引起地表与海面变暖。最初的变暖效应通过大气、海洋、冰盖和生物系统中的反馈效应而扩大。二氧化碳在大气中捕获热量并长期存留，对温室气体的影响最为主要。因此，国际上一般将温室气体折算成二氧化碳当量来计算。

气候变化除了带来全球大气平均温度升高的影响外，还包括冰川融化、海平面升高、极端气候发生的频率和强度增加、局部气候条件改变等负面影响。气候变化已对全球自然生态系统产生了显著影响，给人类社会的生存和发展带来了严重挑战。

2019 年，我国二氧化碳排放量 102 亿 t，占全球排放量的 27.9%。从当前每年的二氧化碳排放情况来看，中国是最大的碳排放国，但从历史累积角度来看，我国并不是最大的碳排放贡献国。

气候变化事关人类前途命运，需要全球各个国家共同携手应对。我国作为一个负责任的发展中国家，一直以来高度重视应对气候变化，充分认识应对气候变化的重要性和紧迫性，按照科学发展观的要求，统筹考虑经济发展和生态建设、国内与国际、当前与长远，制定并实施了应对气候变化国家方案，采取了一系列应对气候变化的政策和措施。

3.5.2 强化落实我国国家自主贡献目标

国际社会逐渐对通过低碳减排应对全球气候变化达成共识，并在联合国框架下开展了相关制度安排和行动计划的谈判。从 1992 年《联合国气候变化框架公约》

（以下简称《公约》）的达成，到1997年的《京都协定书》的通过，再到2016年《巴黎协定》的正式签署，全球已构建起应对气候变化的政治和法律基础。

1992年的《公约》是世界上第一部为全面控制温室气体排放和应对全球气候变化的具有法律约束力的国际公约。1997年在日本京都举行的第3次缔约方会议，通过了著名的《京都议定书》，为发达国家设定了第一承诺期（2008—2012年）的减排指标。2005年2月16日，《京都议定书》正式生效，规定在2010年之前，所有发达国家包括二氧化碳在内的6种温室气体排放量在1990年的基础上减少5.2%，并确立了3种新的灵活机制：排放权交易（Emissions Trading，ET）、联合执行（Joint Implementation，JI）和清洁发展机制（Clean Development Mechanism，CDM）。这3种碳交易机制就形成了碳排放权交易体系的雏形，在《京都议定书》之后，发达国家相继成立了碳排放交易所。

《巴黎协定》是由联合国195个成员国于2015年12月12日在联合国气候峰会中通过的气候协议，其主要目标之一是“把全球平均气温升幅控制在工业化前水平以上低于2℃之内，并努力将气温升幅限制在工业化前水平以上1.5℃之内”。

根据巴黎大会决议和《巴黎协定》有关要求，缔约方每5年通报一次国家自主贡献。国家自主贡献是各缔约方根据各自国情和发展阶段确定的应对气候变化行动目标。根据自身国情、发展阶段、可持续发展战略和国际责任担当，2015年，我国提出了国家自主贡献目标：二氧化碳排放2030年前后达到峰值并争取尽早达峰；单位国内生产总值二氧化碳排放比2005年下降60%～65%，非化石能源占一次能源消费比重达到20%左右，森林蓄积量比2005年增加45亿m^3左右。

我国是《公约》首批缔约方之一，是IPCC的发起国之一，同时也是《京都议定书》非附录一国家，不承担强制性的温室气体减排义务。早在《巴黎协定》前，我国就与美国、法国发表了元首气候变化联合声明，推动达成了气候谈判中关于一些重大问题的共识。

从全人类共同利益出发，中国政府始终高度重视气候变化问题，采取了一系列行动以应对全球气候变化，涉及优化产业结构和能源结构、生态建设、适应气候变化、应对气候变化能力建设、公众参与、国际交流与合作等方面。

3.5.3 全国碳市场的政策、主要任务

全国碳市场主要政策如图3-2所示。

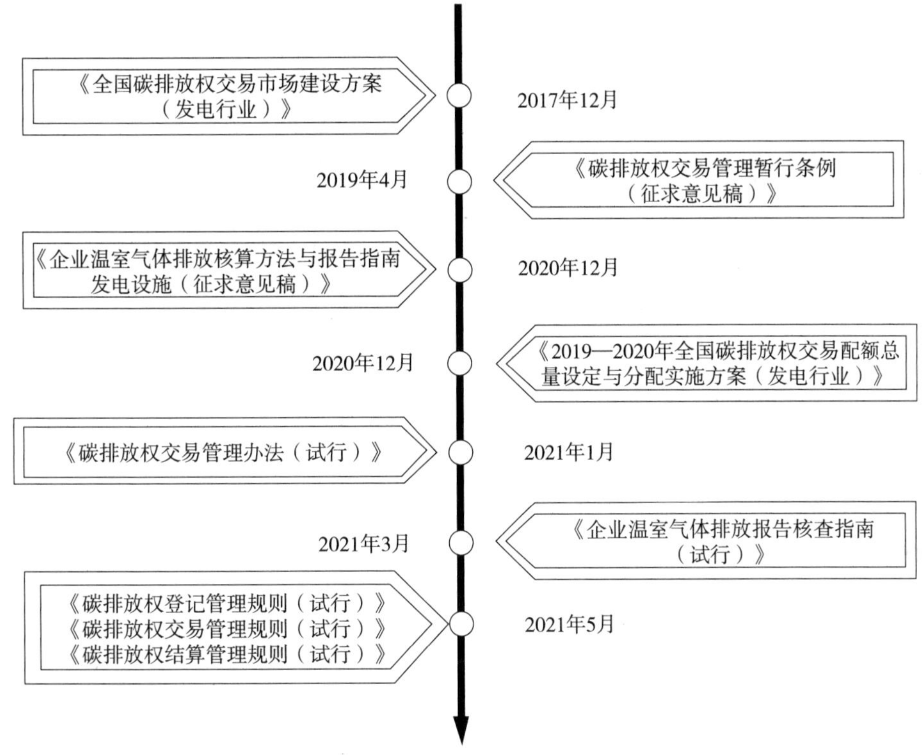

图 3-2 全国碳市场主要政策

2017 年 12 月，全国碳排放交易体系启动工作电视电话会议召开，《全国碳排放权交易市场建设方案（发电行业）》（以下简称《建设方案》）同步印发，标志着全国碳市场正式启动。《建设方案》以“稳中求进”为原则，提出了全国碳市场建设的“三步走”战略，旨在以发电行业开始推动全国统一碳排放权交易市场建设，开始了开展制度设计、全国碳市场配额总量和分配方法以及全国碳交易登记注册系统等研究。但由于种种原因，进展滞后于相关规划。

2020 年 12 月，生态环境部先后发布了国家环境保护标准《企业温室气体排放核算方法与报告指南　发电设施（征求意见稿）》《2019—2020 年全国碳排放权交易配额总量设定与分配实施方案（发电行业）》，旨在进一步规范全国碳排放权交易市场发电行业重点排放单位的温室气体排放核算与报告工作，发挥发电行业在碳市场的引领作用。

尽管生态环境部于 2019 年 4 月起草了《碳排放权交易管理暂行条例（征求意见稿）》，但直到 2021 年 1 月，在生态环境部正式发布《碳排放权交易管理办法（试行）》后，全国统一的碳排放权市场建设才正式启动。2021 年 3 月，为进一步规范全国碳排放权交易市场企业温室气体排放报告核查活动，根据《碳排放权交易管理办法（试行）》，生态环境部编制了《企业温室气体排放报告核查指南（试行）》。2021 年 5 月，《碳排放权登记管理规则（试行）》《碳排放权交易管理规则（试行）》和《碳排放权结算管理规则（试行）》同时出台，旨在进一步规范全国碳排放权登记、交易、结算活动，保护全国碳排放权交易市场各参与方合法权益。

随着 2021 年全国碳市场的正式启动，碳排放交易市场进入“高速运转模式”。碳市场需要建立有效的管理机制，出台完善规章制度，确定纳入的企业名单，完成碳排放配额初始分配，建立公平的报告核查制度，稳步启动市场交易。

未来，碳市场将承担温室气体减排最核心的作用，这一阶段的主要任务：扩大碳交易体系的覆盖范围，实现更大幅度的温室气体排放；保持碳价的稳定上升趋势，刺激低碳技术的投资与应用；形成国内碳价格，保证未来我国在国际碳市场的定价权和话语权。碳市场建设需要社会各方达成共识、形成合力，共同努力。

3.6 国家部署

3.6.1 碳达峰碳中和工作领导小组第一次全体会议

碳达峰碳中和工作领导小组第一次全体会议于 2021 年 5 月 26 日在北京召开。中共中央政治局常委、国务院副总理韩正主持会议并讲话。会议深入学习贯彻习近平总书记重要讲话和指示批示精神，贯彻落实党中央、国务院决策部署，审议有关文件，研究部署相关工作。

韩正表示，我国力争 2030 年前实现碳达峰，2060 年前实现碳中和，是以习近平同志为核心的党中央经过深思熟虑做出的重大战略决策。实现碳达峰、碳中和，是我国实现可持续发展、高质量发展的内在要求，也是推动构建人类命运共同体的必然选择。要全面贯彻落实习近平生态文明思想，立足新发展阶段、贯彻新发展理念、构建新发展格局，扎实推进生态文明建设，确保如期实现碳达峰、碳中和目标。

韩正强调，要紧扣目标分解任务，加强顶层设计，指导和督促地方及重点领域、行业、企业科学设置目标、制定行动方案。要尊重规律，坚持实事求是、一切从实际出发，科学把握工作节奏。要加强国际交流合作，寻求全球气候治理的最大公约数，携手国际社会共同保护好地球家园。要积极宣传我国应对气候变化的决心、目标、举措、成效，善于用案例讲好中国故事，引导形成绿色低碳生产生活方式。

韩正指出，推进碳达峰、碳中和工作，要坚持问题导向，深入研究重大问题。当前要围绕推动产业结构优化、推进能源结构调整、支持绿色低碳技术研发推广、完善绿色低碳政策体系、健全法律法规和标准体系等，研究提出有针对性和可操作性的政策举措。

韩正强调，要狠抓工作落实，确保党中央决策部署落地见效。要充分发挥碳达峰碳中和工作领导小组统筹协调作用，各成员单位要按职责分工全力推进相关工作，形成强大合力。要压实地方主体责任，坚持分类施策、因地制宜、上下联动，推进各地区有序达峰。要发挥好国有企业特别是中央企业的引领作用，中央企业要根据自身情况制定碳达峰实施方案，明确目标任务，带头压减落后产能、推广低碳零碳负碳技术。

中共中央政治局委员、国务院副总理刘鹤，国务委员王勇，国务委员、外交部部长王毅，十三届全国政协副主席、国家发展和改革委员会主任何立峰出席会议并讲话。除了中央层面的领导外，还有国务院的主要部委领导参加了此次会议，包括财政部部长刘昆、科技部部长王志刚、国家发展和改革委员会副主任唐登杰、生态环境部部长黄润秋、住房和城乡建设部部长王蒙徽、工业和信息化部部长肖亚庆、自然资源部部长陆昊、交通运输部部长李小鹏、商务部部长王文涛、国家市场监督管理总局局长张工、国资委主任郝鹏、全国政协人口资源环境委员会副主任解振华、国家统计局局长宁吉喆、国家税务总局局长王军、中国人民银行行长易纲、中国银行保险监督管理委员会主席郭树清、教育部副部长孙尧、国家能源局局长章建华、国家气象局局长庄国泰、国家林业和草原局局长关志鸥等。

3.6.2 完整准确全面贯彻新发展理念做好碳达峰碳中和工作

2021 年 10 月 24 日,《中共中央　国务院关于完整准确全面贯彻新发展理念做好碳达峰碳中和工作的意见》(以下简称《意见》)发布。

《意见》指出，实现碳达峰、碳中和，是以习近平同志为核心的党中央统筹国内、国际两个大局做出的重大战略决策，是着力解决资源环境约束突出问题、实现中华民族永续发展的必然选择，是构建人类命运共同体的庄严承诺。

2020 年 9 月 22 日，习近平主席在第七十五届联合国大会一般性辩论上宣布中国二氧化碳排放力争于 2030 年前达到峰值，努力争取 2060 年前实现碳中和。

实现碳达峰、碳中和，是以习近平同志为核心的党中央经过深思熟虑做出的重大战略决策，事关中华民族永续发展和构建人类命运共同体。实现碳达峰、碳中和是一场广泛而深刻的经济社会系统性变革，面临前所未有的困难挑战。当前，我国经济结构还不合理，工业化、新型城镇化还在深入推进，经济发展和民生改善任务还很重，能源消费仍将保持刚性增长。与发达国家相比，我国从碳达峰到碳中和的时间窗口偏紧。做好碳达峰、碳中和工作，迫切需要加强顶层设计。在中央层面制定、印发意见，对碳达峰、碳中和这项重大工作进行系统谋划和总体部署，进一步明确总体要求，提出主要目标，部署重大举措，明确实施路径，对统一全党认识和意志，汇聚全党全国力量来完成碳达峰、碳中和这一艰巨任务具有重大意义。

《意见》强调，以习近平新时代中国特色社会主义思想为指导，全面贯彻党的十九大和十九届二中、三中、四中、五中全会精神，深入贯彻习近平生态文明思想，立足新发展阶段，贯彻新发展理念，构建新发展格局，坚持系统观念，处理好发展和减排、整体和局部、短期和中长期的关系，把碳达峰、碳中和纳入经济社会发展全局，以经济社会发展全面绿色转型为引领，以能源绿色低碳发展为关键，加快形成节约资源和保护环境的产业结构、生产方式、生活方式、空间格局，坚定不移走生态优先、绿色低碳的高质量发展道路。

3.6.2.1 主要目标

《意见》明确实现碳达峰、碳中和目标，要坚持“全国统筹、节约优先、双轮驱动、内外畅通、防范风险”的工作原则；提出了构建绿色低碳循环发展经济体系、提升能源利用效率、提高非化石能源消费比重、降低二氧化碳排放水平、提升生态系统碳汇能力五方面主要目标，确保如期实现碳达峰、碳中和。

到 2025 年，绿色低碳循环发展的经济体系初步形成，重点行业能源利用效率大幅提升。单位国内生产总值能耗比 2020 年下降 13.5%；单位国内生产总值二氧化碳排放比 2020 年下降 18%；非化石能源消费比重达到 20% 左右；森林覆盖率达到 24.1%，森林蓄积量达到 180 亿 m^3，为实现碳达峰、碳中和奠定坚实基础。

到 2030 年，经济社会发展全面绿色转型取得显著成效，重点耗能行业能源利用效率达到国际先进水平。单位国内生产总值能耗大幅下降；单位国内生产总值二氧化碳排放比 2005 年下降 65% 以上；非化石能源消费比重达到 25% 左右，风电、太阳能发电总装机容量达到 12 亿 kW 以上；森林覆盖率达到 25% 左右，森林蓄积量达到 190 亿 m^3，二氧化碳排放量达到峰值并实现稳中有降。

到 2060 年，绿色低碳循环发展的经济体系和清洁低碳安全高效的能源体系全面建立，能源利用效率达到国际先进水平，非化石能源消费比重达到 80% 以上，碳中和目标顺利实现，生态文明建设取得丰硕成果，开创人与自然和谐共生新境界。

这一系列目标，立足于我国发展阶段和国情实际，标志着我国将完成碳排放强度全球最大降幅，用历史上最短的时间从碳排放峰值实现碳中和，体现了最大的雄心力度，需要付出艰苦卓绝的努力。

3.6.2.2　主要任务和重大举措

实现碳达峰碳中和是一项多维、立体、系统的工程，涉及经济社会发展方方面面。《意见》坚持系统观念，提出 10 方面 31 项重点任务，明确了碳达峰、碳中和工作的路线图、施工图。《意见》明确了碳达峰、碳中和工作重点任务和重大举措。

一是推进经济社会发展全面绿色转型，强化绿色低碳发展规划引领，优化绿色低碳发展区域布局，加快形成绿色生产生活方式。

二是深度调整产业结构，加快推进农业、工业、服务业绿色低碳转型，坚决遏制高耗能、高排放项目盲目发展，大力发展绿色低碳产业。

三是加快构建清洁低碳、安全高效能源体系，强化能源消费强度和总量双控，大幅提升能源利用效率，严格控制化石能源消费，积极发展非化石能源，深化能源体制机制改革。

四是加快推进低碳交通运输体系建设，优化交通运输结构，推广节能低碳型交通工具，积极引导低碳出行。

五是提升城乡建设绿色低碳发展质量，推进城乡建设和管理模式低碳转型，大力发展节能低碳建筑，加快优化建筑用能结构。

六是加强绿色低碳重大科技攻关和推广应用，强化基础研究和前沿技术布局，加快先进适用技术研发和推广。

七是持续巩固提升碳汇能力，巩固生态系统碳汇能力，提升生态系统碳汇增量。

八是提高对外开放绿色低碳发展水平，加快建立绿色贸易体系，推进绿色“一带一路”建设，加强国际交流与合作。

九是健全法律法规标准和统计监测体系，完善标准计量体系，提升统计监测能力。

十是完善投资、金融、财税、价格等政策体系，推进碳排放权交易、用能权交易等市场化机制建设。

3.6.2.3　在碳达峰碳中和“1+N”政策体系中的定位和作用

2021 年 5 月，中央层面成立了碳达峰碳中和工作领导小组，作为指导和统筹做好碳达峰、碳中和工作的议事协调机构。领导小组办公室设在国家发展和改革委员会。按照统一部署，正加快建立“1+N”政策体系，立好碳达峰、碳中和工作的“四梁八柱”。

党中央、国务院印发的《意见》，作为“1”，是管总管长远的，在碳达峰、碳中和“1+N”政策体系中发挥统领作用；《意见》将与2030年前碳达峰行动方案共同构成贯穿碳达峰、碳中和两个阶段的顶层设计。“N”则包括能源、工业、交通运输、城乡建设等分领域分行业碳达峰实施方案，以及科技支撑、能源保障、碳汇能力、财政金融价格政策、标准计量体系、督察考核等保障方案。一系列文件将构建起目标明确、分工合理、措施有力、衔接有序的碳达峰、碳中和政策体系。

3.6.2.4 确保“双碳”工作取得积极成效

《意见》强调，切实加强组织实施。加强党中央对碳达峰、碳中和工作的集中统一领导，强化统筹协调，压实地方责任，严格监督考核。

实现碳达峰、碳中和是一场硬仗，也是对党治国理政能力的一场大考。下一步将全面贯彻落实《意见》部署，确保碳达峰、碳中和工作取得积极成效。

一是加快建立碳达峰、碳中和政策体系。指导地方科学制定碳达峰实施方案，推动各方统筹有序做好碳达峰、碳中和工作。

二是强化统筹协调和督察考核。国家发展和改革委员会将切实履行碳达峰、碳中和工作领导小组办公室职责，及时跟踪、定期调度各地区各领域工作进展，做好各项目标任务落实情况的督察考核工作。

三是组织开展碳达峰、碳中和先行示范。支持有条件的地方和重点行业、重点企业积极探索，形成一批可复制、可推广的有效模式，为如期实现全国层面碳达峰、碳中和目标提供有益经验。

3.6.3 碳达峰行动方案

2021年10月24日，国务院印发《2030年前碳达峰行动方案》（以下简称《方案》）。《方案》围绕贯彻落实党中央、国务院关于碳达峰、碳中和的重大战略决策，按照《意见》工作要求，聚焦2030年前碳达峰目标，对推进碳达峰工作做出总体部署。

《方案》以习近平新时代中国特色社会主义思想为指导，全面贯彻党的十九大和十九届二中、三中、四中、五中全会精神，深入贯彻习近平生态文明思想，立足新发展阶段，完整、准确、全面贯彻新发展理念，构建新发展格局，坚持系统观念，处理好发展和减排、整体和局部、短期和中长期的关系，统筹稳增长和调结构，把碳达峰、碳中和纳入经济社会发展全局，有力、有序、有效做好碳达峰工作，加快实现生产生活方式绿色变革，推动经济社会发展建立在资源高效利用和绿色低碳发展的基础之上，确保如期实现2030年前碳达峰目标。

《方案》强调，要坚持总体部署、分类施策，系统推进、重点突破，双轮驱动、两手发力，稳妥有序、安全降碳的工作原则，强化顶层设计和各方统筹，加强政策的系统性、协同性，更好发挥政府作用，充分发挥市场机制作用，坚持先立后破，以保障国家能源安全和经济发展为底线，推动能源低碳转型平稳过渡，稳妥有序、循序渐进推进碳达峰行动，确保安全降碳。《方案》提出了非化石能源消费比重、能源利用效率提升、二氧化碳排放强度降低等主要目标。

《方案》要求，将碳达峰贯穿经济社会发展全过程和各方面，重点实施能源绿色低碳转型行动、节能降碳增效行动、工业领域碳达峰行动、城乡建设碳达峰行动、交通运输绿色低碳行动、循环经济助力降碳行动、绿色低碳科技创新行动、碳汇能力巩固提升行动、绿色低碳全民行动、各地区梯次有序碳达峰行动等"碳达峰十大行动"，并就开展国际合作和加强政策保障做出相应部署。

《方案》要求，要强化统筹协调，加强党中央对碳达峰、碳中和工作的集中统一领导，碳达峰碳中和工作领导小组对碳达峰相关工作进行整体部署和系统推进，领导小组办公室要加强统筹协调，督促将各项目标任务落实落细；要强化责任落实，着力抓好各项任务落实，确保政策到位、措施到位、成效到位；要严格监督考核，逐步建立系统完善的碳达峰碳中和综合评价考核制度，加强监督考核结果应用，对碳达峰工作成效突出的地区、单位和个人按规定给予表彰奖励，对未完成目标任务的地区、部门依规依法实行通报批评和约谈问责。

4

河北省产业产能分布及应对气候变化部署

4.1 河北省重点产业产能分布

4.1.1 钢铁行业

根据排污许可平台数据统计，2019 年，全国长流程钢铁企业数量约 430 家，涉及粗钢产能 11.4 亿 t，其中河北省的长流程钢铁企业共 70 家，涉及粗钢产能 2.471 5 亿 t，分别占全国长流程钢铁企业数量和粗钢产能的 16.3% 和 21.7%（表 4-1）。

表 4-1 河北省钢铁企业数量与产能统计

序号	城市	企业数量总计 / 家	产能总计 / 万 t
1	唐山市	34	12 882
2	邯郸市	21	6 321
3	石家庄市	3	1 182
4	秦皇岛市	3	1 112
5	承德市	3	960
6	沧州市	3	1 188
7	邢台市	2	650
8	张家口市	1	420
合计		70	24 715

注：仅列出有钢铁企业的城市。

4.1.2 焦化企业

根据排污许可平台数据统计，2019 年，全国焦化企业共计 458 家，设计产能约为 39 369.5 万 t/a。其中河北省的焦化企业有 43 家，产能共计 5 641.3 万 t/a，分别占全国焦化企业数量和产能的 9.4% 和 14.3%（表 4-2）。

表 4-2 河北省焦化企业数量与产能统计

序号	城市	企业数量总计 / 家	产能总计 /（万 t/a）
1	唐山市	19	3 113.7
2	邯郸市	18	1 692.0
3	石家庄市	4	221.6
4	邢台市	1	504.0
5	承德市	1	110.0
合计		43	5 641.3

注：仅列出有焦化企业的城市。

4.1.3 炼油企业

根据中国石油和化学工业联合会数据统计，2019 年，全国炼油企业共计 225 家，原油加工能力约为 8.4 亿 t。其中河北省的炼油企业共 6 家，原油加工能力为 0.316 1 亿 t，分别占全国炼油企业数量和原油加工能力的 2.7% 和 3.8%（表 4-3）。

表 4-3 2019 年河北省炼油企业数量与产能统计

序号	城市	企业数量总计 / 家	产能总计 / 万 t
1	沧州市	4	2 050
2	秦皇岛市	1	111
3	石家庄市	1	1 000
合计		6	3 161

注：仅列出有炼油企业的城市。

4.1.4 平板玻璃企业

根据排污许可平台数据统计，2019 年，全国重点管理平板玻璃企业共计 171 家，设计产能约为 4 686.9 万 t/a。其中河北省的平板玻璃企业有 33 家，设计产能为 1 010.0 万 t/a，分别占全国重点管理平板玻璃企业的 19.3% 和 21.5%（表 4-4）。

表 4-4 河北省重点管理平板玻璃企业数量与产能统计

序号	城市	企业数量总计 / 家	产能总计 /（万 t/a）
1	邢台市	24	760.5
2	唐山市	3	100.6
3	秦皇岛市	3	64.9
4	廊坊市	2	48.0
5	石家庄市	1	36.0
合计		33	1 010.0

注：仅列出有平板玻璃企业的城市。

4.1.5 水泥企业

根据排污许可平台数据统计，2019 年，全国重点管理水泥企业共计 1 217 家，水泥熟料设计产能约为 559.9 万 t/d。其中河北省的水泥企业有 66 家，水泥熟料设计产能为 24.314 3 万 t/d，分别占全国水泥企业数量和产能的 5.4% 和 4.3%（表 4-5）。

表 4-5 河北省水泥企业数量与水泥熟料产能统计

序号	城市	企业数量总计 / 家	产能总计 /（t/d）
1	唐山市	15	65 650
2	石家庄市	13	49 268
3	邢台市	11	32 500
4	承德市	8	27 200
5	保定市	7	22 925
6	邯郸市	4	23 600
7	张家口市	3	6 500
8	秦皇岛市	3	11 000
9	廊坊市	2	4 500
合计		66	243 143

注：仅列出有水泥企业的城市。

4.2 河北省应对气候变化工作成效

4.2.1 加快构建生态环境法规制度体系

4.2.1.1 加快地方生态环境立法步伐

全面修订《河北省生态环境保护条例》，作为生态环境保护领域基础性、统领性、综合性的地方性法规，为生态环境保护制度化、规范化、法治化提供了基本依据。采取与京津协同立法模式，制定出台《河北省机动车和非道路移动机械排放污染防治条例》，实现题目、结构、制度、实施时间等的高度一致，成为全国首部在污染防治领域区域协同立法项目，为加强机动车和非道路移动机械排放污染联防联控、严格重点用车单位监管、坚决打好柴油货车污染治理攻坚战提供了有力法治保障。针对船舶大气污染治理，制定《河北省人民代表大会常务委员会关于加强船舶大气污染防治的若干规定》，为防治船舶大气污染，保护和改善沿海区域大气环境提供了法规依据。立足解决扬尘污染实际问题和创新突破，颁布《河北省扬尘污染防治办法》，细化量化扬尘污染防治措施，强化扬尘污染法律责任，为推进扬尘污染防治提供法治支撑。2020 年，还着力推进《白洋淀生态环境治理和保护条例》立法，先后三次提交省人大常委会审议，对标对表习近平总书记重要指示批示精神，结合三次审议意见反复修改完善，以地方立法推进防洪、补水、治污，保障白洋淀碧波安澜。

4.2.1.2 推进生态环境标准体系建设

2020 年以来，制定发布水泥、平板玻璃、陶瓷、锅炉 4 个行业大气污染物或超低排放地方标准，为大气污染防治、企业深度减排提供标准技术支撑；发布实施《人工湿地水质净化工程技术规范》（DB 13/T 5184—2020）、《人工湿地水质净化工程竣工环境保护验收技术规范》（DB 13/T 5183—2020）两项技术规范，为人工湿地水质净化工程建设施工验收等提供管理依据；发布《建设用地土壤污染风险筛选值》（DB 13/T 5216—2020），修订《农用地土壤重金属污染修复技术规程》（DB 13/T 2206—2020），指导规范土壤污染风险防范。研究发布《农村生活污水排放标准（征求意见稿）》，突出重点区域水污染物排放控制。通过制修订生态环境地方标准，为重点流域、重点行业企业提标改造提供了支撑，有力引领了企业绿色高质量发展。

4.2.2 生态环境质量大幅改善

4.2.2.1 环境空气质量

全省环境空气质量创2013年以来最好水平，水环境质量明显改善，生态环境状况稳中有升，全省生态环境总体状况首次评估为良。河北省统筹推进压能、减煤、治企、控车、增绿，全省空气质量明显改善，蓝天保卫战取得重大阶段性成效。2020年，全省$PM_{2.5}$平均浓度为44.8 μg/m^3，同比下降10.8%，实现了2013年有监测记录以来最好水平。

4.2.2.2 水环境质量

全面推行河（湖）长制，省委书记、省长任双总河长。全省5万余名河长、湖长“上岗”。大力实施白洋淀、衡水湖环境综合整治与生态修复，统筹实施工业污水达标整治、渤海综合治理、水源地保护等专项行动，深化地下水超采综合治理，全力推进水环境质量改善。2020年，河北省纳入国家考核的74个地表水水质监测断面中，达到或好于Ⅲ类（优良）断面比例为66.2%，“十三五”时期累计提高27个百分点；全部消除劣Ⅴ类断面，“十三五”时期累计下降43.2个百分点，为全国劣Ⅴ类断面累计消除最多的省份。全省近岸海域国考点位海水水质优良比例为100%，水质优良面积比例为99%。

4.2.2.3 生态环境质量

2017年，河北省塞罕坝机械林场建设者荣获联合国环保最高荣誉——“地球卫士奖”。习近平总书记称其为“推进生态文明建设的一个生动范例”。如今，塞罕坝的绿色新价值正在被不断地开发出来。除了发展森林旅游，造林和营林碳汇项目已在国家发展和改革委员会备案，总减排量为475万t二氧化碳当量。大力实施京津风沙源治理、“三北”防护林、太行山绿化、京津保生态过渡带和沿海防护林建设等国土绿化重点工程。“十三五”期间，全省累计完成营造林3 954万亩，森林面积由8 700万亩增加到9 901万亩，森林覆盖率由31%提高到35%，森林蓄积量由1.44亿m^{3}增长到1.75亿m^3。建设首都“两区”，2020年，张家口坝上地区完成休耕种草181.26万亩，挂牌草原公园10个，建设国家示范牧场30个。

4.2.2.4 土壤环境质量

突出农用地和建设用地两大重点，全省系统实施分类别、分用途管理，全省土壤环境风险得到基本管控。全省174个县（市、区）已完成耕地土壤环境质量类别划分，连续实现化肥、农药使用量零增长。

4.2.3 大力发展循环经济

“十三五”以来，河北省将发展循环经济作为推动经济转型升级和破解资源环境约束的有效抓手，纳入生态文明建设总体布局。颁布《河北省发展循环经济条例》；实施园区循环化改造推进计划，推动 75% 以上的国家级和 50% 以上的省级园区实施循环化改造；创建省级以上绿色工厂 233 家、绿色园区 15 家；建设 2 个“城市矿产”示范基地、2 个资源循环利用基地和 1 个国家再制造产业示范基地。2020 年，全省主要资源产出率比 2015 年提高约 15%，单位国内生产总值（GDP）能源消耗比 2015 年降低 21.3%，单位 GDP 用水量累计降低 27.2%。2020 年农作物秸秆综合利用率达 97% 以上，大宗固体废物综合利用处置率达 95%，建筑垃圾综合利用率达 50%。再生资源利用能力显著增强。资源循环利用产业成为推进全省生态文明建设，实现绿色低碳循环发展的重要支撑。

4.3 河北省应对气候变化工作部署

“十四五”时期，我国生态文明建设进入以降碳为重点战略方向、推动减污降碳协同增效、促进经济社会发展全面绿色转型、实现生态环境质量改善由量变到质变的关键时期。进入新发展阶段，深入贯彻新发展理念，加快构建新发展格局，对加强生态文明建设、加快推动绿色低碳发展提出了新的要求。

因此，河北省把碳达峰、碳中和纳入全省生态文明建设整体布局，全省正以经济社会发展全面绿色转型为引领，以能源绿色低碳发展为关键，加快形成节约资源和保护环境的产业结构、生产方式、生活方式、空间格局，坚定不移走生态优先、绿色低碳的高质量发展道路。

4.3.1 建设现代化基础设施体系

《河北省“十四五”规划》第四篇“加快发展现代产业体系　大力发展实体经济”第十六章“建设现代化基础设施体系”中提出“构建现代化能源体系”，具体内容如下。

构建绿色清洁能源生产供应体系。加快建设冀北清洁能源基地，以推进张家口市可再生能源示范区建设为契机，重点建设张承百万千瓦风电基地和张家口、承德、唐山、沧州、沿太行山区光伏发电应用基地，大力发展分布式光伏，因地制宜推进生物天然气、生物质热电联产、垃圾焚烧发电项目建设，科学有序地利用地热能，加快发展可再生能源，努力构建可再生能源发电与其他能源发展相协调、开发消纳相匹配、“发输储用”相衔接的新发展格局，助力实现碳达峰目标。到2025年，风电、光伏发电装机容量分别达到4 300万kW、5 400万kW。加快新能源制氢，合理布局加氢站、输氢管线，推进坝上地区氢能基地建设。科学布局天然气调峰电站，加快建设抽水蓄能电站、大容量储能等灵活调峰电源，稳定煤电产能，利用等容量替代建设热电联产和支撑电源项目，推进火电机组灵活性改造工作，保障电网运行安全。推动煤炭行业转型升级，推广煤炭绿色开采新模式，加快煤矿智能化建设。

专栏10　能源基础设施重点工程

1. 电力设施建设。推进邯郸热电退城搬迁、陡河电厂和秦皇岛电厂等容量替代项目，推动王家寨10 kV微电网工程，谋划外电入冀通道，推进1 000 kV高压、500 kV主网架和城乡配电网建设改造。

2. 煤矿建设。推动冀中能源峰峰集团九龙矿磁西区扩大区项目建设，加快推进钱家营、东欢坨、东庞、梧桐庄等煤矿智能化建设，实施煤矿装备设施升级改造，建设安全高效绿色矿山。

3. 可再生能源基地建设。加快张家口市可再生能源示范区、承德百万千瓦风电基地二期、光伏发电应用基地和分布式光伏项目建设，谋划启动承德百万千瓦风电基地三期、张家口百万千瓦风电基地四期。推进丰宁、易县、抚宁、尚义等抽水蓄能电站建设，加快徐水、滦平、灵寿、邢台抽水蓄能电站项目前期工作。

4. 天然气输储能力提升。加快曹妃甸LNG接收站及外输管线建设，推进中俄东线南段、蒙西煤制气、神木—安平煤层气、秦皇岛—丰南、张家口—承德—唐山等国家气源干线及省内管线建设，谋划建设京唐港、黄骅港LNG接收站及宁晋盐穴地下储气库项目。

5. 氢能应用示范。推进张家口风电光电综合利用（制氢）、大规模风光储互补制氢关键技术与应用示范，建设邯郸、秦皇岛、定州氢能装备产业园及保定氢能应用示范和氢能检测中心等项目。

4.3.2 加快推进碳达峰碳中和进程

《河北省“十四五”规划》第十二篇“建设美丽河北 构筑京津冀生态 环境支撑区”第四十二章“加快推进碳达峰碳中和进程”中提出“强化碳达峰中和政策设计、实施可再生能源替代行动、实施重点行业减污降碳动、推进重点领域低碳发展”，具体内容如下。

把碳达峰碳中和纳入生态文明建设整体布局，加强政策设计，加快重点行业、重点领域绿色低碳发展，力争走在全国碳达峰前列，为实现碳中和夯实基础。

4.3.2.1 强化碳达峰中和政策设计

积极应对气候变化，按照我国碳排放力争 2030 年前达峰、努力争取 2060 年前实现碳中和的目标要求，制定碳排放达峰实施意见、行动方案和配套政策。实施以碳强度控制为主、碳排放总量控制为辅的制度，推进碳排放权交易市场建设，完善用能权有偿使用和交易制度。加快完善有利于绿色低碳发展的投融资、财税、价格、土地等政策体系。全面清理现行地方法规中与碳达峰、碳中和工作不相适应的内容。强化考核评价，把能源消费、碳排放等指标纳入高质量发展综合评价体系和党政领导班子综合考核体系，强化指标约束和结果运用。支持雄安新区、张承地区、秦皇岛等有条件的区域和市（县）及重点行业、重点企业碳排放率先达峰。

4.3.2.2 实施可再生能源替代行动

严格控制煤炭消费，推进燃煤电厂节能降碳改造，控制煤电发电量，推动终端用能领域电能和天然气替代，抓好农村地区清洁取暖，确保全省煤炭消费总量持续减少。大力发展光电、风电、抽水蓄能，安全有序发展核电。支持张家口、承德等地区发展可再生能源电力制氢产业。建设适应非化石能源高比例大规模接入的新型电力系统。推进电力市场化改革和以节约能源为导向的电价改革。

4.3.2.3 实施重点行业减污降碳动

围绕钢铁、火电、水泥、焦化等传统产业行业，实施重大节能低碳技术改造示范工程，开展碳捕集、利用与封存重大项目示范，持续降低企业碳排放强度，打造一批碳达峰碳中和示范园区。发展绿色低碳产业，构建绿色供应链和绿色低碳制造体系。坚决遏制高耗能、高排放项目盲目发展，严禁违规新增产能。完善能源消费总量和强度双控制度，强化固定资产投资项目节能审查，严格控制化石能源消费。

4.3.2.4 推进重点领域低碳发展

优化调整运输结构，继续实施“公转铁”工程，加快推进大型工矿企业、物流园区、港口码头铁路专用线建设，持续降低运输能耗和碳排放强度。健全节能家电和新能源汽车推广机制，推动城市公交、物流配送车辆电动化。大力发展节能低碳建筑，新建建筑全面执行绿色建筑标准，加快推进既有建筑节能改造。支持被动式超低能耗建筑和装配式、钢结构建筑产业发展。加大甲烷、氢氟碳化物、全氟化碳等其他温室气体控制力度。严格保护各类重要生态系统，有效发挥草原、湿地、海洋、土壤固碳作用，提升生态系统碳汇能力。

5

实现“双碳”目标技术路径及主要行业展望

5.1 行动及技术路径

5.1.1 碳减排

通过相关政策积极推动产业结构调整、能源结构优化以及重点行业能效提升，我国在碳减排方面已取得了显著成效：1980 年以来，我国的单位 GDP 能耗持续降低，CO_2 排放总量增速放缓。碳减排的成效为我国实现碳中和目标奠定了基础。此外，我国新建立的碳排放交易市场将为碳中和目标的实现发挥积极的作用。碳达峰、碳中和主要可通过以下途径：

5.1.1.1 控制和减少碳排放

（1）能源结构调整

能源结构调整包括限制化石能源的使用、增加清洁能源的使用等。能源结构调整是实现碳中和目标最重要的手段之一。

①实施碳定价：碳税与碳排放交易；

②大力发展清洁能源；

③重点领域节能：工业、建筑业等。

（2）推动重点领域节能工作

减少能源消耗也是降低碳排放的途径之一，因此，推动重点领域的节能也是实现碳中和的重要手段。当前，全球碳排放有 90% 以上来自发电供热、制造和建筑业、交通运输以及住宅这几个领域。因此，全球人为因素导致的气候变化，大体可以概括为工业、建筑、交通三大部分，因而节能工作也集中在这三个大方向。

①加强工业领域节能，如绿色制造、污染防治、资源利用等。

②强化建筑领域节能。建筑导致的碳排放分布于整个建筑的全生命周期。建筑节能是指在建筑材料生产、房屋建筑和构筑物施工、建筑使用过程中，在满足同等需要或达到相同目的的条件下，尽可能降低能耗。

③促进交通运输节能。交通运输领域的节能工作主要可概括为三个方面：一是结构性节能减排；二是管理性节能减排；三是技术性节能减排。

5.1.1.2 促进和增加碳吸收

促进和增加碳吸收主要有技术固碳和生态固碳两种手段。

（1）技术固碳

低碳技术主要是指碳捕集、利用与封存技术（CCUS）。CCUS是指将二氧化碳从排放源中分离后收集起来，并用各种方法使用或者储存，以实现二氧化碳减排的技术过程，是目前唯一能够实现化石能源大规模低碳化利用的减排技术。

（2）生态固碳

《联合国气候变化框架公约》已将森林碳汇作为一种新型森林经营产品纳入《京都议定书》的清洁发展机制框架。我国也将森林碳汇作为应对气候变化的重要途径，早在各试点省（市）碳交易市场成立之初，国家发展和改革委员会就对各试点市场开展的森林碳汇项目抵销政策颁布了一系列激励措施，并认为森林碳汇项目抵销政策有助于实现不同地区之间的资源优势互补，扩大试点碳交易市场跨行业、跨地区的影响。

5.1.2　主要行业目标及转型发展

5.1.2.1　工业部门

实现全国碳达峰、碳中和，需要工业部门尽早达峰和深度减排。工业部门实现尽早达峰和深度减排，首先是继续推进工业节能，大幅提高电力化水平。同时，由于不少工业产品的生产工艺仍需要化石能源作为原材料和工艺用材料，这些行业被称作难以减排的行业，推进这些行业深度减排的选择有两个：使用CCUS技术，或者进行工艺技术的变革，采用不排放温室气体的技术。目前讨论最多的是氢基工业，即利用绿氢替代化石能源作为原料或者工艺用材料。

工业行业节能重点应为高耗能产业的工艺技术节能、电机节能，以及创新工艺节能。工业部门电力化主要体现在现有用热生产工艺的热源提供，以及采用电热锅炉的方式。由于大气污染治理，小于35 t额定蒸发量的工业锅炉已经逐渐需要更改成电热锅炉。一般情况下，大气污染治理的措施也包括建立产业园清洁能源中心，用大锅炉替代小型锅炉。因此，长期来讲，工业供热电力化是一个相对成本较高的措施。另外，有一些工艺用能源，可以改成电热方式。

对于难以减排的行业，如钢铁制造、水泥制造、化工等，需要在近期开始准备工艺的技术创新，为长期的氢基产业技术转型做准备。

目前，高耗能工业能耗占工业总能耗的70%，占工业煤耗的92%。“十四五”期间，我国推进工业节能、能源替代，以减少煤炭消费量，提高电力化水平，使工业在2025年前碳达峰。到2050年，工业终端能源中，电力和氢可以占到58%，化石能源占36%，其中10%为原料。工业部门电力化，以及使用CCUS和氢基生产工艺，可以使工业在 2050 年实现近零排放。

5.1.2.2 交通部门

要实现碳中和目标，交通部门需在 2050 年实现近零排放。小汽车、大巴车基本以电池纯电动汽车为主，中小型货车以电池电动汽车为主，部分重型货车采用氢动力燃料电池。小型船舶利用电池，大型船舶采用氢燃料电池技术。难以电气化的铁路使用氢燃料电池技术。小型支线飞机使用电池驱动，大型飞机采用氢动力，考虑到氢动力飞机从研发到商用的周期，2050 年还需要为既有燃油飞机提供生物燃油，以替代航空煤油。为此，“十四五”期间继续推进电动汽车发展，预计 2025 年之后电动汽车价格低于燃油汽车，不再需要补贴。“十四五”期间鼓励一些碳先锋城市停止销售燃油车，并采取措施鼓励电动车的使用，如设立仅公交和电动车行驶区域，逐步从市区搬离加油站等。同时加大对新型技术的研发，如燃料电池驱动技术等。

交通运输部门需要大力推广先进节能汽车、电动汽车，以及氢动力重型卡车。同时继续大力发展公共交通，打造适宜自行车等慢行交通的出行系统。交通部门应力争在 2025 年前后达峰。

电动车辆需提升效率，电动小汽车百公里电耗从目前的每 100 km 15 kW·h 下降到 2030 年的每 100 km 8 kW·h；非机动车出行在城市出行中占 35% 以上。

5.1.2.3 建筑部门

为了实现“双碳”目标，建筑部门需要提升建筑能效，普及电力化。实现建筑部门碳达峰，需要在 2025 年前大力推进节能建筑，特别是农村地区。在发达城市实施超低能耗建筑标准，采取激励政策，使家用电器节能标准进一步提升。

城市供暖是一个较难减排的领域，需要在天然气集中供暖中采用 CCUS 技术，同时利用新技术（如可再生能源供热以及低温核供热等新技术），实现供暖领域的 CO_2 近零排放，但是低温核供热技术在未来还有待验证。

建筑部门需要全面推行超低能耗建筑，使其在 2025 年前后成为新建建筑标准。家用电器进一步强化节能，2040 年空调能效比提升到 8 左右。空调的能效比是指空调工作的时候，输出的工作效率和输入的能源效率的比值。根据国家能效比标准，一般划分为五级，目前一级 3.4 是最省电的，五级 2.6 是最耗电的，市面常见的空调是三级，能效比为 3.0。

5.1.3 企业或行业“双碳”目标

我国提出的“二氧化碳排放力争于 2030 年前达到峰值，努力争取 2060 年前实现碳中和”的目标，正在深刻地影响经济大势和产业走向，改变着人们的生活。全球温室气体排放中，超过70%源自能源消费，其中38%来自能源供给部门，35%来自建筑、交通、工业等能源消费部门，因此必须针对这些重点领域和行业制定保证碳达峰、碳中和目标得以实现的产业政策。

2020年年底召开的中央经济工作会议将做好碳达峰、碳中和工作确定为2021年八大重点任务之一。生态环境部在2021年1月印发的《关于统筹和加强应对气候变化与生态环境保护相关工作的指导意见》中明确提出，鼓励能源、工业、交通、建筑等重点领域制定达峰专项方案；推动钢铁、建材、有色、化工、石化、电力、煤炭等重点行业提出明确的达峰目标并制定达峰行动方案。许多重点行业和企业也由此宣布了各自的碳达峰、碳中和计划和路线图，碳减排目标正在逐渐变为具体行动。

重点行业和大型龙头企业率先承诺碳达峰、碳中和目标，能发挥示范和引领作用，并将所积累的良好经验在更大范围内复制、推广（表5-1、表5-2）。重点行业在制定碳达峰、碳中和计划时，通过做好顶层设计，围绕碳达峰、碳中和目标节点，确定碳达峰路线图，综合运用相关政策工具和措施手段，能持续推动结构调整，推进行业绿色、低碳发展。

表5-1　重点行业达峰目标

行业	达峰目标
钢铁	力争2025年率先实现碳排放达峰
建材	建筑材料行业要在2025年前全面实现碳达峰，水泥等行业要在2023年前率先实现碳达峰
汽车	碳排放于2028年先于国家碳减排承诺达峰

表5-2　重点企业达峰目标（部分）

行业	达峰目标
国家电力投资集团有限公司	到2023年，实现国家电投在国内的碳达峰
中国华电集团有限公司	有望2025年实现碳达峰
中国大唐集团有限公司	2025年非化石能源装机超过50%，提前5年实现碳达峰
国家能源集团	抓紧制定2025年碳排放达峰行动方案
通威集团有限公司	计划于2023年前实现碳中和目标
中国宝武钢铁集团有限公司	力争2023年实现碳达峰、2050年实现碳中和
大众汽车集团	在2050年实现完全碳中和
新乡白鹭化纤集团有限责任公司	在2028年实现碳排放达峰，在2055年实现碳中和

在实现碳达峰、碳中和目标时，在行业和企业层面积极开发、利用清洁和可再生能源技术，充分发挥行业特点和优势，提高化石能源和天然矿物原料替代率，并推动包括超低排放，二氧化碳捕集、利用与封存的一批低碳排放先进适用技术应用。将重点行业的碳达峰工作与供给侧结构性改革相结合，通过压减、退出落后产能，促进行业绿色、低碳、可持续发展。

5.1.4 碳中和技术路线

碳排放一般指温室气体排放，CO_2 对温室效应的贡献达 60%，成为目前主要控制、削减的温室气体。我国 CO_2 的主要排放源为电力及供热行业、制造业及建筑业、交通运输和其他，其中电力及供热行业的碳排放量超五成，是我国最大的碳排放行业。

综合已有研究，可以将碳排放治理大致划分为 3 个阶段：第一阶段（2021—2030 年）为碳排放达峰期，第二阶段（2030—2045 年）为加速减排期，第三阶段（2045—2060 年）为深度脱碳期。

国家发展和改革委员会在 2021 年 1 月的新闻发布会上明确提出了六大路径，以实现碳达峰、碳中和。具体路线包括大力调整能源结构、加快推动产业结构转型、着力提升能源利用效率、加速低碳技术研发推广、健全低碳发展体制机制、努力增加生态碳汇。实现碳中和的主要路线包括能效提升、零碳排放和负碳技术。

5.1.4.1 能效提升路线主要包括节能减排和提制增效两个方向

节能减排主要是针对上游工业部门进行新一轮供给侧改革，预计会以碳排放、能源消耗等指标收紧产能，逐步淘汰高能耗、高排放产能。此外，节能技术和设备也将得到进一步发展和推广。提质增效主要是指再生资源回收利用，其中包括废弃物（生活垃圾、秸秆等）的能源化、资源化利用，高耗能行业产品的再生（废钢利用、再生铝、塑料循环利用等）以及动力电池回收利用。

5.1.4.2 零碳排放路线主要包括能源替代及终端再电气化两个方向

能源替代指的是以风电、光伏、核电、储能、氢能等新能源以及水电、天然气等传统清洁能源代替煤炭、石油、火电等高排放能源。终端再电气化指在传统电气化的基础上，充分利用现代能源、材料和信息技术，大规模开发利用清洁能源并替代化石能源，其中包括交通部门电气化、生产部门电气化和居民部门电气化。

5.1.4.3 负碳技术是指吸收转化二氧化碳技术

负碳技术可以为以可再生能源为主的电力系统增加灵活性，是最终实现碳中和目标的必要技术，这类技术主要包括农林碳汇，碳捕集、利用与封存，生物质能碳捕集与封存（BECCS），直接空气碳捕集（DAC）等。碳汇是指通过植树造林、森林管理、植被恢复等措施，利用植物光合作用吸收大气中的 CO_2，并将其固定在植被和土壤中，从而降低温室气体在大气中浓度的过程、活动或机制。碳捕集、利用与封存，即把生产过程中排放的 CO_2 提纯，继而投入新的生产过程，进行循环再利用或封存。

5.1.5 绿色金融

2016 年，我国提出构建绿色金融体系，激励更多社会资本投资绿色产业。2016 年 8 月，中国人民银行、财政部等七部委联合印发的《关于构建绿色金融体系的指导意见》（以下简称《意见》）指出，绿色金融是指为支持环境改善、应对气候变化和资源节约高效利用的经济活动，即对环保、节能、清洁能源、绿色交通、绿色建筑等领域的项目投融资、项目运营、风险管理等所提供的金融服务。同时，《意见》还提出了几个发展方向：①大力发展绿色信贷；②推动证券市场支持绿色投资；③设立绿色发展基金，通过政府和社会资本合作（PPP）模式动员社会资本；④发展绿色保险；⑤完善环境权益交易市场、丰富融资工具。

绿色信贷：央行通过再贷款等方式引导商业银行发放绿色贷款。截至 2020 年年底，我国本外币绿色贷款余额为 11.95 万亿元，居世界第一，占金融机构各项贷款余额比为 6.92%。2018 年，央行将绿色贷款和绿色债券纳入货币政策操作的合格担保品范围，商业银行可通过抵押绿色贷款获得央行的低息再贷款。此外，央行发布政策，将绿色贷款余额占比、绿色贷款增量占比、绿色贷款余额同比增速等指标纳入宏观审慎考核。2018 年起，绿色贷款余额稳步增长。2020 年年底，绿色贷款中投向交通运输、仓储和邮政业 3.62 万亿元，占绿色贷款余额比为 29.37%；投向电力、热力、燃气及水生产和供应业 3.62 万亿元，占比为 30.29%，两个行业合计占比达 59.66%。

绿色债券：过去 5 年，绿色债券（以下简称绿债）发行规模超过 2 000 亿元，公用事业、建筑业、交运仓储和金融是发行规模最大的 4 个行业。绿债发行相对便利，中国证监会 2017 年发布的《中国证监会关于支持绿色债券发展的指导意见》中提出，绿债适用“即报即审”政策。过去 5 年，除 2019 年我国绿债发行规模没有明显增长外，年发行金额维持在 2 100 亿元左右。从行业分布看，2020 年发行额排在前四的行业分别为电力、热力、燃气及水生产和供应业，建筑业，交通运输、仓储和邮政业以及金融业，发行金额占全部绿债发行规模比分别为 21%、20%、19% 和 18%，合计占比 78%。除金融业以外，其他行业发行企业多为城投公司，绿债对民营企业的支持力度尚未显现。未来，随着绿色金融体系逐步完善，优质民营企业发行绿债的门槛有望降低。

绿色基金：2020 年 7 月，国家绿色发展基金股份有限公司成立，首期募集资金 885 亿元，首先投向长江沿线 11 个省（市），重点投资环境保护、污染防治、能源资源节约利用等领域。国家开发银行、中国银行、中国建设银行、中国工商银行、中国农业银行各持股 9.04%。此次募集的资金中，财政部和长江沿线 11 个省（市）出资 286 亿元，各大金融机构出资 575 亿元，部分国有企业和民营企业出资 24 亿元。国家集成电路产业投资基金（以下简称“大基金”）一期和二期分别在 2014 年和 2019 年成立，规模超千亿元，重点投向集成电路设计、制造、封装和测试产业链。“大基金”的成立和投资推动了行业的进步，并带动了资本市场对相关产业的投资热情。国家绿色发展基金有望复制这一逻辑，降低环保产业的融资难度，带动行业的发展。

环境、社会和公司治理（Environmental-Social-Governance，ESG）评价标准，是一种关注环境、社会、治理绩效而非财务绩效的企业评价标准。我国的 ESG 评价体系建设还处于早期阶段，2019 年共有 954 家 A 股上市公司发布了独立的社会责任报告，占比约为 25%，并且由于企业本身的专业能力和成本问题，报告的质量也有待提升。

ESG 评价体系是绿色金融体系中的重要一环，有望随着我国绿色金融的发展逐步完善。未来绿色信贷、绿债以及绿色基金等绿色金融将会更倾向融资给 ESG 评价高的公司，ESG 评价高的公司有望享受更低的融资利率。从长远来看，随着重视环保、环境治理的思想作为普世价值观持续推广，新一代的投资者会更愿意投资给 ESG 评价高的企业。

未来我国绿色金融体系还将进一步发展完善，并发挥资源配置、风险管理、市场定价三大功能，支持绿色环保产业的发展。中国人民银行行长易纲于 2021 年年初表示，下一步将做好绿色金融政策设计和规划，发挥出金融支持绿色发展的三大功能——资源配置、风险管理、市场定价，并逐步完善绿色金融体系的五大支柱：①健全绿色金融标准体系，做好统计、评估和监督等工作；②完善金融机构监管和信息披露要求，对社会公开披露碳排放信息；③构建政策激励约束体系，增加碳减排的优惠贷款投放，科学设置绿色资产风险权重等；④不断完善绿色金融产品和市场体系，发展绿色信贷、绿色债券、绿色基金等产品，建设碳市场，发展碳期货；⑤加强绿色金融国际合作，绿色金融标准要“国内统一、国际接轨”，争取年内完成中欧《可持续金融共同分类目录》。

5.2 主要行业展望

5.2.1 电力行业

5.2.1.1 火电

火电作为最大碳排放源，预计未来10年内装机容量到顶，利用小时数整体呈下降态势。由于风光电源特性，大规模上网将对电网造成冲击，必须配备储能或调峰电源。而目前储能成本较高，风光发电+储能距平价时代尚需时间，因此未来5～10年内仍需增加火电机组以满足新增用能及辅助调峰需求。火电机组容量将在“十五五”期间达到顶峰，这期间火电将继续淘汰落后机组，新增机组将以燃机和大容量机组为主。此外，由于发电任务将尽量由清洁能源承担，火电利用小时数将整体呈下降态势。

容量电价政策有望出台，促使火电角色转型。由于电化学储能成本较高，抽水蓄能对地理环境有要求，目前只有火电具有大规模调峰能力。因此，为了确保清洁能源的快速发展，未来火电的角色将由主力电源逐步变为以调峰、应急为主的辅助电源。若依照现行的商业模式，成为辅助电源的火电必然会出现行业亏损，因此国家将出台火电的容量电价政策，对以辅助服务为主的火电机组给予合理的补偿报酬，确保火电企业的合理收益。

5.2.1.2 水电

“十四五”期间，随着雅砻江中游的两河口、杨房沟以及金沙江下游的乌东德、白鹤滩4座巨型水电站陆续投运，我国经济上可开发的水电资源已基本开发完毕，水电装机规模增速将会持续放缓。预计在不进行雅鲁藏布江水电开发的前提下，2030年前后我国水电装机规模将达到顶峰。同时，由于目前电化学储能成本较高，为了配合风光电源快速发展，未来5年将是抽水蓄能发展的高峰期，预计抽水蓄能的装机规模将快速增大。

5.2.1.3 核能发电

2021年3月发布的“十四五”规划为核能发展定调：安全稳妥推动沿海核电建设。建设华龙一号、国和一号、高温气冷堆示范工程，积极有序推进沿海三代核电建设。推动模块式小型堆、60万kW级商用高温气冷堆、海上浮动式核动力平台等先进堆型示范。建设核电站中低放废物处置场，建设乏燃料后处理厂。开展山东海阳等核能综合利用示范。核电运行装机容量达到7 000万kW。

“十四五”规划除了对核电发展技术路线进行定调外，也预示着核能应用将愈加多元化。与耗资不菲、建造周期漫长的传统大型核电站相比，小型模块化核反应堆意味着更低的造价、更易于建造安装、建造周期更短，也更安全灵活。小型堆能够满足中小型电网的供电、城市供热、工业供汽和海水淡化等各种领域应用的需求，近年来，美国、俄罗斯、法国、英国、中国等都在积极推进部署小型堆。海上浮动式核动力平台、核动力破冰船都是小型堆技术的应用方向。

核能清洁供热也是颇具潜力的发展方向。2019 年，山东海阳核能供热项目一期工程第一阶段正式投入使用，首开国内核能商业供热先河；二期工程于 2021 年投产；按照规划，未来有望实现整个海阳市乃至胶东半岛的核能清洁供暖。核能供热的初始建设投资高于传统燃煤锅炉，但运行成本远低于传统锅炉，且使用寿命可达 60～80 年，是传统锅炉的 3～4 倍，所以从全寿期来看，仍具有较好的经济效益。

目前，清洁化、低碳化已经成为全球能源发展主基调，我国也在积极推动能源转型。核能在构建清洁低碳能源体系中的关键作用不容忽视，未来有望形成核能与其他清洁能源协同发展、逐步替代传统火电的新局面。光伏、风电等发电品种未来将迈入确定性极高的高速发展期，但是核电作为清洁低碳的基荷电源，可以在电力系统中承担压舱石的作用，与风光发电互为补充，因此也有望同步打开成长空间。

从“十四五”开始，我国核电建设节奏有望趋于稳定，华龙一号、国和一号等自主化三代核电技术有望进入规模化、批量化建设阶段。我国核电产业链在经历了多年的积淀和一定的波折后，也有望进入良性循环、均衡发展的新阶段。目前，天然铀供应体系已逐步完善，核燃料加工产能持续优化，对核电未来持续发展提供了重要支撑。同时我国核电装备自主化水平持续提高，华龙一号三代核电技术的国产化率已近 90%。另外，乏燃料后处理能力已逐步工业化，随着技术进步及处理产能的增加，乏燃料问题将不再是制约核电发展的瓶颈。

另外，除了商用核电厂以外，核能的多用途综合利用有望逐渐登上舞台。海上核动力破冰船、海上浮动核电站、核能供热堆等的科研和设计工作已经逐步展开，个别项目已经落地；除了传统的压水堆外，高温气冷堆、钠冷快堆、模块化小堆等示范工程即将逐步建成投产。除了发电，未来核能有望在供热、供汽、制氢、海水淡化等领域发挥重要作用，逐步替代传统化石能源。不管是核电的份额占比，还是核能及核技术应用的产业规模，我国目前都处于较低的水平，与美国等发达国家存在较大差距，行业发展空间广阔。从上游的原材料到中游的设备，以及下游的核电运营商，都有望迎来发展良机。

5.2.1.4 风光发电

风光发电成本持续下降，2021 年进入平价上网时代，开始对火电增量和存量项目进行替代。近 10 年来，随着可再生能源增长规模化、制造工艺提升、技术持续迭代、供应链竞争加剧以及各项支持政策落地，全球可再生能源成本进一步降低。根据国际可再生能源署（IRENA）的数据，2010 年以来，光伏发电（PV）、光热发电（CSP）、陆上风电和海上风电的度电成本分别下降了 82%、47%、39% 和 29%。

为实现碳中和目标，非化石能源消纳占比将迅速提升，促进风电、光伏快速发展。碳中和目标将加速我国能源结构转型，传统化石能源占比将快速下降，低碳、零碳排放的清洁能源（风电、光伏、生物质、水电、核能、天然气等）占比将快速提升。2019 年，我国非化石能源消费占一次能源消费比重达 15.3%，已提前达成“十三五”规划设定的 2020 年 15% 的目标。未来 10 年，我国将进入绿色发展新阶段，预计 2025 年 /2030 年非化石能源消费占比中枢进一步提升至 20%/25%，预计“十四五”期间，非化石能源对新增能源消费的贡献度超过 58%，其中光伏发电对新增能源消费的贡献度超过 21%。

绿证或将强制执行，提高风光项目收益率，助推行业发展。目前，我国绿证交易秉承自愿交易原则，交易极不活跃，截至 2021 年 1 月 15 日，我国绿证成交量约占核发总量的 0.15%，并未起到绿证出台时预期的效果。未来绿证交易或将转变为强制交易，通过政策强制用能用户购买绿证（类似可再生能源附加）。届时，风光项目将会获得由绿证带来的额外收益，新能源运营的盈利能力将得到提升，助推整个产业链的发展。

“十四五”期间，风、光、储装机容量都将实现快速增长。2020 年我国光伏新增装机规模 48.2 GW，同比增长 60%，累计光伏装机规模达 253 GW。全国光伏发电量 2 605 亿 kW · h，弃光电量 52.6 亿 kW · h，平均弃光率 2%。我国光伏新增装机规模连续 8 年居世界首位，累计装机规模连续 6 年居世界首位。

我国光伏产业已有多项技术处于全球领先水平，产品性价比全球最优，各环节产能规模全球第一，产业自给率也最强，基本上实现了国产化（设备、零部件、原辅材料、软件系统、标准体系等）。

“十三五”期间，我国风电装机规模继续领跑全球，发展的步伐较“十二五”时期更加稳健，而平稳的新增市场规模也成为产业进步的最大推动力。

2020 年新增风电并网装机容量 71.67×10^6 kW，新增吊装容量 52×10^6 kW，创造了我国年度新增风电装机量的历史纪录。

储能行业应用场景丰富，在电力系统主要有发电侧、电网侧、用户侧三大主场景，具体细分的应用场景超过 20 种。①发电侧：火储联合调频、稳定输出功率、新能源发电配储、平抑出力波动、提高消纳能力等。②电网侧：调峰、二次调频、冷备用、黑启动等；③用户侧：峰谷套利、需量管理、动态扩容，用户主要分为家庭、工业、商业、市政等。

从宽泛的定义角度来看，储能的应用空间来自平抑可再生能源发电波动带来的需求空间、电力需求波动带来的电价套利空间、改善电能质量的需求空间。

根据能量存储方式的不同，储能主要分为物理储能、电化学储能、热能储能、氢能源。电化学储能根据不同的储能介质可分为铅酸电池、锂离子电池、液流电池等种类，锂离子电池具有能量密度高、循环寿命长、响应时间短等优势；过去 10 年，锂离子电池价格降低了近 90%，使得锂离子电池在电动汽车和电化学储能方面具备了商业可行性。

2020 年，全球储能装机规模创出新高，新增装机规模达 5.3 GW/10.7 GW；其中，中国和美国旗鼓相当，引领了全球储能市场，新增装机都超过 1 GW。从发展趋势来看，未来 3 年，全球主要储能市场将在美国。与此同时，自 2019 年，储能应用有了一定转变，早期储能行业的最大热点是在工商业用户侧，后面变成了调频，2020 年开始整个行业的应用趋势变成可再生能源加储能，并且成为近期整个储能市场发展的主要驱动力。从产业发展的阶段来看，光伏风电处于成长期，已经具备大规模推广条件，平价后随着成本不断降低，需求激增；储能处于起步的关键阶段，已经接近商业爆发期的拐点；预计未来国内新增新能源配储功率的比例将超过 10%，具有较强的成长空间。

5.2.2 建材行业

根据中国建筑材料联合会发布的《中国建筑材料工业碳排放报告（2020 年度）》，经初步核算，中国建筑材料工业 2020 年二氧化碳排放 14.8 亿 t，比上年上升 2.7%，建材工业万元工业增加值二氧化碳排放比上年上升 0.2%，比 2005 年下降 73.8%。

在建筑材料工业碳排放构成中，燃料燃烧过程排放同比上升 0.7%，工业生产过程排放同比上升 4.1%。其中，在建筑材料工业燃料燃烧过程排放中，煤和煤制品燃烧排放同比上升 0.6%，石油制品燃烧排放同比上升 1.4%，天然气燃烧排放同比上升 1%。

2020 年，水泥、石灰行业的二氧化碳排放量分别位居建材行业前两位。

水泥工业二氧化碳排放 12.3 亿 t，同比上升 1.8%，其中煤燃烧排放同比上升 0.2%，工业生产过程排放同比上升 2.7%。此外，水泥工业的电力消耗可间接折算约合 8 955 万 t 二氧化碳当量。石灰石膏工业二氧化碳排放 1.2 亿 t，同比上升 14.3%，其中煤燃烧排放同比上升 5.5%，工业生产过程排放同比上升 16.6%。此外，石灰石膏工业的电力消耗可间接折算约合 314 万 t 二氧化碳当量。

5.2.2.1 水泥

水泥碳排放峰值会在“十四五”期间到来。我国水泥行业碳达峰时水泥熟料年产量约为 16 亿 t，按照当前的行业平均碳排放量系数折算，预测年碳排放量为 13.76 亿 t，占当前全国碳排放总量的 13.5%。因此，水泥行业是实现碳达峰、碳中和的重点行业。

针对水泥生产企业，碳减排主要途径包括市场与产业政策结合减排及技术性减排。①市场与产业政策结合减排，即通过淘汰落后产能等手段进行碳减排；②技术性减排，即改善工艺、优化指标、使用替代燃料、添加矿化剂、利用水泥窑余热进行发电、使用新能源技术、提高熟料品质量以及强化生产管理。

政策途径：水泥行业的减排政策主要包括产能减量置换、错峰生产及绩效分类评级等。① 2020 年 12 月，工业和信息化部、生态环境部联合发布《关于进一步做好水泥常态化错峰生产的通知》，推动全国水泥错峰生产地域和时间常态化，所有水泥熟料生产线都应进行错峰生产。做好水泥常态化错峰生产，减少碳排放，有利于促进行业绿色、健康、可持续发展。② 2020 年，我国针对重点行业实施绩效分级、差异管控，更有利于实现碳中和目标。2020 年 7 月全面推行差异化减排措施，评为 A 级和引领性的企业，可自主采取减排措施；B 级及以下企业和非引领性企业，减排力度应不低于技术指南要求。更为严格的管控标准更有利于推动碳中和目标的实现。

技术途径：水泥行业的技术减排主要包括能源替代、生产线改造、碳捕集及绿色智能化等。

水泥行业需大力推广和应用节能减排技术，进而为达到碳中和目标做出贡献。水泥行业是二氧化碳排放大户，其排放主要来自碳酸盐的分解、燃料的燃烧和电力消耗。应进一步在生产工艺碳减排（如替代原料、熟料替代技术等）、生产能耗碳减排（如替代燃料、富氧燃烧技术、高效粉磨、余热发电等）、新技术碳减排（如水泥窑二氧化碳捕集利用）及新能源技术等方面加强技术研发力度。

安徽海螺水泥股份有限公司通过一系列手段降低碳排放、实现碳中和，引进新技术将二氧化碳废气转化为二氧化碳产品，如新型干法水泥生产线、富氧助力水泥熟料煅烧和水泥窑烟气二氧化碳捕集利用等方法。水泥行业的碳中和新技术对水泥厂商的技术和实力均有较高的要求，显然对龙头企业有利。

水泥行业在碳排放路径方面具有一定规模效应，行业龙头中国建材、海螺水泥、金隅集团等在排放密度上相对其他企业略低。2019 年，中国建材、海螺水泥和金隅集团碳排放密度分别为 0.81、0.84 和 0.61，熟料生产量分别为 31 534.8 万 t、25 300 万 t 和 1 100 万 t；东吴水泥碳排放密度为 0.9，而熟料生产量仅为 86.1 万 t。

总体来说，水泥行业主要依靠行业政策、减少供给来减排，目前技术减排作用有限，仍需要不断地发展应用。水泥不同于其他行业，目前有 60% 的碳排放是由石灰石分解产生，35% 是煤炭，剩下是电等，通过节能带来的碳下降效果远远不够。业内人士指出，目前核心还是降低石灰石的用量。但是由于水泥的特质，石灰石用量下降，产量就会下降，因此减排的主要手段还是控制产量。想达峰，熟料的产量必须下降。

5.2.2.2 玻璃

在平板玻璃生产中，二氧化碳排放源主要有化石燃料燃烧排放、过程排放、购入和输出去的电力及热力产生的排放三大类。其中化石燃料燃烧排放占比最高，占整个碳排放的 60% 以上。燃料燃烧产生的二氧化碳排放包括三部分：①玻璃液熔制过程中使用重油或天然气等燃料燃烧产生的排放；②生产辅助设施使用燃料燃烧产生的排放（生产辅助设施主要包括用于厂内搬运和运输的叉车、铲车、吊车等厂内机动车辆以及厂内机修、锅炉、氮氢站等设施）；③厂内自有车辆外部运输过程中燃料消耗产生的排放。过程排放占比达 25% 以上，主要包括原料配料中碳粉氧化产生的排放和原料碳酸盐分解产生的排放。

二氧化碳总排放量与平板玻璃的产量密切相关，2005—2014 年，随着平板玻璃产量逐年增加，二氧化碳排放量总体呈上升趋势，于 2011 年达到峰值后逐渐趋缓。从单位重量箱玻璃碳排放总量分析，一直处于下降趋势，从 2005 年的 58.79 kg 下降到 2015 年的 52.46 kg，下降幅度达 12%。其中，燃料燃烧碳排放下降 10.1%，生产工艺碳排放下降 12.5%，电力碳排放下降 20.0%。这主要是由浮法生产技术带来的生产水平提高、生产规模扩大等原因引起的。浮法生产技术的最大优势是能耗较低，浮法技术的推广使得更大的熔窑得以应用。相较于中小型熔窑，大型熔窑的保温效果更好、燃料利用效率更高，使得浮法玻璃每重量箱熔化标准煤耗比普通玻璃低 10% 左右，碳排放相对较少。

在平板玻璃行业三大主要碳排放类型中，化石燃料燃烧占整个碳排放的 60% 以上，所以节约能源、优化燃料结构、提高燃烧效率等是减少碳产生和排放的主要途径。通过引入氧气燃烧系统、优化燃料结构、组合电力与化石燃料等能够实现能源节约；玻璃熔窑内保温、改进燃烧器并且采用低温熔化技术能够提高燃烧效率，减少碳排放。此外，采用配合料预热技术可以大大降低熔化温度，减少燃料用量，燃烧生成的二氧化碳也会随之减少。例如，用流化床预热或特殊预热器预热，则二氧化碳的排放量可降低 15% 以上。

5.2.3 钢铁行业

当前实现钢铁行业减排的主要举措为提高能源利用率、超低排放改造和提高电炉比例。在未来的发展过程中，注重发展绿色循环经济、钢化联产；低碳冶金技术、碳捕捉等其他技术路径也将获得探索式发展，但是短期内无法成为主流。

5.2.3.1 我国钢铁消费预计将进入平台期，2030 年后将逐步下降

发达国家钢铁消费在城市化率达到 70% 后，基本进入平台期，且逐步小幅下降。纵观发达国家（如美国、日本、德国、法国），钢铁消费均在 20 世纪四五十年代至 70 年代有快速的发展。一方面，第二次世界大战后经济复苏，各国产业结构调整，工业化的快速发展扩大了钢铁需求，钢铁工业成为许多国家重点发展行业。另一方面，城市化伴随工业化崛起，从而进一步催生建筑、基础设施等对于钢材的需求。同时，钢铁行业技术发展，氧气顶吹转炉与连铸等技术广泛应用，使得钢铁生产能力得以提升。城镇化伴随工业化发展，是钢铁行业发展的内生动力。例如，日本钢铁行业产量的增加，和日本城镇化发展的速度高度相关，1946—1973 年是日本钢铁产能加速发展的阶段，也是日本城市化率快速攀升的阶段。

根据世界城镇化发展普遍规律，30%～70% 这一阶段一般是城镇化率的快速发展区间，对于钢材需求的拉动效应也十分明显，美国、日本、德国、法国均符合这一特点。而在城市化率迈过 70% 向更高占比提升时，对钢材需求的拉动效应不明显。城市化的前期伴随着工业化，第二产业包括制造业和建筑业是城市化的主要拉动力，从而拉动钢材需求。而城市化后期主要由第三产业拉动，对于钢材需求的拉动有限。

受我国庞大的人口基数影响，预计我国钢铁消费在城市化率达到 60% 后，便开始进入平台期，且随着时间推移，钢铁消费量将逐步下降。我国的城镇化率经过了第一阶段（1949—1978 年）的起步徘徊时期和第二阶段（1979—2000 年）的快速发展时期，当前正处于第三阶段（2000 年至今）加速型发展时期的后期，大中型中心城市规模不断扩大，城市经济活跃，城市综合发展水平得到极大提高。截至 2018 年，国内的城市化率达到 59%，这一阶段平均每年城市化率增加 1.29 个百分

点。随着我国城市化率增速的放缓，钢材新增需求将逐步减少，且建筑行业材料效能的提升（如使用高强钢）、新型替代材料的突破也将进一步削减钢铁的替换需求，预计后期国内钢铁需求将逐步平稳并小幅回落。由于我国钢铁需求逐步进入平台期，为确保钢铁行业平稳、健康运行，粗钢产量也将得到进一步控制。从节能减排方面来看，钢铁去产量的问题，主要可以通过减少长流程炼钢产量来达到碳达峰、碳中和的目的。

5.2.3.2 我国将主要依靠提升电炉产能占比，减少碳排放量

（1）电炉占比提升成为必然趋势

发达国家和地区钢产量达到顶峰后，电炉工艺开始高速发展。随着发达国家城市化率进入70%，基建、房地产用钢需求快速下降。钢铁需求由以螺纹钢为主，逐步转变为机械设备、精工制造等高品质钢材；与此同时，经过长期的积累，经济流通环节开始产生大量的废钢，因此以电炉为代表的短流程生产得到快速发展。美国在粗钢产量达到峰值后，电炉比（电炉工艺产量占钢产量的比例）开始快速上升，目前达到了68%。德国的发展过程中也有相似的情况，目前电炉比为30%。日本在1971—1996年也出现类似增长，但在1996年后电炉比反而下降，目前为25%。短流程生产是否具有成本优势决定着行业的长期趋势。德国和日本电炉比例维持在30%和25%的主要原因是电价高，电弧炉相较于长流程没有成本优势，其次是德国、日本的产品结构以汽车、家电用的扁平材为主，电炉工艺暂时无法替代。美国则以建筑业的结构钢为主。

（2）废钢回收迎来快速扩张期，为电炉发展奠定基础

①需求快速增加，目前国内废钢供给处于紧平衡状态。目前我国废钢供应偏紧。根据中国废钢铁应用协会数据，由于各方面的原因，废钢加工企业的数量未能有确切的统计。自2015年工业和信息化部开展废钢铁加工企业准入活动后，截至2020年共有478家企业成为工业和信息化部准入企业，加工能力1.5亿t，如果按入围企业能力占总能力55%计算，全部废钢加工企业加工能力接近2.7亿t。2020年，我国废钢供给2.6亿t，进口量忽略不计。年钢铁企业用废钢2.3亿t，铸造企业用2 025万t，其他企业用1 000万t，合计约2.6亿t。近年来废钢需求快速增加的主要原因是钢铁企业需求的快速攀升。近年来钢铁企业废钢应用量在2015年到达阶段性低谷，从2016年开始明显增加，2020年我国主要钢铁企业（转炉+电炉）废钢使用量约1.88亿t，较2015年增长了175%。综上，当前国内废钢供需总体偏紧，随着短流程产量的增加以及长流程废钢添加量的增长，我国从2017年开始废钢需求量陡增。而在供给端，由于目前国内废钢加工的产能增加量不及需求

量，导致整体供需偏紧，废钢价格较高。

②废钢储蓄量增加，政策加大回购加工支持力度，叠加进口放开，废钢供给逐步宽松。

根据《中国废钢资源状况及未来电炉流程趋势》，我国的钢铁蓄积总量预计到2020年将接近100亿t，到2030年将接近130亿t，我国废钢铁产生量预计2020年为2.09亿～2.14亿t，2030年达到3.22亿～3.46亿t。目前来看，这一预测低估了近两年国内粗钢产量，从而低估了2020年相应的钢铁储蓄量和废钢资源产生量。而根据中国废钢铁应用协会预测，我国废钢供给将在2025年、2030年、2035年分别达到2.9亿t、3.4亿t、3.9亿t。

近年来，为了更好地规范废钢产业，促进产业发展，国家出台了一系列的政策和办法。2012年工业和信息化部发布《废钢铁加工行业准入条件》和《废钢铁加工行业准入公告管理暂行办法》，旨在规范行业发展。2015年，商务部等5部门印发《再生资源回收体系建设中长期规划（2015—2020）》，鼓励各类资本进入再生资源回收、分拣和加工环节，积极推进跨地区、跨行业、跨所有制资产重组，促进产业集聚和整合。2016年12月，中国废钢铁应用协会发布了《废钢铁产业“十三五”发展规划》。

支持钢铁生产企业与废钢回收加工企业合作，建设一体化废钢铁加工配送中心。2020年7月，工业和信息化部印发《京津冀及周边地区工业资源综合利用产业协同转型提升计划（2020—2022年）》，其中提到统筹区域内资源配置，发挥现有产能优势，引导废旧金属资源向优势企业集聚。推进钢铁企业短流程炼钢技术应用，支持一批钢铁生产企业与废钢回收加工企业合作，建设一体化大型废钢铁加工配送中心。《再生钢铁原料》（GB/T 39733—2020）已于2021年1月1日起正式实施。该标准的出台，不仅可以推动优质再生钢铁原料资源进口，提高我国铁素资源保障能力，缓解钢铁行业过度依赖铁矿石的现状，还能提高再生钢铁原料品质，满足我国钢铁行业高质量发展的需求。随着国内钢铁储蓄量的增加，以及政策等的支持，我国废钢产业将健康发展，产能将逐步提高。同时废钢再进口的放开也能够进一步增加国内废钢的供给，使国内废钢供给跟得上快速发展的需求。

（3）废钢供给增加使电炉生产成本下降，成本优势促电炉占比提升

当前国内废钢供给偏紧，因而废钢的市场价格较高，使用废钢炼钢的成本一般高于铁水炼钢成本。2015年之前，由于短流程电弧炉成本过高，钢厂通常将电炉“转炉化”，原料以铁水为主，以短流程方式生产的电炉极少。2017年之后去产能和淘汰中频炉见效显著，行业盈利提升，同时由于淘汰中频炉使得废钢需求下降，

废钢价格下跌，短流程电弧炉废钢冶炼相较于长流程一度具备成本优势。另外废钢作为铁水的替代品可以一定程度上提高钢厂产量，这使得长流程企业在行业盈利较好的阶段大量添加废钢，以追求产量的最大化。

由于成本劣势，我国电炉产粗钢增长一直低于总产量增长，电炉粗钢产量占比整体下降。得益于供给侧改革带来的整体行业盈利的回暖，电炉作为边际产能在近几年快速复产，粗钢产量占比得以提升，2019 年达到 11%。如果随着废钢回收在政策推动下逐步实现产业链专业化，使得废钢供给不断增加，废钢价格预计呈下降态势；叠加高炉长流程生产，在碳达峰、碳中和背景下，减排成本不断上升，最终高于电炉短流程生产成本，未来国内短流程粗钢占比将有明显提升。

（4）依靠电炉比例提升便可基本实现减排目标

参考发达国家发展历程，预计 2025 年我国钢铁产量达到顶峰 10.8 亿 t，其后钢铁产量逐年下降，预计到 2030 年我国钢铁产量较顶峰下降 11%，到 2060 年我国钢铁产量较顶峰下降 30%，至 7.56 亿 t。在各项技术指标不变的前提下，预计随着我国废钢回收量的增加，尤其是产业链专业化回购推广后，单靠电炉比例的提升便可以完成我国碳排放减少目标。到 2030 年我国钢铁碳排放将较 2020 年下降 29%，到 2060 年下降 87%，基本完成碳达峰、碳中和目标。

5.2.3.3 “碳捕捉”“氢冶金”路径亟须解决技术和经济的“瓶颈”

除减少长流程粗钢占比外，钢企还可以通过全流程能效提升来降低吨钢碳排放。钢铁企业可以采用诸多低成本减排技术，从生产源头、生产过程以及运输环节降低能耗，进而减少碳排放量。除此之外，提高副产煤气利用、实现超低排放改造、实施清洁运输改造等，均可有效降低吨钢碳排放量。但中长期来看，利用低碳技术改造现有的长流程炼钢工艺，是实现钢铁行业“零排放”的长效路径。在降低当前钢铁冶炼工艺能耗的基础上，目前有两条技术路径可实现“净零碳排放”：①使用可持续生物质和含固体废物的燃料，结合碳捕集、利用和封存技术减排二氧化碳；②使用氢气直接还原工艺路径。相比之下，使用碳捕集、利用和封存技术对传统的钢铁生产工艺改动不大，属于初步阶段；而使用氢气冶金是未来技术发展的方向和最终目标，目前成本较高。根据行业技术发展现状，可以进一步探索发展的低碳冶金技术路径包括：①氧气高炉技术。该技术采用大量喷吹煤粉替代焦炭，用纯氧代替热空气鼓风，同时提高炉顶煤气利用率。该技术一方面可以有效提高高炉冶炼效率，另一方面可以减少整体碳排放强度，且有效提高高炉尾气中的二氧化碳浓度，更有利于实现减排目标。氧气高炉是欧盟超低二氧化碳炼钢技术研发项目的技术路线之一。②熔融还原技术。煤基熔融还原技术使用煤作为还原剂，不依赖焦炭。该工艺尾气中的二氧化碳浓度极高（约为90%），非常适合与碳捕集、利用和封存技术结合使用，可将碳排放强度降低80%。该技术工艺共有30余种，但到目前为止，只有奥钢联开发的COREX、韩国浦项钢铁和奥钢联联合开发的FINEX炼铁工艺发展到了工业化规模。

氢基熔融冶金技术就是利用氢作为还原剂，代替碳还原剂，从而实现减少二氧化碳排放的目的。某科技有限公司年产30万t氢基熔融还原法高纯铸造生铁项目已经于2020年年底试车。该30万t熔融还原项目可实现喷氢量1万t/a、年减排二氧化碳10.5万t的目标。本工艺取消了污染较大的烧结、球团和焦化工序，二氧化碳排放指标仅相当于传统高炉的80%。该技术因为氢气成本较高，仅适用于生产高附加值产品，主要应用于风电、核电、高铁等高端铸件领域。而以上氧气高炉技术和熔融还原技术，均一定程度上依赖“碳捕捉”技术方可以实现大规模减排。当前碳捕集技术极不成熟，根据波士顿咨询公司的报告，目前钢铁冶炼行业的碳捕集成本为50～230美元/t，较为高昂，仍存在一些技术和成本的壁垒，尚未被应用到长流程炼钢工艺中，IPCC也承认碳捕集技术存在极大不确定性，在其预测的全球2050年、2100年电源结构中，配套碳捕集的化石能源及生物质能下限均接近零，而上限较高。氢气冶金技术已不存在技术障碍，主要是氢储存和成本问题难以解决。高炉富氢喷吹技术主要是从高炉风口喷吹氢气，既可以是纯氢，也可以是富氢气体，例如焦炉煤气（氢含量约为55%）或天然气。通过风口喷吹的氢气不仅可以作为热源，还可以作为还原剂。尽管该技术有一定的前景，但由于氢气还原反应吸热，其喷吹比例受到限制，因此，该技术最高仅可降低碳排放强度约15%。氢气直接还原炼钢是可行且能够大规模实施的脱碳技术。目前氢气还原炼钢技术已在直接还原铁（DRI）工艺中得以应用，DRI工艺还原剂中氢气占比达到60%，吨钢碳排放较长流程可下降30%。目前，全球相对较为成熟的项目主要是瑞典钢铁的HYBRIT。HYBRIT项目的基本思路是：在高炉生产过程中用氢气取代传统工艺的煤和焦炭（氢气由清洁能源发电产生的电力电解水产生），氢气在较低的温度下对球团矿进行直接还原，产生海绵铁（直接还原铁），并从炉顶排出水蒸气和多余的氢气，水蒸气在冷凝和洗涤后实现循环使用。但是HYBRIT项目采用的氢冶金工艺成本比传统高炉冶炼工艺高20%～30%。除此之外，德国萨尔茨吉特钢铁公司发起的SALCOS项目和奥钢联发起的H2FUTURE项目也从不同角度设想工艺流程，实现“氢冶金”循环经济。

由于低碳冶金技术投资量大，龙头钢企具有明显的资金和技术优势，目前国内主要龙头钢企正积极布局低碳冶金技术。2020年11月，河钢集团与卡斯特兰萨—

特诺恩签订了合同，建设氢能源开发和利用工程，该项目主要包括一座年产 60 万 t 的 ENERGIRON 直接还原厂。该直接还原厂将使用含氢量约 70% 的补充气源。除了氢冶金之外，河钢集团与中国工程院战略咨询中心、中国钢研、东北大学联合建立了“氢能技术与产业创新中心”，并自行建设加氢站，以配合开展氢能重卡钢铁物流运输示范项目。2019 年 9 月，酒钢集团公司成立氢冶金研究院。目前，酒钢集团公司正在建设世界上首套煤基氢冶金中试装置及配套的干磨干选中试装置，已顺利完成煤基氢冶金中试基地热负荷试车及部分中试试验。由此可见，低碳冶金技术已经不存在障碍，瓶颈在于氢能的存储和生产成本的降低。另外，该技术依旧依赖铁矿石，与我国废钢大规模增加的行业背景相悖。目前，实现氢气直接还原炼铁的关键是需要有足够的、低成本的可再生绿色氢气，且需要有配套的氢气传输和存储设备。目前，高密度氢气储存一直是世界级难题，储氢方法主要分为低温液态储氢、高压气态储氢及储氢材料储氢 3 种。低温液态储氢存在成本高、材料要求高的弊端，而高压气态储氢占用空间大且存在泄漏爆炸隐患，储氢材料储氢可以解决上述两种方式的弊端，但是目前存在技术瓶颈尚未解决。氢气价格方面，根据国际能源署汇总数据，我国各种不同技术路径的成本：电网电解水制氢成本最高（约 5.5 美元 /kg）；可再生能源发电制氢成本约 3 美元 /kg；天然气加碳捕集与贮存制氢成本约 2.5 美元 /kg；天然气制氢成本约 1.8 美元 /kg；煤制氢成本 1 美元 /kg；煤加碳捕集与贮存制氢 1.5 美元 /kg。按照我国目前氢能市场价格（约 6 万元 /t），采用氢能炼铁工艺成本比传统高炉冶炼工艺成本至少高 5 倍以上。综上所述，目前氢冶金技术主要障碍为氢能源的存储和成本经济性。待该瓶颈解决后，方可以大规模推广、应用该技术。

5.2.3.4 预计钢铁行业减排将依托“碳限额”和提高电炉占比实现

“碳限额”推高高炉生产成本，行业转型发展提高电炉产能占比。2021 年 2 月 1 日，《碳排放权交易管理办法（试行）》（以下简称《管理办法》）正式施行，标志着全国碳市场正式启动。根据《管理办法》的规定，钢铁企业作为温室气体排放重点单位，势必纳入“碳配额”机制。预计未来随着“碳配额”机制的落地、逐年递减的配额数量以及逐渐成熟的碳交易机制，钢企将面临因购买碳排指标，导致成本曲线陡峭的局面，从而进一步助推行业优胜劣汰，这将倒逼钢铁企业加快转型升级。由于碳捕集、氢冶金等低碳技术尚存在技术瓶颈和经济性瓶颈，3～5 年内难以解决。因此预计钢铁企业会率先提高企业能源利用率，降低能耗水平，进而进行超低排放改造；改变产能结构，不断提高电炉比例，以此来快速实现减排目标。因电炉比例提升的发展趋势，预计未来 3～5 年，废钢回收产业化、专业化将成为必然。而预计未来中长期，随着电炉比例的提升，钢铁生产成本对电价的敏感性也将逐步加强，钢铁行业将效仿电解铝行业，逐步将产能向中西部电价更有优势的电源端转移。

5.2.3.5 行业迎来“新材料”时代，钢企“转型升级”势在必行

随着我国经济的发展，钢铁消费必然进入平台期，以基建、房地产为主的螺纹钢消费占比将逐步下降。参照美国钢铁消费结构，预计我国钢铁消费未来以装配式建筑消费的结构钢，机械设备、汽车消费的板材为主。除此之外，精密仪器、新基建、航空航天、国防等领域消费的特种钢材也将成为钢铁消费的重要力量。

碳达峰、碳中和的推进，一方面增加了粗放式生产工艺的生产成本，使得高炉产能加速退出；另一方面，也使得更适应高品质钢材冶炼生产的电炉产能得以快速发展，适应了经济发展需求。在此背景下，钢铁行业迎来“新材料”时代，而钢铁企业也需适应经济发展需求，加速转型升级，加快超低排放改造，进行废钢回收产业链布局以及电炉产能的布局。

5.2.4 焦化行业

“十四五”规划确立的焦化行业发展基本原则：要以全局观念、全球视野、开放的胸怀，扎扎实实推动高质量发展。园区化、规模化、绿色化、高端化将成为焦化行业今后一段时期转型升级的主要方向。

5.2.4.1 逐渐淘汰落后及过剩产能

焦化行业是以煤炭为原料进行高温炼焦实现能源转换的行业。我国焦化行业起步于 19 世纪末。早在 1898 年，江西萍乡煤矿和河北唐山开滦煤矿已有工业规模的焦炉生产。

在百余年的发展过程中，我国焦化行业大体经历了 4 个阶段，即起步探索期、加快成长期、无序生长期以及优化整合期，目前焦化行业正处于优化整合期。有着百余年发展史的我国焦化行业取得了卓越的成绩，但一些问题依然存在，主要体现在：产业集中度较低，市场体系不够成熟和完善；大部分企业持续盈利能力偏弱、负债率较高；企业技术、管理和商业模式的创新动力及成效还不显著；人才队伍的培养建设和全员综合素质提升方面亟待增强；安全环保的稳定达标任务仍然紧迫、繁重等。

资料显示，我国焦化产能在 2014 年达到高峰，由于彼时下游需求低迷，整个行业开工负荷率偏低，因此当年的产量并没有同步达到顶峰。我国焦炭产量的顶峰出现在 2013 年，当年我国焦炭产量达到 4.82 亿 t，占世界焦炭总产量的 70% 左右。

产量及产能不断达到顶峰带来的直接影响就是供应严重过剩，并因此导致行业内企业大面积亏损。截至2015年12月，焦化、钢铁等几大行业的生产价格指数（PPI）连续40多个月呈负增长，行业亏损面达80%。这些行业供需关系面临严重的结构性失衡，进行供给侧结构性改革势在必行。

在供给侧结构性改革的政策红利影响下，我国焦化行业逐步进入全新的发展阶段。2014年之后，伴随着政策性去产能、亏损企业自发退出，我国焦化产能开始呈现下滑趋势。2016年，焦化去产能速度有所加快。2018年，国务院印发《打赢蓝天保卫战三年行动计划》，各地方政府也先后发布了相关行动方案。作为焦化大省，山西、河北、山东将焦化去产能作为行动方案的主要工作，其中最主要的措施是4.3 m以下焦炉的淘汰工作、“以钢定焦”、产能减量置换。截至2020年6月底，我国焦化产能下降至5.38亿t，2018—2020年减少规模达到2 400万t，较2014年高点下滑10.5%。

5.2.4.2 高质量发展的障碍仍然存在

在我国焦化行业发展的中早期，企业基本处于“只焦不化”的状态，焦化过程中副产的焦炉煤气利用率偏低，大部分都点了“天灯”，这不仅造成严重的环境污染，还浪费了提升收益的机会。实际上，我国焦化是发展很成熟、很具代表性的煤化工产业。多年来，由于原材料供应较为充足，技术门槛较低，各地涌现了大量小规模、小产能的炼焦企业，产业集中度不高。焦化行业目前的竞争格局主要是独立焦化厂和钢厂自建焦化厂二维竞争，同时也有部分煤炭企业投资建设焦化厂。钢铁厂自有焦化企业与煤炭企业投资建设焦化厂一般受到各地环保容量限制，并且产业链延伸程度较低，炼焦副产品（如煤焦油、焦炉煤气等）深加工程度不高，导致资源利用率较低。独立焦化企业向钢铁企业和其他冶炼企业销售焦炭产品，其竞争力主要体现在炼焦副产品的加工和焦炉气的综合循环利用。对于独立焦化企业来说，丰富的产品结构和较长的产业链是其竞争优势的根本所在。

面对焦化企业亏损严重、产能过剩加剧的现实，山西省在国内率先开始推进焦化产业战略重组，以延伸焦化行业产业链，实现由“以焦为主”向“焦化并举，以化为主”的战略转型，以打造能源革命新样板为引领，建设新的精细化工产业集群。不过，这样的转型与国家高质量发展的要求显然还存在差距。有观点认为，焦化行业高质量发展存在的障碍主要是发展不平衡、不充分。长期困扰行业健康发展的深层次矛盾尚未得到解决，在优化产业结构、深化绿色发展、实施智能制造、提高竞争力等方面仍任重道远。与此同时，焦化行业面临的另一个问题是，世界经济在深度调整中曲折复苏，全球钢材需求总量进入平台期，呈波动发展态势，钢铁产能过剩已是全球性问题，与钢铁行业紧密关联的焦化行业也是如此。

在新常态下，我国经济增长从高速转为中高速，伴随着发展方式转变、经济结构调整和增长动力转换，焦化行业发展将呈现优胜劣汰、整合重组等特点。随着钢铁消费量下降和电炉钢的发展，以及氢冶炼等新技术的应用，焦炭消费将呈逐渐下降趋势。与此同时，高炉大型化对焦炭质量要求逐步提高，优质炼焦煤资源将更加紧缺。

建设生态文明是中华民族永续发展的根本大计，是一项长期的战略性任务。业内专家表示，推进生态文明建设对焦化行业的环境治理提出了新的、更高的要求，焦化行业环境治理任务依然繁重。

5.2.4.3 行业战略重整目标明确

根据《焦化行业“十四五”发展规划纲要》确定的目标，焦化行业将继续深化供给侧结构性改革，结合环境治理化解过剩产能，优化产业布局和产业结构；积极推动行业资产整合，通过企业兼并重组，提高产业集中度，加强集约化发展。这意味着，园区化、规模化、绿色化、高端化的产业格局将是未来焦化行业最主要的方向，将让焦化行业战略重整，实现真正意义上的转型发展。

根据规划设计，焦化行业将建立与相关产业相互融合的新业态，利用现有装备和产能，发挥焦炉的干馏分质功能和能源转换效率高的优势，开拓焦炭、焦炉煤气、煤焦油深加工产品应用的新领域，实现与现代煤化工、冶金、化肥、石化、建材等行业的深度产业融合。建立焦化生产企业与上下游企业战略合作机制，真正形成煤焦钢企业利益共同体，实现互利共赢发展。

与此同时，焦化行业将抓住新一轮科技革命和产业变革机遇，有效地激发生产要素的内生动力，推进企业综合效益再上新台阶。以全流程系统优化为抓手，以科技创新、商业模式创新补齐焦化行业高效运行的短板，通过焦化示范企业引领，全面提升行业科学化、规范化、标准化管理水平，提高可持续发展能力。积极推进信息化管理水平的提升，全流程信息化管控系统应用达到 50% 以上，争取智能制造在焦化行业有所突破。

我国已经向世界承诺 2030 年前实现碳达峰，2060 年前实现碳中和。碳达峰就是在 2030 年前二氧化碳的排放不再增长，达到峰值之后再慢慢减下去。作为高能耗、高排放、高污染的焦化行业，在碳达峰行动中当然得有所作为。

根据《焦化行业“十四五”发展规划纲要》的安排，焦化行业将进一步开展清洁生产，从源头控制污染物产生。到 2025 年，焦化废水产生量减少 30%，氮氧化物和二氧化硫产生量均减少 20%；优化固体废物处理工艺，固体废物资源化利用率提高10%以上。

在实施路径上，充分发挥焦化园区、集聚区循环经济优势，对具有资源、市场、物流、技术装备、环境容量等优势的焦化园区、集聚区，全面提升循环经济发展水平。通过企业间的资本参股、物质集成、能量集成和信息集成，将彼此关联的企业连接起来，形成生态产业链的优化配置；以“3R”（减量化、再利用、再循环）为原则，形成以低消耗、低排放、高效率为基本特征的循环经济发展模式，特别是通过园区产业之间的生产耦合，使物料、能量、产品在园区内产业之间进行循环，从而实现园区的污染“零排放”，加快构建全国焦化产业整体布局合理的资源循环利用体系。

5.2.5 石油化工

碳中和主要是减少二氧化碳的排放量，对于石油化工企业，主要有两种途径减少二氧化碳的排放：提高能量利用效率，减少单位产品的能量消耗；通过零碳排放（如氢能等），抵销或者覆盖二氧化碳排放。

化石燃料用量减少是一个渐进的过程，前半段主要通过单位热值更大的天然气、氢气（氢含量高）等对煤炭进行逐步取代，后半段通过光伏、核电、风电等实现对化石燃料的替代。

太阳能、风能、地热能等都是可再生的清洁能源。在技术进步与政策引导的双重作用下，太阳能和风能成为近年发展最快的可再生能源。国际石油公司对生物能源的投入虽有反复，但近两年投入明显加大，通过资本运作快速进入市场，借助与领先企业的合作实现共赢发展。全球炼油厂在传统项目上的资本开支明显在缩减，从油气供应商向综合能源供应商转变。

Valero、Marathon Petroleum、Phillips 66、HollyFrontier、PBF Energy 和 Delek US 的总炼油能力占美国总炼油能力的一半。2020年以来，从以上6家美国代表性炼厂可以看出一个大趋势，美国的独立炼厂公司在大量关停自己的传统炼油厂，生物燃料获得了增量投资。传统炼厂转向生物质燃料，关停传统原油加工炼厂。从资本开支方面也可以看出，传统炼厂的资本开支更多地往生物燃料上倾斜。总体来讲，全球的炼厂结构性调整将加剧，我国的大型炼化项目陆续投产，美国等其他国家的炼厂，尤其是单体小、竞争力差的炼厂持续淘汰。

氢能应用前景广阔。根据《中国氢能产业基础设施发展蓝皮书》，2030年，氢能源产业链目标市场空间将达10 000亿元，以能源形式利用的氢规模将达到1 000亿 m^3/a。国际氢能委员会预测，到2050年，全球氢能产业链产值将达到2.5万亿美元，占能源比重约为18%。氢能具备明显优势，是优化能源结构、保障国家能源安全的战略选择。

煤炭仍是主要的制氢方式。供给端：制氢路线多元化，煤制氢为最大的供氢方式，占比为62%。工业制氢技术主要有以煤、天然气、石油等为原料的催化重整制氢，氯碱、钢铁、焦化等工业副产物制氢，生物质气化或垃圾填埋生物制氢，采用网电或未来直接利用可再生能源电力电解水制氢；制氢技术正在向可再生能源制氢转变，处于实验室阶段但潜力大的有光催化分解水、高温热化学裂解水和微生物催化等先进制氢技术。煤炭和天然气是我国人工制氢的主要原料，占比分别为62%和19%，电解水占比为4%，可再生能源电解水制氢占比不足1%，未来发展潜力大。

氢气规划逐渐加速，截至2018年年底，全球共有369座加氢站，新增48座。我国排名第四，在运营15座，已建成22座，80%的加氢站集中在广东、上海、江苏、湖北、辽宁5个省（市）。至2025年，全球加氢站有望超过1 000座，日本、德国和美国分别达到320座、400座和100座，挪威、意大利和加拿大为5～7座。《中国氢能产业基础设施发展蓝皮书》对我国中长期加氢站建设和燃料电池车辆的发展目标做出了规划，我国计划在2025年、2030年分别建成300座和1 000座加氢站，建设工作将由政府、产业联盟和企业共同参与。

我国化石原料方面用氢规模达数千亿元，年需求量达千万吨级。2017年需求量和产量分别为1 910万t和1 915万t，均居世界首位。氢主要用于提炼原油，对人造黄油、食用油等其他产品中的脂肪氢化，在玻璃及电子微芯片制造中去除残余的氧，作为合成氨、合成甲醇、合成盐酸的原料等。由于氢的高燃料性，航天工业使用液氢作为燃料。

汽车后续潜力大，年需求量将达百万吨级。随着用氢规模扩大以及技术进步，用氢成本将明显下降，根据中国氢能联盟预计，未来终端用氢价格将降至25～40元/kg。同时燃料电池和电池零部件的更新将进一步推动氢能源汽车发展，汽车氢能需求将有极大的上升空间。

6

碳 交 易

6.1 基本要素

我国碳市场构建的基本要素包括法律保障、基本框架、支撑系统、相关主体、调控政策 5 个层级（图 6-1）。

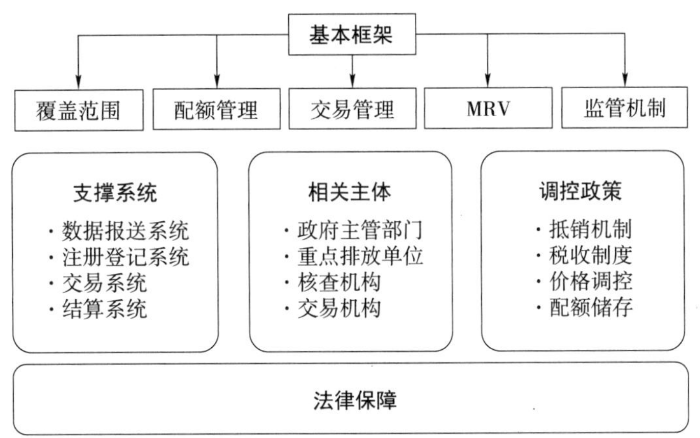

图 6-1 碳市场基本要素

6.1.1 法律保障

碳市场的建设应首先明确法律地位，确定交易标的物的法律属性、市场主体的责权范围等内容，以法律和部门规章的形式明确碳市场重大制度安排。

截至 2021 年 6 月，基础规则主要有《碳排放权交易管理办法（试行）》（以下简称《管理办法（试行）》），执行细则包括《碳排放权结算管理规则（试行）》（总则）、《碳排放权登记管理规则（试行）》（登记细则）、《碳排放权交易管理规则（试行）》（交易细则）、《温室气体自愿减排交易管理暂行办法》（自愿减排细则）、《企业温室气体排放报告核查指南（试行）》（MRV 相关细则）、《企业温室气体排放核算方法与报告指南发电设施》。

6.1.2 基本框架

我国碳市场基本框架体系包括五大重点，分别是覆盖范围、配额管理、交易管理、MRV、监管机制。

6.1.2.1 覆盖范围

覆盖范围主要包括纳入行业、纳入气体和纳入标准等。

通常，覆盖范围的主体和排放源越多，则碳交易体系的减排潜力越大，减排成本的差异越明显，碳交易体系的总体减排成本也越低。覆盖范围越大，对排放MRV（监测、报告和核查）的要求也越高。

纳入气体包括大气中吸收和重新放出红外辐射的自然和人为的气态成分，包括二氧化碳（CO_2）、甲烷（CH_4）、氧化亚氮（N_2O）、氢氟碳化物（HFCs）、全氟化碳（PFCs）、六氟化硫（SF_6）和三氟化氮（NF_3）。

纳入标准包括3个方面：一是标准的类型，以排放量或其他参数为标准；二是标准的数值，即多少排放量或规模以上的排放源被纳入；三是标准的对象，例如针对排放设施或排放企业。

6.1.2.2　配额管理

配额管理涉及配额分配方案和清缴履约。其中，配额分配方案包括总量设定和配额分配。

碳交易的初衷是控制温室气体的排放量，因此通过设定配额总量确保碳排放权的“稀缺性”是碳交易实践的前提。总量目标设定一般分两种方式：一是根据绝对排放量或避免排放量而设定绝对总量；二是设定相对总量目标或基于强度的总量目标。我国目前采用的是第二种方式。

配额分配含免费分配和有偿分配两种方式。常用的免费分配的方法包括历史法、历史强度法和基准线法。历史法是根据企业自身历史排放情况进行配额；历史强度法则要求企业年度碳排放强度与自己的历史碳排放强度相比有所降低；基准线法是以行业的能效基准来确定企业配额分配，通常能效越高的企业可以获得越多的免费配额。有偿分配分为拍卖和固定价格出售两种，前者由购买者竞标决定配额价格，后者由出售者决定配额价格。目前，我国的配额管理处于起步阶段，以免费配额为主，未来将适时引入有偿分配，并逐步提高这种方式的占比。同时政府主管部门会提前预留一部分的配额备用，用于市场调节等方面。

清缴履约指清理应缴未缴配额的过程，责任主体为重点排放单位。重点排放单位应当采取有效措施控制碳排放，并按实际排放清缴配额。

6.1.2.3　交易管理

交易管理是指在全国碳排放权交易市场中开展的排放配额等交易以及排放报告与核查、排放配额分配、排放配额清缴等活动的风险管理、信息管理及监督管理。

6.1.2.4　MRV

监测（M）指重点排放单位确定计量的排放边界、种类和水平；报告（R）是重点排放单位或其委托专业机构对排放的核算与结果输出的过程；核查（V）是第三方机构对监测和报告的检查、取证和确认的过程。

MRV 是确定总量目标的基础，也是配额分配的基础。可监测、可报告、可核查是国际社会对温室气体排放和减排监测的基本要求，是构建碳市场环境的重要环节。此外，MRV 是企业对内部碳排放水平和相关管理体系进行系统摸底盘查的重要依据。良好的 MRV 体系可为碳交易主管部门制定相关政策与法规提供数据支撑，提高温室气体排放数据质量，同时有效支撑企业的碳资产管理。

6.1.2.5 监管机制

维持碳市场的稳定运行，保证促进低成本减排的功能，需要在市场的各个环节进行合理监管。监管机制是指监管主体运用法律、经济及行政等手段，对碳排放权的初始分配、权利行使、权利交易等行为，以及其他与碳排放权交易相关活动进行的监督和管理。

建立有效的监管机制是碳市场健康运行的重要保障。全国碳市场旨在形成由国家指导、省级组织、市级配合落实的三级监管体系。生态环境部负责建设全国碳市场并制定配额管理政策、报告与核查政策及各类技术规范，省级生态环境主管部门组织排放配额分配与清缴、排放报告与核查等工作，市级生态环境主管部门承担落实相关具体工作的责任。由省、市级生态环境主管部门共同完成监督检查配额清缴情况和对违约主体的惩罚，由省级生态环境主管部门与生态环境部共同完成信息公开。

6.1.3 支撑系统

碳交易体系需要有相应配套的支撑系统才能顺利运转，从而满足配额分配履约、交易划转、资金结算、信息披露、市场监管等多方面需求。目前，我国碳市场支撑系统主要包括重点排放单位碳排放数据报送系统、碳排放权注册登记系统、碳排放权交易系统及碳排放权交易结算系统。

6.1.3.1 重点排放单位碳排放数据报送系统

数据报送系统是用于重点排放单位向主管部门报告有关碳排放数据信息的系统，是政府进行碳市场数据管理的基础。

数据报送系统是一个在线的温室气体量化、报告、核查、监管及统计分析的直报系统，主要面向政府、企业和核查机构，可实现企业数据报送、第三方机构核查等业务流程的信息化，并辅助主管部门进行有关低碳方面的分析决策。在企业报告后、配额分配前，基于国家最新补充数据表的要求及配额分配方法要求，企业直报系统需要向注册登记系统提供企业配额分配相关的基础数据，以便注册登记系统能顺利开展登记配额等服务。

6.1.3.2 碳排放权注册登记系统

碳排放权注册登记系统是用来记录配额的创建、签发、分配、持有、转移、履约和注销等流转全过程，被称作碳交易体系的“中枢神经”，它的主要功能包括账号管理、碳排放权的确权登记、数据收集、交易结算等。

6.1.3.3 碳排放权交易系统

碳排放权交易系统是指可提供交易服务和综合信息服务的全国统一的系统，需相关主体在交易管理办法与技术规范的支持下，保证其有效运营并对其实施监管。

6.1.3.4 碳排放权交易结算系统

碳排放权交易结算系统是配额供需双方最终完成交易的平台，可实现交易资金结算和管理，同时提供与配额结算业务有关的信息查询和咨询服务，确保交易结果真实可信。它需要与碳排放权注册登记系统对接以实现配额流转的登记，也需要与银行账户进行对接来实现资金的转移。主管部门和金融部门可通过交易结算系统，实时监管交易活动，防范交易风险。

6.1.4 相关主体

碳排放权交易涉及多个主体，包括政府主管部门、政府主管部门下设或外聘的核查机构、交易机构、重点排放单位。

其中，政府主管部门负责配额发放及核查审定；核查机构负责审查交易项目及排放量；交易机构负责制定交易规则，发布交易信息，统筹市场交易；重点排放单位则贯穿整个碳交易流程，根据国家及交易机构制定的规则，完成碳交易周期履约工作。

6.1.5 调控政策

调控政策涵盖抵销机制、税收制度、价格调控及配额储存等。

抵销机制是我国碳排放权交易市场调控政策中的重要组成部分，允许企业购买项目级的减排信用来抵扣其排放量。引入抵销机制的目的是：一是降低排放企业的履约成本；二是促进未纳入碳交易体系范围内的企业通过减排项目实现碳减排，相当于通过市场手段为能够产生减排量的项目提供补贴；三是进一步活跃碳市场，增加碳市场参与主体，促进碳市场稳定运行。

我国碳市场抵销机制主要是国家核证自愿减排量（Chinese Certified Emission Reduction，CCER）。《管理办法（试行）》规定重点排放单位每年可以使用国家核证自愿减排量抵销碳排放配额的清缴，抵销比例不得超过应清缴碳排放配额的 5%。

在税收制度方面，2019 年财政部专门印发了针对碳排放权交易的会计处理的规定，但碳排放权的法律属性，例如碳排放权是一种资产等，仍然需要进一步确定。

此外，价格调控机制和排放配额是否可以存储或将在未来进一步明确。

6.2 碳排放权交易的流程

碳排放权交易流程包括排放数据报告、第三方核查、配额分配、买卖交易和履约清算 5 个环节（图 6–2）。

图 6–2 碳排放权交易流程

根据生态环境部有关要求，以 2021 年为例，4 月 30 日前重点排放单位须完成 2020 年度温室气体排放数据填报，6 月 30 日前省级部门须完成核查工作，9 月 30 日前省级部门须完成配额核对工作，重点排放单位须于 12 月 31 日前完成配额的清缴履约。

6.2.1 排放数据报告

碳排放数据报告制定主要包括整理和汇总碳排放量统计核算的原始数据和证据文件、填报重点排放单位年度碳排放报告、组织各职能部门配合核查机构完成碳排放核查等。碳排放数据管理的核心是碳排放量统计核算、落实碳排放核查，其管理目标是及时、准确地汇总重点排放单位碳排放量数据，高效地支撑碳排放核查工作。

具体工作内容如下。

6.2.1.1 数据监测与分析

①严格制订并实施年度碳排放监测计划；

②用能部门正确记录能源使用与消耗情况；

③汇总整理各用能部门数据，分析出现异常数据原因；

④依据监测数据跟踪全年碳排放量，并预测预警配额盈缺量；

⑤建立监测设备与计量器具台账，做好维护与定期校验工作。

6.2.1.2 数据核算与报告

①严格按照相应行业温室气体排放核算与报告指南的规定与要求，组织和实施碳排放核算及报告活动；

②正确识别排放源与排放边界，建立排放源台账，记录边界变化情况；

③建立并保持有效的数据内部校核与质量控制要求，包括对文件清单、原始资料、检测报告等要求；

④建立数据缺失处理方案。

6.2.1.3 配合核查

①遴选核查机构，安排具体现场访问日期；

②协调各部门人员准备核查所需的相关数据资料；

③正确回答核查员提出的问题；

④对核查报告进行审核并确认。

6.2.2 第三方核查

为确保企业申报的碳排放量真实有效，必须由具有核查资质的第三方机构对碳排放量进行核查，因此碳排放量核查是碳交易的必要前置工作。

企业完成核算与报告工作后，由地方主管部门选择第三方核查机构对企业的排放数据等进行核查，第三方核查机构核查后须出具核查报告。企业将排放报告和第三方核查机构出具的核查报告提交注册所在地的地方主管部门，地方主管部门进行审核。

6.2.3 配额分配

生态环境部印发的《2019—2020 年全国碳排放权交易配额总量设定与分配实施方案（发电行业）》中规定：对 2019—2020 年配额实行全部免费分配，并采用基准法核算重点排放单位所拥有机组的配额量。重点排放单位的配额量为其所拥有各类机组配额量的总和。

6.2.4 买卖交易

重点排放单位可在获得配额后通过交易平台进行配额买卖交易。

配额买卖交易包含交易产品、交易主体、交易机构、交易方式、系统对接等要素。

交易产品指全国碳排放权交易市场的交易产品（排放配额及其他产品）。

交易主体指重点排放单位以及符合规定的机构和个人。

交易机构指全国碳排放权交易机构，是受生态环境部委托负责组织开展全国碳排放权集中统一交易及监督、可设立服务机构和进行会员制服务交易市场活动的机构。

交易方式包括采取公开竞价、协议等方式通过全国碳排放权交易系统进行交易。

系统对接指全国碳排放权注册登记机构和全国碳排放权交易机构应按照国家有关规定，实现数据及时、准确、安全交换。

此外，全国碳排放权注册登记机构应当根据全国碳排放权交易机构提供的成交结果，通过全国碳排放权注册登记系统为交易主体及时提供最新的相关信息。

6.2.5 履约清算

履约清算包括两个层面内容：一是重点排放单位需按时提交合规的监测计划和排放报告；二是重点排放单位须在规定的期限内，按实际年度排放指标完成碳配额清缴。

这要求重点排放单位指定专人开展碳配额及履约管理，熟悉所属行业配额分配方法；清楚履约工作流程与时间节点，及时制定履约方案；开展履约成本测算、财务预算；实施履约操作，确保按时履约。

《管理办法（试行）》中规定，重点排放单位应当履行清缴义务，在生态环境部规定的时限内，向分配配额的省级生态环境主管部门清缴上年度的碳排放配额（且清缴量应当大于等于省级生态环境主管部门核查结果确认的该单位上年度温室气体实际排放量）；如未能按时足额履行该义务，则将受到行政处罚，未能履行合规义务的重点排放单位将面临 1 万～3 万元不等的罚款，并对虚报、瞒报和逾期未改正的欠缴部分在下一年度的配额分配中实行等量核减。

配额管理人员需确保相关配额准确及时发放到企业账户，并确保及时履约，明确履约不合规的相关处罚机制，避免未按时履约带来的违规风险。

6.3 碳排放配额分配

6.3.1 碳排放配额分配总体框架、原则及方法

6.3.1.1 分配总体框架

配额分配有免费分配和有偿分配两种方法。

（1）免费分配方法：历史法、历史强度法和基准线法

①历史法是根据企业自身历史排放情况发放配额；

②历史强度法则要求企业年度碳排放强度比自己的历史碳排放强度低；

③基准线法是以行业的能效基准来确定企业配额分配，通常能效越高的企业可以获得越多的免费配额。

（2）有偿分配方法：拍卖与固定价格出售

①拍卖由购买者竞标决定配额价格；

②固定价格出售由出售者决定配额价格。

碳排放配额分配总体框架如图 6-3 所示。

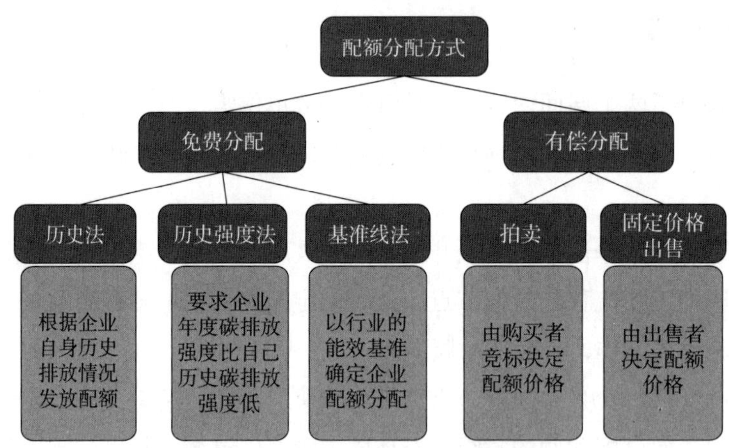

图 6-3　碳排放配额分配总体框架

6.3.1.2　分配原则

《碳排放权交易管理暂行办法》规定，国务院碳交易主管部门根据国家控制温室气体排放目标的要求，综合考虑国家和各省（区、市）温室气体排放、经济增长、产业结构、能源结构，以及重点排放单位纳入情况等因素，确定国家以及各省（区、市）的排放配额总量。排放配额分配在初期以免费分配为主，适时引入有偿分配，并逐步提高有偿分配的比例。

6.3.1.3　分配方法

我国碳市场在启动初期，将采用基准线法和历史强度法免费分配配额。适时引入有偿分配，待市场机制完善后提升有偿分配的比例。

（1）基准线法计算公式

$$单位配额 = 行业基准 \times 实物产出量 \quad (6\text{-}1)$$

- 行业基准是指每个行业单位实物产出二氧化碳排放的先进值，具体由国家主

管部门根据企业历史碳排放盘查数据，结合纳入碳排放权交易的行业单位碳排放的产出水平的变化趋势及产业发展情况等因素统一确定。

• 实物产出量依据企业当年实际数据确定。

（2）历史强度法计算公式

$$单位配额 = 历史强度值 \times 减排系数 \times 实物产出量 \quad (6\text{-}2)$$

• 历史强度值是为了某些行业配额分配需要，根据国家主管部门的要求，经过核查的若干历史年份的重点排放单位或其主要设施的单位实物产出（活动水平）导致的二氧化碳排放量。

• 减排系数是每个行业的减排力度，具体由国家主管部门根据企业历史碳排放盘查数据，结合纳入碳排放权交易的行业单位碳排放产出水平变化趋势和产业发展情况等因素统一确定。

• 实物产出量依据企业当年实际数据确定。

6.3.2 碳排放配额核定工作流程

6.3.2.1 配额总量设定的方法

（1）自上而下法

自上而下法指按照碳排放强度逐年降低和碳排放总量增幅逐年降低的要求，结合经济发展水平制定碳排放配额总量。优势是可以根据国家减排目标调节碳交易体系的松紧度。

（2）自下而上法

自下而上法指根据控排企业的年排放量总和，估算出碳排放配额总量。优势是考虑了参与者的具体情况，但是需要有各行业高质量的数据做支撑。

6.3.2.2 配额核定工作流程

现阶段，经济快速增长的发展中国家往往很难设定出绝对量化的碳减排目标。因此，我国碳市场是在综合考虑了经济发展要求和温室气体控排目标的基础上，与企业历史排放数据相结合，采用“自上而下”与“自下而上”相结合的方法，并遵循“适度从紧”和“循序渐进”的原则设定碳市场总量。随着国家低碳战略和减排目标的调整，未来配额总量也会随之改变。配额核定的主要流程如下：

①根据全国统一公式计算并汇总本省企业配额数量；

②上报国家主管部门；

③国家主管部门综合考虑有偿分配及市场调节等因素，确定全国及各省配额总量；

④国家主管部门确认各省配额；

⑤省级主管部门将配额发放至企业账户。

全国配额总量设定方法如图 6-4 所示。

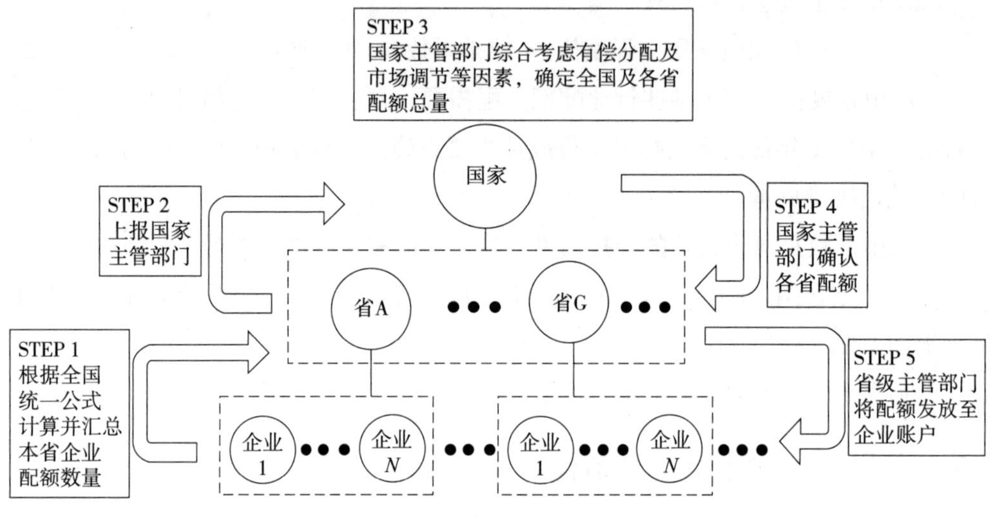

图 6-4　全国配额总量设定方法

6.3.3　碳排放数据统计、核算方法

6.3.3.1　排放分类

为摸清企业排放家底，需要测算企业的温室气体排放量。温室气体的排放一般分为直接排放和间接排放。

（1）直接排放

直接排放指因使用能源或者其他物质直接产生的温室气体排放，包含能源活动排放、工业生产过程排放和废弃物处置排放。

（2）间接排放

间接排放指因使用电力热力或其他产品物质产生间接导致上游产业产生的温室气体排放，包含电力排放和热力排放。

6.3.3.2　统计、核算方法

温室气体排放量通过简单的乘法运算即可获得，其中主要涉及活动水平数据与排放因子。

（1）活动水平：某种量值

①消耗 / 使用 / 处理的某种物质的量：如煤炭、电力等使用量，石灰石、白云

石使用量等；

②产生的某种物质的量：如硝酸、水泥、钢铁产量；

③其他监测的量值：如高压开关柜 SF_6 的装入量和剩余量等。

（2）排放因子：用于衡量单位某种活动水平产生的温室气体数量的参数

①多个参数构成：如含碳量、氧化率等；

②单个参数构成：单位产品产生的排放量。

同一行业里的不同企业，由于受到生产条件及企业管理的影响，同一个过程的温室气体排放量并不一致。但通过大量的研究和验算，国家已经给出每一个生产过程的可供参考的排放因子。企业只需要收集各自的生产数据，利用已有的排放因子进行简单的乘法计算即可。

6.3.3.3 基本量化方法

$$\text{温室气体排放量} = \sum\sum\sum\left(\mathrm{EF}_{i,j,k} \times \mathrm{Activity}_{i,j,k}\right) \tag{6-3}$$

式中：EF——排放因子；

Activity——用于计算排放的活动水平；

i——活动类型；

j——所属部门；

k——技术类型。

6.3.4 碳排放配额分配的履约清缴

6.3.4.1 概述

碳排放配额是指政府分配给重点排放单位指定时期内的碳排放额度，是碳排放权的凭证和载体。其中，1 单位配额相当于 1 t 二氧化碳当量。

履约（又称企业合规）包括两个层面内容：一是控排企业需按时提交合规的监测计划和排放报告；二是控排企业须在当地主管部门规定的期限内，按实际年度排放指标完成碳配额清缴。两者都需要法律法规和执法体系提供强有力的支撑。目前，我国碳交易试点对违约企业的惩罚通常包括罚款、无法享受其他政策优惠、向社会公布名单、将违约情况提供给企业社会信用、金融征信等信用记录管理机构等。

6.3.4.2 履约方式

（1）碳排放配额履约

企业将主管部门分配的上一年度的碳排放配额提交给主管部门，1 单位配额相当于 1 t 二氧化碳当量。

（2）抵销机制履约

如企业当年排放量超过配额，超过的部分可通过购买减排企业的减排量等方式来进行抵销，最终使提交的配额与本年度的排放量相同。

6.3.4.3　管理方式

抵销机制发挥作用同时需要三个重要保障措施：

一是要保证抵销信用在碳市场中的一致性、完整性和透明性，确保 1 t 的抵销信用可以抵销 1 t 的碳排放；

二是要控制抵销信用的使用量，过多或过少使用抵销信用，都不利于充分发挥抵销机制的作用；

三是要做好抵销信用持有、流转、清缴和注销的硬件系统，确保每吨的抵销信用都能被正确地记录和追踪。

6.3.4.4　履约流程

①配额创建：省级主管部门根据每年的核查结果，提出本行政区域内重点排放单位的免费分配配额数量。

②配额签发分配：报国务院碳交易主管部门确定后，向本行政区域内的重点排放单位免费分配排放配额。

③配额履约：由省级主管部门发布履约通知，明确履约时间、流程和处罚措施，重点排放单位需按年向主管部门提交与其当年实际碳排放量相等的配额，以完成其减排义务。其富余配额可向市场出售，不足部分需通过市场购买。

6.4　我国碳市场进程

6.4.1　碳排放权交易试点情况

2011 年 10 月，国家发展和改革委员会为落实“十二五”规划关于逐步建立国内碳排放权交易市场的要求，同意北京市、天津市、上海市、重庆市、湖北省、广东省及深圳市开展碳排放权交易试点。2013 年 6 月 18 日，深圳碳排放权交易试点率先启动，一年时间内，上海、北京、广东、天津、湖北、重庆试点碳市场相继启动。2016 年 12 月 22 日，福建省成为国内第 8 个碳排放权交易试点。

试点省（市）从东部沿海地区到中部地区，覆盖国土面积 48 万 km^2，人口总数 2.62 亿人，GDP 合计 15.5 万亿元，能源消费 8.87 亿 t 标准煤，试点单位的选择均具有较强的代表性。统计数据显示，纳入排放企业和单位共 1 900 多家，碳排放配额总量合计约 12 亿 t。

试点中控排对象以二氧化碳为主，覆盖电力、钢铁、石化、水泥等主要高耗能行业。排放配额多基于基准线法或历史强度法进行免费分配。近年来市场均价逐渐稳定在 15～40 元 /t 的价格区间。

碳排放权交易试点建立了具有约束力的、覆盖了主要排放行业和企业的“总量控制与交易”机制，试点范围内碳排放总量和强度出现了双降趋势。生态环境部数据显示，截至 2021 年 3 月，碳排放权交易试点工作共覆盖 20 多个行业、近 3 000 家重点排放企业，累计覆盖 4.4 亿 t 碳排放量，累计成交金额约 104.7 亿元（表 6–1）。

表 6–1　碳排放权交易试点市场机制比较

地区	启动时间	覆盖行业	配额分配	纳入标准
深圳	2013.6.18	电力、公共交通、水务、建筑、企事业单位、港口、机场	竞争博弈（工业）与总量控制（建筑）结合，初始配额免费分配	工业：3 000 t 二氧化碳排放量以上；公共建筑：20 000 m^2、机关建筑：10 000 m^2
上海	2013.11.26	工业（钢铁、石化、化工、有色金属、电力、建材、纺织、造纸、化纤）；非工业（航空、港口、商业、宾馆、金融）	基准线法、历史法、历史强度法；以免费分配为主，可以根据国家有关要求适时引入有偿分配	工业：二氧化碳排放量达到 2 万 t 及以上；非工业：二氧化碳排放量达到 1 万 t 及以上；水运：二氧化碳排放量达到 10 万 t 及以上
北京	2013.11.28	火力发电、热力生产、水泥、石化、航空、服务业、其他工业	基准线法、历史法、历史强度法、组合方法；既有设施配额直接免费分配、满足新增设施和配额调整条件的重点碳排放单位，经申请、复核后按相关规定核发配额	二氧化碳年排放量 5 000 t 以上
广东	2013.12.19	电力、水泥、钢铁、石化、有色金属、陶瓷、纺织、塑料、造纸、民航、服务业、金融	基准线法、历史法和历史强度法；免费分配 + 有偿分配，其中电力企业的免费配额比例为 95%，钢铁、石化、水泥、造纸企业的免费配额比例为 97%，航空企业的免费配额比例为 100%	年排放量为 2 万 t 二氧化碳或年综合能源消费为 1 万 t 标准煤

续表

地区	启动时间	覆盖行业	配额分配	纳入标准
天津	2013.12.26	钢铁、石化、化工、发电、热力、油气开采、建材、造纸、航空、民用建筑	历史强度法、历史法；2020年度配额分两次发放。第一批次预配额按照纳入企业2019年度履约排放量的50%确定。补充配额待2020年度碳核查工作结束后，综合考虑第一批次配额发放量、配额核定量、配额调整量等，多退少补进行核发	二氧化碳排放量1万t以上
湖北	2014.2.2	电力、钢铁、化工、冶金、石油、建材、化纤、汽车、医疗	配额免费分配，采用基准线法、历史强度法和历史法相结合的方法计算。其中，水泥（外购熟料型水泥企业除外）、电力行业采用基准线法，热力及热电联产、造纸、玻璃及其他建材、水的生产和供应、设备制造（部分）行业采用历史强度法，其他行业采用历史法	2016—2018年任一年综合能耗1万t标准煤及以上的工业企业
重庆	2014.6.19	电力、钢铁、有色金属、建材、化工、航空、其他工业	政府总量控制与企业竞争博弈相结合，初始配额免费分配	温室气体排放量达到2.6万t二氧化碳当量（含）以上
福建	2016.12.22	发电、电网、钢铁、化工、平板玻璃、航空公司、陶瓷、机场、造纸、水泥、石化、有色	基准线法、历史强度法、历史法；既有项目配额和新纳入项目配额分配以免费分配为主，适时引入有偿分配制度，并逐步提高有偿分配的比例	2013—2016年任何一年能源消耗在1万t标准煤以上

6.4.2 碳市场建设进展及展望

2020年9月22日，习近平主席在第七十五届联合国大会一般性辩论会上庄严承诺“中国力争二氧化碳排放2030年前达到峰值，2060年前实现碳中和”。“30 · 60”目标的提出，意味着中国经济全面向低碳转型，而碳市场作为利用市场机制应对气候变化的风向标，正逐渐被委以重任。

2020年年底的中央经济工作会议将“做好碳达峰、碳中和工作”作为2021年八大重点任务之一。2021年3月，“十四五”明确低碳战略规划，紧接着各省（区、市）纷纷启动碳达峰规划工作。

“十四五”是全国碳市场具有里程碑意义的时期，碳市场将实现从单一行业参与到多行业纳入、从启动交易到持续平稳运行的转变。围绕“二氧化碳排放力争2030年前达到峰值，努力争取2060年前实现碳中和”，我国将提出更强有力的碳排放控制目标，加强对煤炭消费的控制，加大对可再生能源发展的支持力度，继续推动经济社会加速向低碳方向转型。

碳中和是全球气候治理的重要目标。最终影响温控目标实现的是随时间累积的总排放量（“累积排放量”），而不仅仅是21世纪中叶的排放量。提前达到峰值并加快减排将有助于控制我国的二氧化碳累积排放量。我国的碳中和目标，将对全球升温幅度控制在1.5℃之内的国际进程做出重大贡献。

然而，碳中和对我国经济系统与能源系统具有重大挑战。能源消费持续增加，环境和生态问题严峻，国内区域间资源储量、技术水平与经济发展程度等均有较大差异，实行碳减排措施的机会和成本也不尽相同，为了保护不同的发展权益，提供减排的灵活性和优化配置资源，碳市场显得尤为重要。

历经10年试点，4年建设，全国碳市场于2021年上线，其基本建设原则是市场导向、政府服务、协同推进、广泛参与、统一标准、公平公开。启动初期以电力行业（纯发电和热电联产）为突破口，重点排放单位为年度温室气体排放量达2.6万t二氧化碳当量以上的发电企业，非重点排放单位暂不纳入全国碳排放权交易市场管理。从碳市场交易正式上线到2021年年底，2 225家电力企业需要完成碳排放配额的分配、交易、履约清缴等全流程。

在初期发电行业碳市场稳定运行的前提下，市场覆盖范围将会逐步扩大到石化、化工、建材、钢铁、有色、造纸、航空等重点行业。根据市场统计，上述八大行业的20个主要子行业中，近7 500家企业最终都将被纳入，碳市场控制的碳排放总量约为67亿t，约占全国碳排放量的72%。毫无疑问，我国将成为全球最大的碳排放权交易市场。

预计需要 10 年左右的时间，全国碳市场将逐步完善。在初期发电行业碳市场稳定运行的前提下，再逐步扩大市场覆盖范围，丰富交易品种和交易方式。并探索开展碳排放初始配额有偿拍卖、碳金融产品引入及碳排放交易国际合作等工作。同时，全国碳市场中碳配额的稀缺程度将会不断提高，碳市场价格也会随之升高，碳排放的合理定价体系将逐步形成，初始配额中有偿分配比例也将逐渐扩大。

我国加快推动绿色转型发展，尤其能源及相关行业的绿色转型发展，是助力实现“双碳”目标的重要举措。当前，加快建立健全碳排放权交易市场，正是应对能源及相关行业绿色转型发展需求的可行市场方案。碳排放系列新政出台，既为碳排放权交易市场落地运营打下了重要基础，也为我国继续推进碳减排建立了重要的政策环境。同时还有利于丰富中国节能减排的政策工具，降低全社会的碳减排成本，为整个社会的低碳转型奠定基础。

与此同时，也要看到碳减排的难度之大，尤其是考虑到能源及相关企业在国民经济中的重要地位，在推动行业绿色低碳发展过程中，更要注重转型节奏、转型方式，要防止由此引发的系统性风险和对经济社会发展的不利冲击。

7

温室气体排放统计核算及重点行业核算报告解读

7.1 温室气体排放统计、核算和报告

7.1.1 温室气体排放核算体系的核算层次

为了实现碳中和目标，首先应对温室气体排放量进行尽量准确合理的核算。核算工作复杂烦琐，涉及面广，工作量大。发展成一个从中央到地方、从政府到企业跨越不同层级、不同区域、不同行业的错综复杂的核算体系网络，其大致可分为以政府为主体和以市场为主体的两条相互独立又相互交错反馈的路线（图 7-1）。

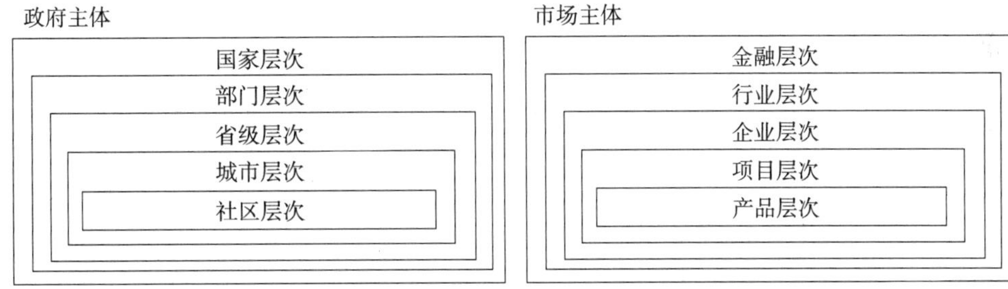

图 7-1 温室气体核算体系构成

温室气体核算的方法可分为自上而下及自下而上两类：

“自上而下”主要指国家或政府层面的宏观测量；“自下而上”则包括企业的自测与披露、地方对中央的汇报汇总，以及各国对国际社会提交的反馈。自上而下的核算应用最广泛的标准是由 IPCC 发布的《IPCC 国家温室气体清单指南》，自下而上的核算则采用温室气体议定书（GHG Protocol）系列标准。

温室气体排放核算是一项测量人类活动向地球生物圈直接和间接排放二氧化碳及其当量气体的工作。根据《IPCC 国家温室气体清单指南》和《省级温室气体清单编制指南（试行）》，温室气体核算主要覆盖 5 种活动：能源活动、工业生产、农业生产、林业和土地利用变化以及废弃物处理。

温室气体排放核算体系相关的标准、政策法规见表 7-1。

表 7-1　温室气体核算体系相关的标准、政策法规

层次水平	中国			国际		
	发布机构	名称	年份	发布机构	名称	年份
国家层次	国家发展和改革委员会	《中国温室气体清单研究》	1994、2005	IPCC	《IPCC 国家温室气体清单指南》	1995
	国家发展和改革委员会	《气候变化国家信息通报》	2004、2012、2018			
	国家发展和改革委员会	《气候变化两年更新报告》	2017、2018			
省级层次	国家发展和改革委员会	《省级温室气体清单编制指南（试行）》	2011			
城市层次	北京市	《北京市碳排放权交易管理办法（试行）》	2014	世界资源研究所（WRI）联合中国社会科学院城市发展与环境研究所、世界自然基金会（WWF）和可持续发展社区协会（ISC）	城市温室气体核算工具（测试版 1.0）	2013
	天津市	《天津市碳排放权交易管理暂行办法》	2018			
	上海市	《上海市碳排放管理试行办法》	2013			
	重庆市	《重庆市碳排放权交易管理暂行办法》	2014			
	湖北省	《湖北省碳排放权管理和交易暂行办法》	2014			
	广东省	《广东省碳排放管理试行办法》	2013			
	深圳市	《深圳市碳排放权交易管理暂行办法》	2014			
	福建省	《福建省碳排放权交易管理暂行办法》	2016			
社区层次				GHG Protocol	《社区温室气体排放全球议定书》	2012
金融层次				碳核算金融联盟（PCAF）	《金融业温室气体核算与报告指南》	2013

续表

层次水平	中国			国际		
	发布机构	名称	年份	发布机构	名称	年份
行业、企业层次	国家发展和改革委员会	《企业温室气体排放核算方法与报告指南（试行）》（24 个行业）	2013—2015	GHG Protocol	《企业碳核算与报告标准》	2012
	国家发展和改革委员会	《工业企业温室气体排放核算和报告通则》（GB/T 32150—2015）	2016			
	国家发展和改革委员会	《温室气体排放核算与报告要求》（GB/T 32151—2015）				
	国家认证认可监督管理委员会	《组织温室气体排放核查通用规范》（RB/T 211—2016）	2017			
	国家发展和改革委员会	《全国碳排放权交易第三方核查参考指南》	2016			
	生态环境部	《企业温室气体排放报告核查指南（试行）》	2021			
	生态环境部	《企业温室气体排放核算方法与报告指南 发电设施（征求意见稿）》	2020			
项目层次	生态环境部	《大型活动碳中和实施指南（试行）》	2019	UNFCCC	清洁发展机制（CDM） ISO 14064	1997、 2006
产品层次				英国标准协会（BSI）	《PAS 2050 标准》	2008

7.1.2 重点排放单位及温室气体排放报告

重点排放单位是指全国碳排放权交易市场覆盖行业内年度温室气体排放量达到2.6 万 t 二氧化碳当量及以上的企业或者其他经济组织。

温室气体排放报告：重点排放单位根据生态环境部制定的温室气体排放核算方法、报告指南及相关技术规范编制的载明重点排放单位温室气体排放量、排放设施、排放源、核算边界、核算方法、活动数据、排放因子等信息，并附有原始记录和台账等内容的报告。

7.1.3 核算和报告的原则

7.1.3.1 相关性（Relevance）

核算清单应该真实地反映报告主体在核算范围内的温室气体排放情况，根据目标用户需求选择合适的温室气体源数据和相应的核算方法。

7.1.3.2 完整性（Completeness）

报告应包括已确定的核算边界内所有的相关的温室气体排放源和活动的排出量；如果报告主体存在不在核算边界内的温室气体排放源或活动，应在报告中标示。

7.1.3.3 一致性（Consistency）

报告一般会对温室气体排放量在时间序列（不同报告年份）进行比较，应能够对有关温室气体信息进行有意义的比较；如果存在数据、核算范围、核算方法等相关信息发生变更的情况，在报告中应进行明确说明。

7.1.3.4 透明性（Transparency）

应发布充分适用的温室气体信息，使目标用户能够在合理的置信度内做出决策；核算方法、相关数据等信息的引用应明确标明出处。

7.1.3.5 准确性（Accuracy）

温室气体排放量的核算结果或多或少与真实排放量之间存在误差，应尽量减少偏见和不确定性。

7.1.4 工作流程

企业温室气体排放核算和报告的完整工作流程如下。

①根据开展核算和报告工作的目的，确定温室气体排放核算边界。

②进行温室气体排放核算，具体内容如下：

• 识别排放源和温室气体种类；

• 选择核算方法；

• 收集活动水平数据；

• 选择或测算每项活动的排放因子数据；

• 分别计算每项活动的排放量；

• 汇总计算企业温室气体排放总量。

③核算工作质量保证。

④撰写企业温室气体排放报告。

企业温室气体排放核算和报告的工作流程如图 7-2 所示。

7.1.5 企业温室气体核算的边界

根据开展温室气体排放核算和报告的目的，报告主体应确定温室气体排放核算边界和涉及的时间范围，明确工作对象。

报告主体应以企业法人为边界，核算和报告边界内所有生产设施产生的温室气体排放。生产设施范围包括直接生产系统、辅助生产系统，以及直接为生产服务的附属生产系统，其中辅助生产系统包括动力、供电、供水、化验、机修、库房、运输等，附属生产系统包括生产指挥系统（厂部）和厂区内为生产服务的部门和单位（如职工食堂、车间浴室、保健站等）。

常见问题如下。

• 集团公司：按照最低一级企业法人单独核算；

• 子公司与分公司的区别：子公司是独立法人，分公司是非法人单位，相当于分厂；

• 不同工段不同公司：严格按照企业法人原则核算；

• 生产设备运营权转移：例如外包，按照运营控制权法处理，谁运营谁报告；

• 省外分公司或分厂：不在核算范围内，向设施所在地报送。

企业温室气体排放核算的边界如图 7-3 所示。

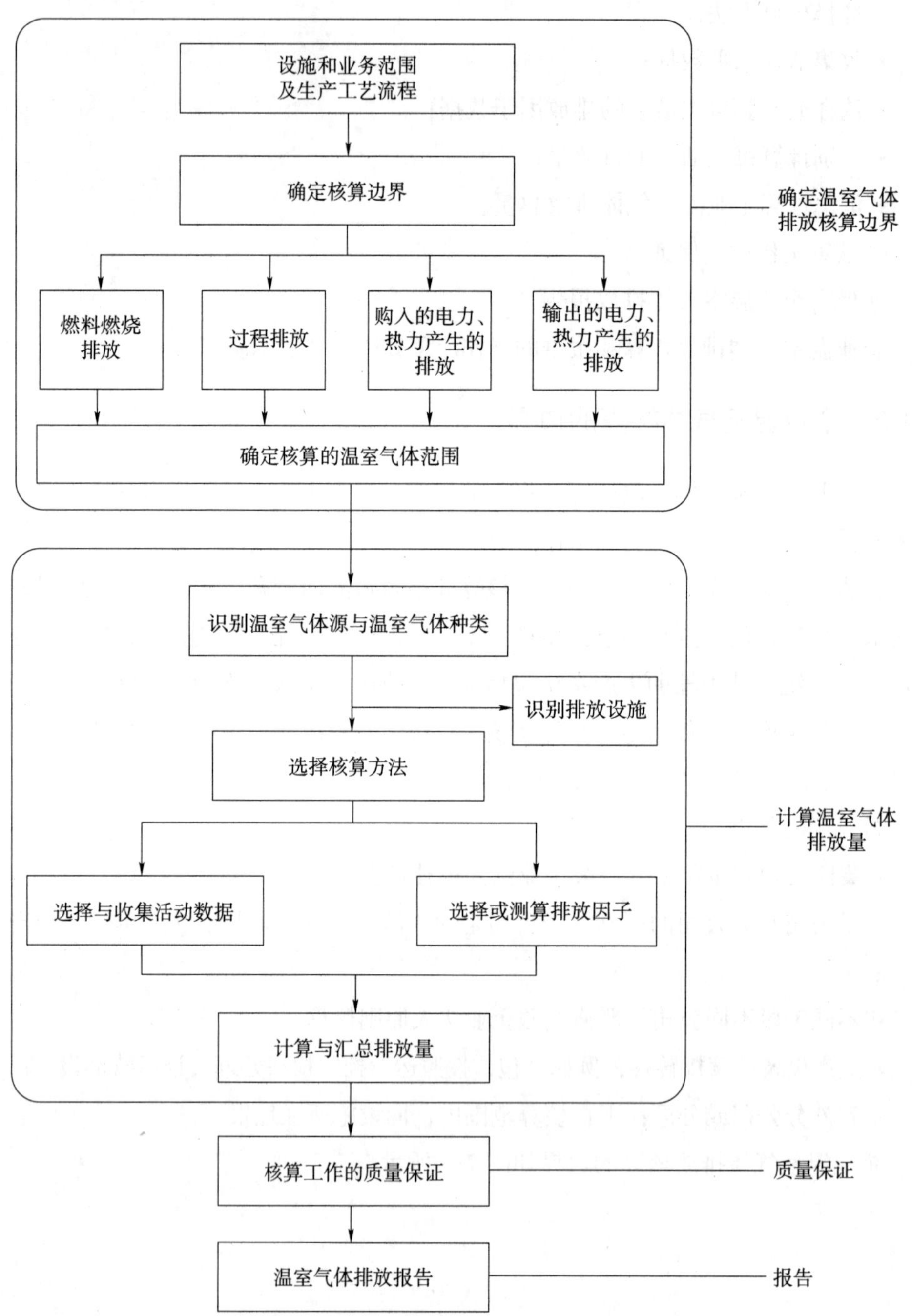

图 7-2　企业温室气体排放核算和报告的工作流程

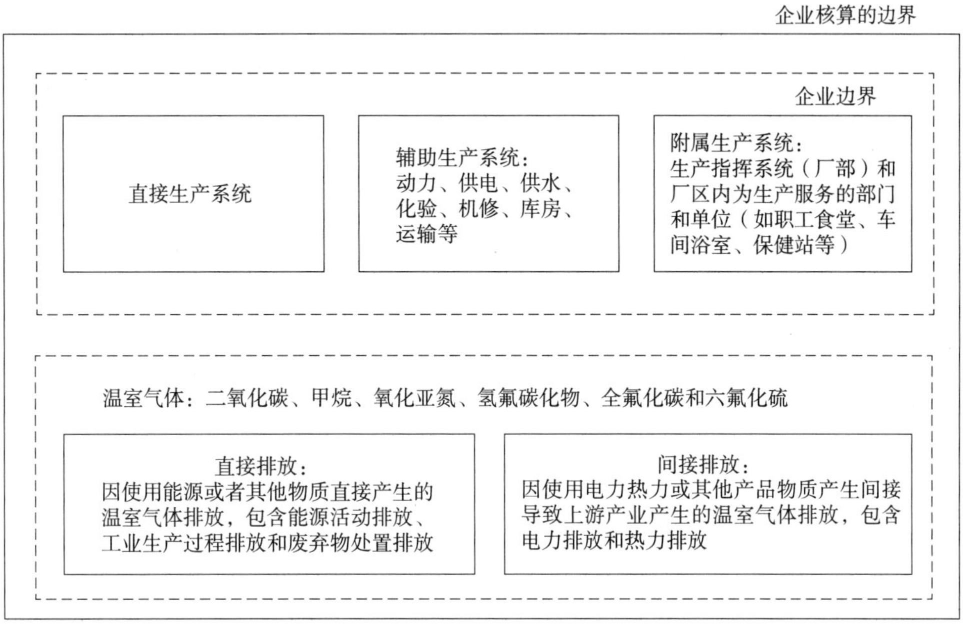

企业核算的边界

企业边界

直接生产系统

辅助生产系统：
动力、供电、供水、
化验、机修、库房、
运输等

附属生产系统：
生产指挥系统（厂部）和
厂区内为生产服务的部门
和单位（如职工食堂、车
间浴室、保健站等）

温室气体：二氧化碳、甲烷、氧化亚氮、氢氟碳化物、全氟化碳和六氟化硫

直接排放：
因使用能源或者其他物质直接产生的
温室气体排放，包含能源活动排放、
工业生产过程排放和废弃物处置排放

间接排放：
因使用电力热力或其他产品物质产生间接
导致上游产业产生的温室气体排放，包含
电力排放和热力排放

图 7-3　企业温室气体排放核算的边界

7.1.6　温室气体排放核算的步骤和方法

7.1.6.1　温室气体排放源界定和排放种类识别

（1）温室气体排放源界定

能源生产和消费活动是我国温室气体的重要排放源。省级能源活动温室气体清单编制总体上遵循《IPCC 国家温室气体清单指南》的基本方法，并借鉴了 1994 年和 2005 年我国在能源活动温室气体清单编制过程中较好的做法。省级能源活动温室气体清单编制和报告的范围主要包括化石燃料燃烧活动产生的二氧化碳、甲烷和氧化亚氮排放；生物质燃料燃烧活动产生的甲烷和氧化亚氮排放；煤矿和矿后活动产生的甲烷逃逸排放以及石油和天然气系统产生的甲烷逃逸排放。

①化石燃料燃烧活动排放源界定。

化石燃料燃烧温室气体排放源界定为某一省（区、市）境内不同燃烧设备燃烧不同化石燃料的活动，涉及的温室气体主要包括二氧化碳、甲烷和氧化亚氮。按照这一定义，国际航空、航海等国际燃料舱的化石燃料燃烧活动所排放的温室气体不应计算在某一省（区、市）境内，而火力发电厂的化石燃料燃烧排放应该计算在电厂所在地，尽管其生产的电力并不一定在本地消费。

• 化石燃料燃烧活动排放源按部门可分为农业部门、工业和建筑部门、交通运输部门、服务部门（第三产业中扣除交通运输部分）、居民生活部门。其中工业和建筑部门可进一步细分为钢铁、有色金属、化工、建材和其他行业等，交通运输部门可进一步细分为民航、公路、铁路、航运等。

• 化石燃料燃烧活动排放源按设备（技术）可以分为静止源燃烧设备和移动源燃烧设备。静止源燃烧设备主要包括发电锅炉、工业锅炉、工业窑炉、户用炉灶、农用机械、发电内燃机、其他设备等；移动排放源设备主要包括各类型航空器、公路运输车辆、铁路运输车辆和船舶运输机具等。

• 化石燃料燃烧活动排放源按燃料品种排放源可以分为煤炭、焦炭、型煤等，其中煤炭又分为无烟煤、烟煤、炼焦煤、褐煤等；原油、燃料油、汽油、柴油、煤油、喷气煤油、其他煤油、液化石油气、石脑油、其他油品等；天然气、炼厂干气、焦炉煤气、其他燃气等。

②生物质燃料燃烧排放源界定。

我国生物质燃料主要包括以下 3 类，一是农作物秸秆及木屑等农业废弃物及农林产品加工业废弃物；二是薪柴和由木材加工而成的木炭；三是人畜粪便。生物质燃料燃烧的排放源主要包括居民生活用的省柴灶、传统灶等炉灶，燃用木炭的火盆和火锅以及牧区燃用动物粪便的灶具，工商业燃用农业废弃物和薪柴的炒茶灶、烤烟房、砖瓦窑等。考虑到生物质燃料生产与消费的总体平衡，其燃烧所产生的二氧化碳与生长过程中光合作用所吸收的碳两者基本抵销，只需要编制和报告甲烷及氧化亚氮的排放。

③煤炭开采和矿后活动逃逸排放源界定。

我国煤炭开采和矿后活动的甲烷排放源主要分为井工开采、露天开采和矿后活动。井工开采过程排放是指在煤炭井下采掘过程中，煤层甲烷伴随着煤层开采不断涌入煤矿巷道和采掘空间，并通过通风、抽气系统排放到大气中形成的甲烷排放。露天开采过程排放是指露天煤矿在煤炭开采过程中释放的和邻近暴露煤（地）层释放的甲烷。矿后活动排放是指煤炭加工、运输和使用过程，即煤炭的洗选、储存、运输及燃烧前的粉碎等过程中产生的甲烷排放。

④石油和天然气系统逃逸排放源界定。

石油和天然气系统甲烷逃逸排放是指油气从勘探开发到消费的全过程的甲烷排放，主要包括钻井、天然气开采、天然气的加工处理、天然气的输送、原油开采、原油输送、石油炼制、油气消费等活动，其中常规原油中伴生的天然气，随着开采活动也会产生甲烷的逃逸排放。我国油气系统逃逸排放源涉及的设施主要包括勘探和开发设备、天然气生产各类井口装置，集气系统的管线加热器和脱水器、加压站、注入站、计量站和调节站、阀门等附属设施，天然气集输、加工处理和分销使用的储气罐、处理罐、储液罐和火炬设施等，石油炼制装置，油气的终端消费设施等。

（2）温室气体排放种类识别

在所确定的核算边界范围内，对各类温室气体源进行识别，可按表 7-2 对各类温室气体源进行识别。

表 7-2　温室气体源与温室气体种类（不限于）

核算边界	温室气体源类型	排放源举例	
		排放源	温室气体种类
燃料燃烧排放	固定燃烧源	电站锅炉	CO_2
		燃气轮机	
		工业锅炉	
		熔炼炉	
	移动燃烧源	汽车	CO_2
		火车	
		船舶	
		飞机	
过程排放	生产过程排放源*	氧化铝回转炉	CO_2、CH_4、N_2O
		合成氨造气炉	
		水泥回转炉	
		水泥立窑	
	废弃物处理处置过程排放源	污水处理系统	CO_2、CH_4
	逸散排放源	矿坑	CO_4、SF_6
		天然气处理设施	
		变压器	
购入的电力与热力产生的排放	由报告主体外输入的电力、热力或蒸汽消耗源	电加热炉窑	CO_2、SF_6
		电动机系统	
		泵系统	
		风机系统	
		变压器、调压器	

续表

核算边界	温室气体源类型	排放源举例	
		排放源	温室气体种类
购入的电力与热力产生的排放	由报告主体外输入的电力、热力或蒸汽消耗源	压缩机械	CO_2、SF_6
		制热设备	
		制冷设备	
		交流电焊机	
		照明设备	
特殊排放	生物质燃料燃烧源	生物燃料汽车	CO_2、CH_4
		生物燃料飞机	
		生物质锅炉	
	产品隐含碳	钢铁产品	CO_2

注：*"生产过程排放源"在很多情况下也同时消耗能源，此处的分类更多关注其能够产生"过程排放"的属性，但在后续核算步骤中，也不应忽视其由于能源消耗引起的排放。

对企业温室气体核算边界内的排放源应单独识别，重点企业排放源识别详见7.2节。

7.1.6.2　核算方法

核算方法应选择能够得出准确、一致、可再现的结果的核算方法。报告主体应参照行业确定的核算方法进行核算；如果行业无确定的核算方法，则应在报告中对所采用的核算方法加以说明。如果核算方法有变化，报告主体应在报告中对变化进行说明，并解释变化原因。

核算方法包括两种类型：①计算（排放因子法和物料平衡法）；②实测。核算方法的选用应按照一定的优先级选取，选择核算方法可参考：①核算结果的数据准确度要求；②用于计算的数据的可获取情况；③排放源的可识别程度。

目前国家发展和改革委员会公布的24个指南采用的温室气体量化方法只包含排放因子法和物料平衡法，但2020年12月生态环境部发布的《管理办法（试行）》中明确指出，重点排放单位应当优先开展化石燃料低位热值和含碳量实测。

（1）排放因子法

温室气体（GHG）排放等于活动数据（AD）、排放因子（EF）和全球变暖潜能（GWP）的乘积。排放因子法计算温室气体排放量：

$$E_{\mathrm{GHG}}=AD_i \times \mathrm{EF}_{i,j} \times \mathrm{GWP}_j \quad (7\text{-}1)$$

式中，E_{GHG}——核算边界内的温室气体排放量，t CO_2e；

AD_i——第 i 种活动的温室气体活动数据，单位根据具体排放源确定；

$EF_{i,j}$——第 i 种活动的第 j 种温室气体排放因子，单位与活动数据的单位相匹配；

GWP_j——第 j 种温室气体的全球变暖潜能，数值参考 IPCC 提供的数据。

（2）物料平衡法

根据质量守恒定律，温室气体排放量等于输入物料中的含碳量减去输出物料中的含碳量：

$$E_{GHG}=\left[\sum\left(M_1\times CC_1\right)-\sum\left(M_0\times CC_0\right)\right]\times\omega\times \text{GWP} \tag{7-2}$$

式中，E_{GHG}——核算边界内的温室气体排放量，tCO_2e；

M_1——输入物料的量，单位根据具体排放源确定；

M_0——输出物料的量，单位根据具体排放源确定；

CC_1——输入物料的含碳量，单位与输入物料的量的单位相匹配；

CC_0——输出物料的含碳量，单位与输出物料的量的单位相匹配；

ω——碳质量转化为温室气体质量的转换系数；

GWP——全球变暖潜势，数值参考 IPCC 提供的数据。

（3）实测法

通过安装监测仪器、设备（如烟气排放连续监测系统，CEMS），并采用相关技术文件中要求的方法测量温室气体源排放到大气中的温室气体排放量。

7.1.6.3 数据的选择与收集

报告主体应根据所选定的核算方法的要求来选择和收集温室气体活动数据。报告主体应按照优先级由高到低的次序选择和收集数据（表 7-3、表 7-4）。

表 7-3 温室气体活动数据收集优先级

数据类型	描述	优先级
原始数据	直接计量、监测获得的数据	高
二次数据	通过原始数据折算获得的数据，如根据年度购买量及库存量的变化确定的数据；根据财务数据折算的数据等	中
替代数据	来自相似过程或活动的数据，如计算冷媒逸散量时可采取相似制冷设备的冷媒填充量等	低

表 7-4　报告主体数据及来源

温室气体排放源	数据来源
固定燃烧源	企业能源平衡表
移动燃烧源	企业能源平衡表
过程排放源	原料消耗表 水平衡表（废水量） 废水监测报表（BOD、COD 浓度） 财务报表（原料购买量 / 购买额）
逸散排放源	监测报表
购入电力、热力或蒸汽	企业能源平衡表 财务报表（相关销售额） 采购发票或凭证
生物燃料运输设备	企业能源平衡表 财务报表（生物燃料消耗量 / 运输货物重量、里程） 采购发票或凭证
固碳产品	产品产量表 财务报表（产值）

7.1.6.4　排放因子的选择与收集

①多个参数构成：如含碳量、氧化率等；

②单个参数构成：单位产品产生的排放量。

同一行业里的不同企业，由于受到生产条件及企业管理的影响，同一个过程的温室气体排放量并不一致。但通过大量的研究和验算，国家已经给出每一个生产过程的可供参考的排放因子。企业只需要收集各自的生产数据，利用已有的排放因子进行简单的乘法计算即可。

在获取温室气体排放因子时，应明确来源，有公信力、适用性、时效性。

温室气体排放因子获取优先级见表 7-5。

表 7-5　温室气体排放因子获取优先级

数据类型	描述	优先级
排放因子实测值或测算值	通过工业企业内的直接测量、能量平衡或物料平衡等方式得到的排放因子或相关参数	高
排放因子参考值	采用相关指南或文件中提供的排放因子	中

报告主体应对温室气体排放因子的来源做出说明。

7.1.6.5　计算和汇总温室气体排放量

报告主体应根据选定的核算方法对温室气体排放量进行计算。所有温室气体的排放量均应折算为二氧化碳当量。

（1）燃料燃烧排放

按照燃料种类分别计算其燃烧产生的温室气体排放量，并以二氧化碳当量为单位进行加合：

$$E_{燃烧}=\sum_{i} E_{燃烧,i} \tag{7-3}$$

式中，$E_{燃烧}$——燃料燃烧产生的温室气体排放量总和，tCO_2e；

$E_{燃烧,i}$——第 i 种燃料燃烧产生的温室气体排放量，tCO_2e。

（2）过程排放

按照过程分别计算其产生的温室气体排放量，并以二氧化碳当量为单位进行加合：

$$E_{过程}=\sum_{i} E_{过程,i} \tag{7-4}$$

式中，$E_{过程}$——过程温室气体排放量总和，tCO_2e；

$E_{过程,i}$——第 i 个过程产生的温室气体排放量，tCO_2e。

（3）购入的电力、热力产生的排放

购入的电力、热力产生的二氧化碳排放通过报告主体购入的电力量、热力量与排放因子的乘积获得：

$$E_{购入电}=AD_{购入电}\times \mathrm{EF}_{电}\times \mathrm{GWP} \tag{7-5}$$

$$E_{购入热}=AD_{购入热}\times \mathrm{EF}_{热}\times \mathrm{GWP} \tag{7-6}$$

式中，$E_{购入电}$——购入的电力所产生的二氧化碳排放量，tCO_2；

$AD_{购入电}$——购入的电力量，MW · h；

$\mathrm{EF}_{电}$——电力生产排放因子，tCO_2/（MW · h）；

$E_{购入热}$——购入的热力所产生的二氧化碳排放量，tCO_2；

$AD_{购入热}$——购入的热力量，GJ；

$\mathrm{EF}_{热}$——热力生产排放因子，tCO_2/GJ；

GWP——全球变暖潜势，数值可参考 IPCC 提供的数据。

（4）输出的电力、热力产生的排放

输出的电力、热力产生的二氧化碳排放通过报告主体输出的电力、热力量与排放因子的乘积获得

$$E_{输出电}=AD_{输出电}\times EF_{电}\times GWP \tag{7-7}$$

$$E_{输出热}=AD_{输出热}\times EF_{热}\times GWP \tag{7-8}$$

式中，$E_{输出电}$——输出的电力所产生的二氧化碳排放量，tCO_2；

$AD_{输出电}$——输出的电力量，MW·h；

$EF_{电}$——电力生产排放因子，tCO_2/（MW·h）；

$E_{输出热}$——输出的热力所产生的二氧化碳排放量，tCO_2；

$AD_{输出热}$——输出的热力量，GJ；

$EF_{热}$——热力生产排放因子，tCO_2/GJ；

GWP——全球变暖潜势，数值可参考 IPCC 提供的数据。

（5）温室气体排放总量

$$E=E_{燃烧}+E_{过程}+E_{购入电}+E_{购入热}-E_{输出电}-E_{输出热}-E_{回收利用} \tag{7-9}$$

式中，E——温室气体排放总量，tCO_2e；

$E_{燃烧}$——燃料燃烧产生的温室气体排放量总和，tCO_2e；

$E_{过程}$——过程温室气体排放量总和，tCO_2e；

$E_{购入电}$——购入的电力所产生的二氧化碳排放，tCO_2e；

$E_{购入热}$——购入的热力所产生的二氧化碳排放，tCO_2e；

$E_{输出电}$——输出的电力所产生的二氧化碳排放，tCO_2e；

$E_{输出热}$——输出的热力所产生的二氧化碳排放，tCO_2e；

$E_{回收利用}$——燃料燃烧、工艺过程产生的温室气体经回收作为生产原料自用或作为产品外供所对应的温室气体排放量，tCO_2e。

7.1.7　数据质量管理

报告主体应加强温室气体数据质量管理工作，包括但不限于：

①建立企业温室气体排放核算和报告的规章制度，包括负责机构和人员、工作流程和内容、工作周期和时间节点；指定专门人员负责企业温室气体排放核算和报告工作。

②根据各种类型温室气体排放源的重要程度进行等级划分，建立企业温室气体排放源一览表，对不同等级的排放源活动数据和排放因子数据的获取提出相应的要求。

③对现有监测条件进行评估，不断提高自身监测能力，并制订相应的监测计划，包括对活动数据的监测和对燃料低位发热值等参数的监测；定期对计量器具、监测设备和在线监测仪进行维护管理，并记录存档。

④建立健全温室气体排放数据记录管理体系，包括数据来源、数据获取时间及相关负责人等信息的记录管理；建立能源消耗台账记录。

⑤建立企业温室气体数据及文件保存和归档管理制度。

⑥建立企业温室气体排放报告内部审核制度，定期对温室气体排放数据进行交叉校验，对可能产生的数据误差风险进行识别，并提出相应的解决方案。

7.1.8 报告内容和格式

报告主体应按照附录 1 的格式对以下内容进行报告：

7.1.8.1 报告主体基本信息

报告主体基本信息应包括报告主体名称、单位性质、报告年度、所属行业、组织机构代码、法定代表人、填报负责人和联系人信息。

7.1.8.2 温室气体排放量

报告主体应报告在核算和报告期内温室气体排放总量，并分别报告燃料燃烧排放量以及净购入使用的电力、热力产生的排放量。

7.1.8.3 活动水平及其来源

报告主体应报告企业消耗的不同品种化石燃料及生物质混合燃料的净消耗量和相应的低位发热值。

如果企业生产其他产品，则应按照相关行业的企业温室气体排放核算和报告指南的要求报告其活动水平数据及来源。

7.1.8.4 排放因子及其来源

报告主体应报告消耗的各种化石燃料的单位热值含碳量和氧化率数据以及报告采用的电力排放因子和热力排放因子。

如果企业生产其他产品，则应按照相关行业的企业温室气体排放核算和报告指南的要求报告其排放因子数据及来源。

7.2 重点行业温室气体排放核算报告指南解读

本节结合我国碳市场上线交易行业发电企业及河北省代表性行业钢铁企业等特点，以我国发电企业及钢铁生产企业为例，对其温室气体排放核算报告指南进行解读分析。

7.2.1 发电企业

7.2.1.1 适用范围

适用我国发电企业温室气体排放量的核算和报告。

其中："发电企业"主要是从事发电的企业。

7.2.1.2 核算边界

报告主体应以企业法人或视同法人的独立核算单位为边界，核算和报告其生产系统产生的温室气体排放。如报告主体除电力生产外还存在其他产品生产活动且存在温室气体排放的，则应参照相关行业企业的温室气体排放核算和报告指南核算并报告。

7.2.1.3 排放源和气体种类确定

发电企业的温室气体核算和报告范围包括化石燃料燃烧产生的二氧化碳排放、脱硫过程的二氧化碳排放、企业净购入使用电力产生的二氧化碳排放。

企业厂界内生活耗能导致的排放原则上不在核算范围内。

发电企业的温室气体核算和报告范围如图 7-4 所示。

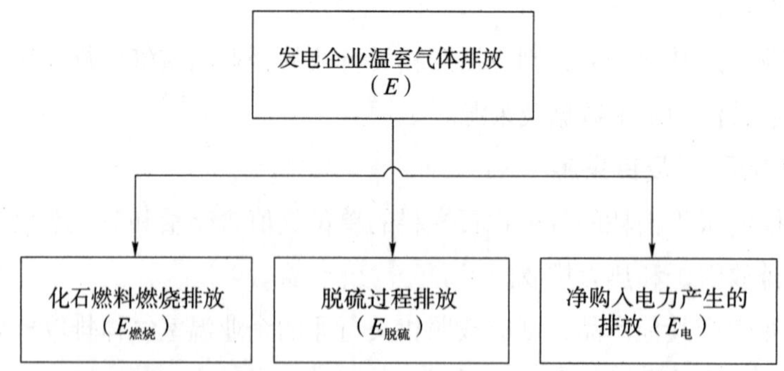

注：发电企业不考虑使用购入的热力排放。

图 7-4 发电企业的温室气体核算和报告范围

发电企业的温室气体核算和报告的排放源见表 7-6。

表 7-6 发电企业的温室气体核算和报告的排放源

排放活动		排放设施	备注
化石燃料燃烧排放	煤炭、天然气、汽油、柴油、液化石油气等化石燃料在各种类型的固定或移动燃烧设备中发生氧化燃烧过程产生的二氧化碳排放	主要生产系统：锅炉、燃气轮机；辅助生产系统：运输车辆；附属生产系统：食堂灶具等	对于生物质混合燃料燃烧发电的二氧化碳排放，仅统计混合燃料中化石燃料（如燃煤）的二氧化碳排放；对于垃圾焚烧发电引起的二氧化碳排放，仅统计发电中使用化石燃料（如燃煤）的二氧化碳排放
脱硫过程排放	脱硫剂（碳酸盐）分解产生的二氧化碳排放	脱硫塔	只有消耗碳酸盐的脱硫过程才排放二氧化碳
净购入电力产生的排放	消费的购入电力所对应的二氧化碳排放	生产系统的用电设施	发电企业的自发电量和自产热量不进行扣除

火电厂工艺流程示意如图 7-5 所示。

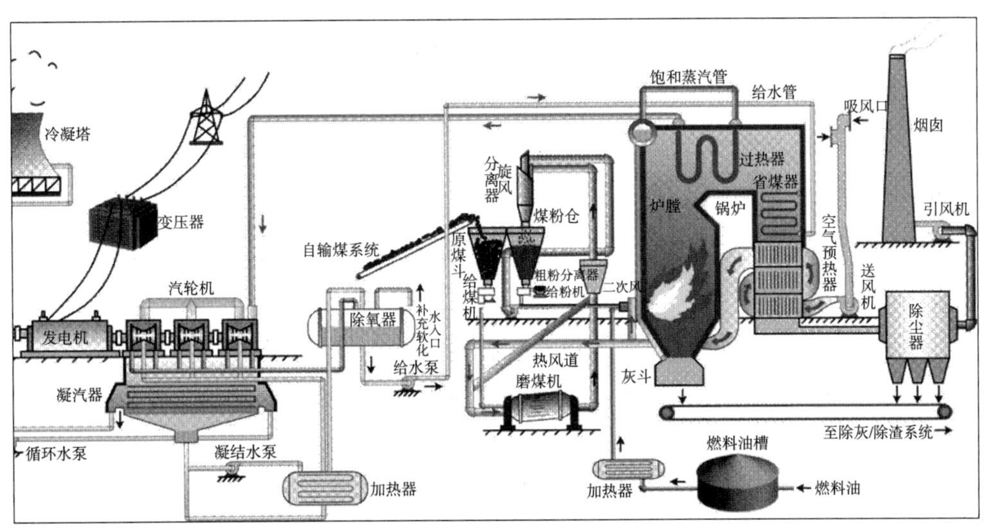

图 7-5 火电厂工艺流程示意

7.2.1.4 核算方法

$$E=E_{燃烧}+E_{脱硫}+E_{电} \tag{7-10}$$

式中，E——二氧化碳排放总量，tCO_2；

$E_{燃烧}$——燃烧化石燃料（包括发电及其他排放源使用化石燃料）产生的二氧化碳排放量，tCO_2；

$E_{脱硫}$——脱硫过程产生的二氧化碳排放量，tCO_2；

$E_{电}$——净购入使用电力产生的二氧化碳排放量，tCO_2。

（1）化石燃料燃烧排放

化石燃料燃烧产生的二氧化碳排放：

$$E_{燃烧}=\sum_i \left(AD_i \times \mathrm{EF}_i\right) \tag{7-11}$$

式中，$E_{燃烧}$——化石燃料燃烧的二氧化碳排放量，tCO_2；

AD_i——第 i 种化石燃料活动水平，TJ；

EF_i——第 i 种燃料的排放因子，tCO_2/TJ；

i——化石燃料的种类。

①活动水平数据及来源。

第 i 种化石燃料的活动水平 AD_i：

$$AD_i = FC_i \times NCV_i \times 10^{-6} \tag{7-12}$$

式中，AD_i——第 i 种化石燃料的活动水平，TJ；

FC_i——第 i 种化石燃料的消耗量，$t/10^3Nm^3$；

NCV_i——第 i 种化石燃料的平均低位发热值，kJ/kg 或 kJ/Nm^3；

i——化石燃料的种类。

• 化石燃料的消耗量。

根据核算和报告期内企业能源消费台账或统计报表来确定，为企业能源实际测量获得的结果。例如：

固态燃料（如燃煤）：计量仪器（如电力皮带秤）直接测量；

液态燃料（如柴油）：液态流量计计量体积量，并通过与燃料密度相乘的方法推算消耗量；

气态燃料（如天然气）：可通过气态流量计直接获取。

• 化石燃料的平均低位发热量。

检测标准：《煤的发热量测定方法》（GB/T 213—2008）、《火力发电厂燃料试验方法　第 8 部分：燃油发热量的测定》（DL/T 567.8—2016）、《天然气　发热量、密度、相对密度和沃泊指数的计算方法》（GB/T 11062—2020/ISO 6976：2016）。

实测检测频次：

对于燃煤：测量入炉煤，每天至少一次。燃煤年平均低位发热值由日平均低位热值加权平均计算得到，其权重是燃煤日消耗量。

注：对于自备电厂的燃煤，如果上述数据无法获得，可采用入厂煤低位发热值的加权平均值，权重是每批次的入厂煤量。

对于燃油：按每批次测量，或采用与供应商交易结算合同中的年度平均低位发热值。燃油年平均低位发热值由每批次燃油平均低位热值加权平均计算得到，其权重为每批次燃油消耗量。

对于天然气：天然气的低位发热值企业可以自行测量，也可由燃料供应商提供，每月至少一次。天然气年平均低位发热值由月平均低位热值加权平均计算得到，其权重为天然气月消耗量。

对于其他气体：低位发热值参考对应检测校准，可以自行测量，也可由燃料供应商提供，每月至少一次。年平均低位发热值由月平均低位热值加权平均计算得到，其权重为气体月消耗量。

检测设备：量热仪等。要点包括：a. 燃煤收到基低位发热量；b. 年平均低位发热值由日平均低位热值加权平均计算得到，其权重是燃煤日消耗量。

若燃料低位发热量检测标准或者检测频次不符合要求，则参考表 7-7 对应燃料的缺省值。

对于燃煤的低位发热量，如果没有实测值，可采用《自备电厂补充数据表》中的说明 3 中给出的缺省值（表 7-7）。

对于电厂使用的外购的高炉煤气和转炉煤气等，发电指南和国家标准无对应缺省值，煤气一般来自钢铁生产企业，可参考表 7-7 规定的缺省值。

表 7-7 常用化石燃料相关参数缺省值

燃料品种		计量单位	低位发热量 /（GJ/t 或 GJ/ 万 Nm^3）	单位热值含碳量 /（tC/TJ）	燃料碳氧化率 /%
固体燃料	无烟煤	t	20.304	27.49	94
	烟煤	t	19.570	26.18	93
	褐煤	t	14.080	28.00	96
	洗精煤	t	26.344	25.40	90
	其他洗煤	t	8.363	25.40	90
	其他煤制品	t	17.460	33.60	90
	焦炭	t	28.447	29.50	93

续表

燃料品种		计量单位	低位发热量 /（GJ/t 或 GJ/ 万 Nm^3）	单位热值含碳量 /（tC/TJ）	燃料碳氧化率 /%
液体燃料	原油	t	41.816	20.10	98
	燃料油	t	41.816	21.10	98
	汽油	t	43.070	18.90	98
	柴油	t	42.652	20.20	98
	一般煤油	t	44.750	19.60	98
	液化天然气	t	41.868	17.20	98
	液化石油气	t	50.179	17.20	98
	焦油	t	33.453	22.00	98
	粗苯	t	41.816	22.70	98
	航空汽油	t	44.300	19.1	100
	航空煤油	t	44.100	19.5	100
	其他石油产品	t	40.9	20.0	98
气体燃料	焦炉煤气	万 m^3	173.540	12.10	99
	高炉煤气	万 m^3	33.000	70.80	99
	转炉煤气	万 m^3	84.000	49.60	99
	其他煤气	万 m^3	52.270	12.20	99
	天然气	万 m^3	389.31	15.30	99
	炼厂干气	万 m^3	45.998	18.20	99

注：①若企业直接购入炼焦煤、动力煤应将其购入量按表中所列煤种拆分。

②洗精煤、原油、燃料油、汽油、柴油、液化石油气、天然气、炼厂干气、粗苯和焦油的低位发热量源于《中国能源统计年鉴 2012》，其他燃料的低位发热量源于《中国温室气体清单研究》《公共机构能源资源消耗统计制度》。

③粗苯的单位热值含碳量源于国际钢协数据，焦油、焦炉煤气、高炉煤气和转炉煤气的单位热值含碳量源于《2006 年 IPCC 国家温室气体清单指南》，其他燃料的单位热值含碳量源于《省级温室气体清单编制指南（试行）》。

②排放因子数据及来源。

第 i 种化石燃料排放因子 EF_i 的计算：

$$\mathrm{EF}_i = CC_i \times OF_i \times \frac{44}{12} \tag{7-13}$$

式中，EF_i——第 i 种化石燃料的排放因子，tCO_2/TJ；

CC_i——第 i 种化石燃料的单位热值含碳量，tC/TJ；

OF_i——第 i 种化石燃料的碳氧化率，%；

$\frac{44}{12}$——二氧化碳与碳的分子量之比。

• 化石燃料的单位热值含碳量。

对于燃煤的单位热值含碳量，企业应每天采集缩分样品，每月的最后一天将该月每天获得的缩分样品混合，测量其元素碳含量。具体测量标准应符合《煤中碳和氢的测定方法》（GB/T 476—2008）。燃煤平均单位热值含碳量按下式计算：

$$CC_{煤} = \frac{C_{煤} \times 10^6}{NCV_{煤}} \tag{7-14}$$

式中，$CC_{煤}$——燃煤的月平均单位热值含碳量，tC/TJ；

$NCV_{煤}$——燃煤的月平均低位发热值，kJ/kg；

$C_{煤}$——燃煤的月平均元素含碳量，%。

注：代入计算的应为入炉煤收到基的元素碳含量；代入计算的应为入炉煤收到基的元素碳含量，企业自测的燃煤含碳量一般为固定碳含量。

若燃煤单位热值含碳量检测方法、检测标准不符合要求，或者检测频次不符合要求，则采用 MRV 平台专家推荐值 33.56 tC/TJ。

• 碳氧化率（建议选取缺省值）。

燃煤机组的碳氧化率的计算：

$$OF_{煤} = 1 - \frac{\left(G_{渣} \times C_{渣} + G_{灰} \times C_{灰} / \eta_{除尘}\right) \times 10^6}{FC_{煤} \times NCV_{煤} \times CC_{煤}} \tag{7-15}$$

式中，$OF_{煤}$——燃煤的碳氧化率，%；

$G_{渣}$——全年的炉渣产量，t；

$C_{渣}$——炉渣的平均含碳量，%；

$G_{灰}$——全年的飞灰产量，t；

$C_{灰}$——飞灰的平均含碳量，%；

$\eta_{除尘}$——除尘系统平均除尘效率，%；

$FC_{煤}$——燃煤的消耗量，t；

$NCV_{煤}$——燃煤的平均低位发热值，kJ/kg；

$CC_{煤}$——燃煤单位热值含碳量，tC/TJ。

（2）脱硫过程排放

对于燃煤机组，应考虑脱硫过程的二氧化碳排放，通过碳酸盐的消耗量乘以排放因子得出。

$$E_{脱硫}=\sum_{k} CAL_k \times \mathrm{EF}_k \tag{7-16}$$

式中，$E_{脱硫}$——脱硫过程的二氧化碳排放量，t；

CAL_k——第 k 种脱硫剂中碳酸盐消耗量，t；

EF_k——第 k 种脱硫剂中碳酸盐的排放因子，tCO_2/t；

k——脱硫剂类型。

注：识别企业脱硫过程采用的工艺及采用的脱硫剂，如采用海水脱硫、氨水脱硫法或者使用废碱等非碳酸盐作为脱硫剂，则不需要核算脱硫过程二氧化碳排放。

①活动水平数据及来源。

脱硫剂中碳酸盐年消耗量计算：

$$CAL_{k,y}=\sum_{m} B_{k,m} \times I_k \tag{7-17}$$

式中，$CAL_{k,y}$——脱硫剂中碳酸盐在全年的消耗量，t；

$B_{k,\mathrm{m}}$——脱硫剂在全年某月的消耗量，t；

I_k——脱硫剂中碳酸盐含量，%；

y——核算和报告年；

k——脱硫剂类型；

m——核算和报告年中的某月。

脱硫过程所使用的脱硫剂（如石灰石等）的消耗量可通过每批次或每天测量值加和得到，记录每个月的消耗量。若企业没有进行测量或者测量值不可得时可使用结算发票替代。

脱硫剂中碳酸盐含量取缺省值 90%。有条件的企业可以自行或委托有资质的专业机构定期检测。

②排放因子数据及来源。

脱硫过程排放因子的计算：

$$\mathrm{EF}_k=\mathrm{EF}_{k,t} \times TR \tag{7-18}$$

式中，EF_k——脱硫过程的排放因子，tCO_2/t；

$\mathrm{EF}_{k,t}$——完全转化时脱硫过程的排放因子，tCO_2/t；

TR——转化率，%。

完全转化时脱硫过程的排放因子参见表 7-8。脱硫过程的转化率取 100%。

表 7-8 碳酸盐的温室气体排放因子

碳酸盐	排放因子 /（tCO_2/t 碳酸盐）
$CaCO_3$	0.440
$MgCO_3$	0.552
Na_2CO_3	0.415
$BaCO_3$	0.223
Li_2CO_3	0.596
K_2CO_3	0.318
$SrCO_3$	0.298
$NaHCO_3$	0.524
$FeCO_3$	0.380

（3）净购入使用电力产生的排放

对于净购入使用电力产生的二氧化碳排放，用净购入电量乘以该区域电网平均供电排放因子得出。

$$E_{电}=AD_{电}\times \mathrm{EF}_{电} \tag{7-19}$$

式中，$E_{电}$——净购入使用电力产生的二氧化碳排放量，t；

$AD_{电}$——企业的净购入电量，MW · h；

$\mathrm{EF}_{电}$——区域电网年平均供电排放因子，tCO_2/（MW · h），见表 7-9。

表 7-9 区域电网年平均供电排放因子

电网名称	覆盖的地理范围	二氧化碳排放 / [tCO_2/（MW · h）]		
		2010 年	2011 年	2012 年
华北区域网	北京市、天津市、河北省、山西省、山东省、蒙西（除赤峰、通辽、呼伦贝尔和兴安盟外的内蒙古自治区其他地区）	0.884 5	0.896 7	0.884 3
东北区域网	辽宁省、吉林省、黑龙江省、蒙东（赤峰、通辽、呼伦贝尔和兴安盟）	0.804 5	0.818 7	0.776 9
华东区域网	上海市、江苏省、浙江省、安徽省、福建省	0.718 2	0.712 9	0.703 5
华中区域网	河南省、湖北省、湖南省、江西省、四川省、重庆市	0.567 6	0.595 5	0.525 7

续表

电网名称	覆盖的地理范围	二氧化碳排放 / [tCO_2/（MW·h）]		
		2010 年	2011 年	2012 年
西北区域网	陕西省、甘肃省、青海省、宁夏回族自治区、新疆维吾尔自治区	0.695 8	0.686 0	0.667 1
南方区域网	广东省、广西壮族自治区、云南省、贵州省、海南省	0.596 0	0.574 8	0.527 1

7.2.1.5 案例分析

①某发电企业 2018 年燃烧消耗烟煤 2 916 029 t、柴油 32.06 t、汽油 61.40 t，其中 2018 年烟煤平均低位发热值的实测值为 19.172 GJ/t（表 7-10），其他数据均无实测值，问该企业 2018 年化石燃料燃烧排放了多少 tCO_2？

表 7-10 发电企业消耗燃料及热值参数

燃煤种类	消耗量	低位发热量	单位热值含碳量	碳氧化率	排放量
	A	B	C	D	E=A×B×C×D×44/12
	t	GJ/t	tC/GJ		tCO_2
烟煤	2 916 029.00	19.172	0.0335 6	100%	6 879 432.94
柴油	32.06	42.652	0.020 2	98%	99.25
汽油	61.40	43.070	0.018 9	98%	179.60
合计					6 879 711.79

②某发电企业 2018 年脱硫消耗碳酸钙 145 000 t（表 7-11），且碳酸盐含量没有测量，问该企业 2018 年脱硫过程排放了多少 tCO_2？

表 7-11 发电企业脱硫消耗参数

脱硫剂消耗量 / t	碳酸盐含量	脱硫过程的排放因子 /（tCO_2/t）	脱硫过程的转化率	排放量
A	B	C	D	E=A×B×C×D
145 000.00	90%	0.44	100%	57 420.00

7.2.1.6 问题解答

问题 1：检验机构无法按 GB 476 进行检定，采用其他国标及电力行业标准进行检定，如：《燃料元素的快速分析方法》（DL/T 568—2013）、《煤的元素分析》（GB/T 31391—2015）等标准出具的煤质分析报告，是否可以作为核查的煤中碳元素含量的基础数据使用？

解答：是，《煤的元素分析》（GB/T 31391—2015）中提到了碳的测定方法为《煤中碳和氢的测定方法》（GB/T 476—2008）和《煤中碳氢氮的测定　仪器法》（GB/T 30733—2014），使用《煤的元素分析》（GB/T 31391—2015）标准相当于使用了 GB/T 476—2008 或 GB/T 30733—2014，GB/T 476—2008 和 GB/T 30733—2014 可以作为元素碳含量的测定标准，另外，电力行业标准《燃料元素的快速分析方法》（DL/T 568—2013）也可以作为元素碳含量的测定标准。即检验机构按照《燃料元素的快速分析方法》（DL/T 568—2013）和《煤的元素分析》（GB/T 31391—2015）等标准出具的煤质分析报告，可以作为核查的煤中碳元素含量的基础数据使用。

问题 2：《中国发电企业温室气体排放核算方法与报告指南（试行）》要求，对于企业法人边界的燃煤的低位发热值，应采用实测值，如果企业没有实测值，采取哪个值？

解答：根据《关于做好 2019 年度碳排放报告与核查及发电行业重点排放单位名单报送相关工作的通知》（环办气候函〔2019〕943 号），如 2019 年如果没有实测值，可采用补充数据表给出的缺省值。从 2020 年起，对于燃煤低位发热值缺省值将采用惩罚性缺省值。

问题 3：在火力发电企业的生产过程中，一条输煤皮带供 4 台机组，取样是在输煤皮带进行取样。这样就只能 4 台机就一个煤粉样本。此煤粉样本就代表 4 台机，4 台机的低位发热量的化验值就一个，且 4 台机数值相等；收到基的元素碳的化验值也是 4 台机一个。用这个化验值填报，核查是否认可？

解答：如果煤的低位发热量的测量方法符合相关标准，测量频率为每天至少一次，则该数据在核查时是可以被认可的。如果煤的单位热值含碳量符合核算指南中取样要求和测试方法，则该数据在核查时是可以被认可的。

7.2.2 钢铁生产企业

7.2.2.1 适用范围

适用我国钢铁生产企业温室气体排放量的核算和报告。其中，钢铁生产企业主要是针对从事黑色金属冶炼、压延加工及制品生产的企业。

若钢铁生产企业生产其他产品，且生产活动存在温室气体排放，则应按照相应行业的企业温室气体排放核算和报告指南核算，一并报告。例如，钢焦一体企业，焦化工序应按照焦化企业核算指南核算；自备电厂，应按照发电企业核算指南核算。

7.2.2.2 核算边界

纳入碳交易的钢铁企业可能包括钢铁行业、自备电厂、化工等行业单元，需分别按照发电行业指南、钢铁行业指南和化工行业指南核算，具体钢铁企业二氧化碳（CO_2）排放单元和排放源识别如图 7-6 所示。

钢铁生产企业的温室气体排放源如下：

（1）燃料燃烧排放

净消耗的化石燃料燃烧产生的 CO_2 排放，包括钢铁生产企业内固定源排放（如焦炉、烧结机、高炉、工业锅炉等固定燃烧设备），以及用于生产的移动源排放（如运输用车辆及厂内搬运设备等）。

（2）工业生产过程排放

钢铁生产企业在烧结、炼铁、炼钢等工序中由于其他外购含碳原料（如电极、生铁、铁合金、直接还原铁等）和熔剂的分解和氧化产生的 CO_2 排放（如石灰石、白云石、菱镁石等碳酸盐分解消耗）。

（3）固碳产品隐含的排放

钢铁生产过程中有少部分碳固化在企业生产的生铁、粗钢等外销产品中，还有一小部分碳固化在以副产煤气为原料生产的甲醇等固碳产品中。这部分固化在产品中的碳所对应的二氧化碳排放应予以扣除。固碳产品包括钢材、钢坯、生铁、废钢、外供焦炭，深度加工生产的苯、芳烃，外供高炉煤气、转炉煤气、焦炉煤气等所有最终外供的含碳产品。

（4）净购入使用的电力、热力产生的排放

企业净购入电力和净购入热力（如蒸汽）隐含产生的 CO_2 排放。该部分排放实际发生在电力、热力生产企业。

钢铁生产企业温室气体排放及核算边界如图 7-7 所示。

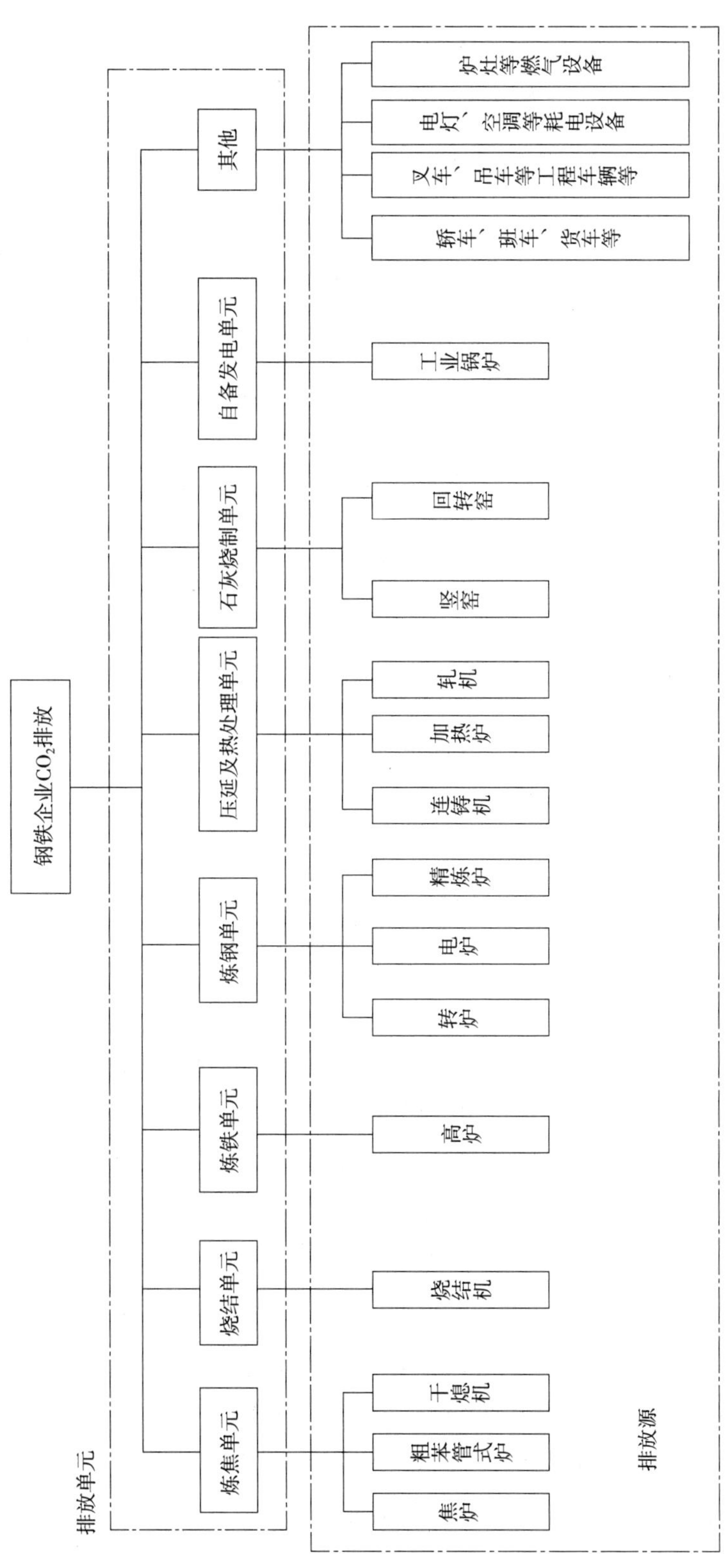

图 7–6　钢铁企业二氧化碳（CO_2）排放单元和排放源识别

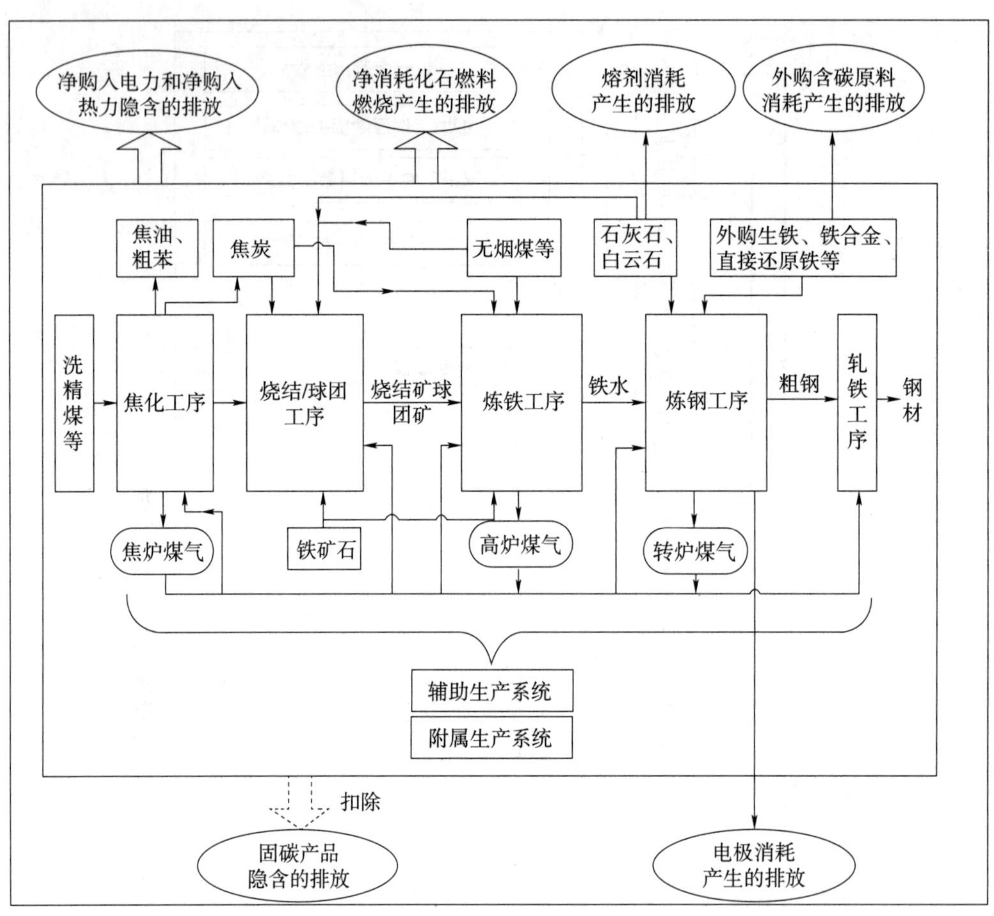

图 7-7 钢铁生产企业温室气体排放及核算边界

7.2.2.3 核算方法

钢铁生产企业的 CO_2 排放总量等于企业边界内所有的化石燃料燃烧排放量、工业生产过程排放量及企业净购入电力和净购入热力隐含产生的 CO_2 排放量之和，还应扣除固碳产品隐含的排放量计算：

$$E=E_{燃烧}+E_{过程}+E_{电力}+E_{热力}-E_{固碳} \tag{7-20}$$

式中， E——企业 CO_2 排放总量，tCO_2；

$E_{燃烧}$——企业所有净消耗化石燃料燃烧活动产生的 CO_2 排放量，tCO_2；

$E_{过程}$——企业工业生产过程产生的 CO_2 排放量，tCO_2；

$E_{电力}$、$E_{热力}$——企业净购入电力和净购入热力产生的 CO_2 排放量，tCO_2；

$E_{固碳}$——企业固碳产品隐含的 CO_2 排放量，tCO_2。

钢铁生产企业温室气体相关排放活动见表 7-12。

表 7-12 钢铁生产企业温室气体相关排放活动

二氧化碳排放范围（排放活动）		涉及物料	二氧化碳排放单元	二氧化碳排放设备
直接排放	燃料燃烧	煤炭、焦炭、燃油、高炉煤气、焦炉煤气、转炉煤气、天然气等	石灰烧制	石灰窑
			自备电厂发电	发电锅炉
			钢铁生产	烧结点火、烧结机头烟气、球团设备、焦化燃烧室、高炉热风炉、高炉、转炉、加热炉、锅炉等
	碳酸盐分解	石灰石	石灰烧制	石灰窑、高炉
			钢铁生产	
	炼焦	一定配比的煤炭	钢铁生产	炼焦炉
	炼铁	煤粉、焦粉等	钢铁生产	烧结设备
		含碳熔剂等		球团设备
		炼铁使用的含碳还原剂		高炉
		含碳熔剂		高炉
	炼钢	炼钢中的生铁等		转炉、电炉、精炼炉
间接排放	外购电力、热力	电力、热力	所有涉及外购电力使用的排放单元	所有涉及设备

（1）燃料燃烧排放

①计算公式。

燃料燃烧活动产生的 CO_2 排放量是企业核算和报告期内各种燃料燃烧产生的 CO_2 排放量的加总：

$$E_{燃烧}=\sum_{i=1}^{n} AD_i \times \mathrm{EF}_i \tag{7-21}$$

式中，$E_{燃烧}$——核算和报告期内净消耗化石燃料燃烧产生的 CO_2 排放量，tCO_2；

AD_i——核算和报告期内第 i 种化石燃料的活动水平，GJ；

EF_i——第 i 种化石燃料的二氧化碳排放因子，tCO_2/GJ；

i——净消耗化石燃料的类型。

②活动水平数据获取。

根据核算和报告期内各种化石燃料购入量、外销量、库存变化量以及除钢铁生产之外的其他消耗量来确定各自的净消耗量。

净消耗量 = 购入量 +（期初库存量 - 期末库存量）钢铁生产之外的其他消耗量 - 外销量 （7-22）

化石燃料购入量、外销量采用采购单或销售单等结算凭证上的数据，库存变化量采用计量工具读数或其他符合要求的方法来确定，钢铁生产之外的其他消耗量依据企业能源平衡表获取。

企业可选择采用提供的化石燃料平均低位发热量缺省值。具备条件的企业可开展实测，或委托有资质的专业机构进行检测，也可采用与相关方结算凭证中提供的检测值。如采用实测，化石燃料低位发热量检测应遵循《煤的发热量测定方法》（GB/T 213—2008）、《石油产品热值测定法》（GB 384—81）、《天然气能量的测定》（GB/T 22723—2008）等相关标准。

（2）工业生产过程排放

①计算公式。

工业生产过程中产生的 CO_2 排放量计算：

$$E_{过程}=E_{熔剂}+E_{电极}+E_{原料} \quad (7\text{-}23)$$

• 熔剂消耗产生的 CO_2 排放。

$$E_{熔剂}=\sum_{i=1}^{n}P_i \times \mathrm{EF}_i \quad (7\text{-}24)$$

式中 $E_{熔剂}$——熔剂消耗产生的 CO_2 排放量，tCO_2；

P_i——核算和报告期内第 i 种熔剂的净消耗量，t；

EF_i——第 i 种熔剂的 CO_2 排放因子，tCO_2/t 熔剂；

i——消耗熔剂的种类（如白云石、石灰石等）。

• 电极消耗产生的 CO_2 排放。

$$E_{电极}=P_{电极} \times \mathrm{EF}_{电极} \quad (7\text{-}25)$$

式中 $E_{电极}$——电极消耗产生的 CO_2 排放量，tCO_2；

$P_{电极}$——核算和报告期内电炉炼钢及精炼炉等消耗的电极量，t；

$\mathrm{EF}_{电极}$——电炉炼钢及精炼炉等所消耗电极的 CO_2 排放因子，tCO_2/t 电极。

• 外购生铁等含碳原料消耗而产生的 CO_2 排放。

$$E_{原料}=\sum_{i=1}^{n} M_i \times EF_i \qquad (7-26)$$

式中 $E_{原料}$——外购生铁、铁合金、直接还原铁等其他含碳原料消耗而产生的 CO_2 排放量，tCO_2；

M_i——核算和报告期内第 i 种含碳原料的购入量，t；

EF_i——第 i 种购入含碳原料的 CO_2 排放因子，tCO_2/t 原料；

i——外购含碳原料类型（如生铁、铁合金、直接还原铁等）。

②活动水平数据获取。

含碳原料的购入量采用采购单等结算凭证上的数据，熔剂和电极的净消耗量采用如下公式计算：

净消耗量 = 购入量 +（期初库存量 - 期末库存量）钢铁生产之外的其他消耗量 - 外销量 （7-27）

③排放因子数据获取。

采用《国际钢铁协会二氧化碳排放数据收集指南（第六版）》中的相关缺省值作为熔剂、电极、生铁、直接还原铁和部分铁合金的 CO_2 排放因子，见表 7-13。

表 7-13 工业生产过程排放因子缺省值

名称	计量单位	CO_2 排放因子 /（tCO_2/t）
石灰石	t	0.440
白云石	t	0.471
电极	t	3.663
生铁	t	0.172
直接还原铁	t	0.073
镍铁合金	t	0.037
铬铁合金	t	0.275
钼铁合金	t	0.018

具备条件的企业也可委托有资质的专业机构进行检测或采用与相关方结算凭证中提供的检测值。石灰石、白云石排放因子检测应遵循《石灰石、白云石化学分析方法 二氧化碳量的测定》（GB/T 3286.9—1998）标准进行；含铁物质排放因子可由相对应的含碳量换算而得，含铁物质含碳量检测应遵循《钢铁

及合金　碳含量的测定　管式炉内燃烧后气体容量法》(GB/T 223.69—2008)、《钢铁及合金　总碳含量的测定　感应炉燃烧后红外吸收法》(GB/T 223.86—2009)、《铬铁和硅铬合金　碳含量的测定　红外线吸收法和重量法》(GB/T 4699.4—2008)、《硅铁　碳含量的测定　红外线吸收法》(GB/T 4333.10—2019)、《钨铁　碳含量的测定　红外线吸收法》(GB/T 7731.10—2021)、《钒铁　碳含量的测定　红外线吸收法及气体容量法》(GB/T 8704.1—2009)、《磷铁　碳含量的测定　红外线吸收法》(YB/T 5339—2015)、《磷铁　碳含量的测定　气体容量法》(YB/T 5340—2015)等相关标准。

(3)净购入使用的电力、热力产生的排放

①计算公式。

净购入的生产用电力、热力(如蒸汽)隐含产生的 CO_2 排放量计算:

$$E_{电和热}=AD_{电力}\times EF_{电力}+AD_{热力}\times EF_{热力} \tag{7-28}$$

式中　$E_{电和热}$——净购入生产用电力、热力隐含产生的 CO_2 排放量，tCO_2;

$AD_{电力}$、$AD_{热力}$——核算和报告期内净购入电量和热力量(如蒸汽量)，MW·h 和 GJ;

$EF_{电力}$、$EF_{热力}$——电力和热力(如蒸汽)的 CO_2 排放因子，tCO_2/(MW·h)和 tCO_2/GJ。

②活动水平数据获取。

根据核算和报告期内电力(或热力)供应商、钢铁生产企业存档的购售结算凭证以及企业能源平衡表，采用如下公式计算。

$$净购入电量(热力量)=购入量-钢铁生产之外的其他用电量(热力量)-外销量 \tag{7-29}$$

以质量单位计量的蒸汽可按下式转换为热量单位:

$$AD_{电力}=Ma_{w}\times(T_{w}-20)\times 4.186\,8\times 10^{-3} \tag{7-30}$$

$$AD_{热力}=Ma_{st}\times(En_{st}-83.74)\times 10^{-3} \tag{7-31}$$

式中　T_w——热水的温度，单位为℃;

Ma_w——热水的质量，t;

Ma_{st}——蒸汽的质量，t;

En_{st}——蒸汽所对应的温度、压力下每千克蒸汽的热焓，kJ/kg，饱和蒸汽和过热蒸汽的热焓可分别查阅焓值表得到。

（4）排放因子数据获取

企业层级外购电力排放因子采用区域电网排放因子。电力排放因子应根据企业生产地址及目前的东北、华北、华东、华中、西北、南方电网划分，选用国家主管部门最近年份公布的相应区域电网排放因子进行计算。

供热排放因子暂按 0.11 tCO_2/GJ 计，待政府主管部门发布官方数据后应采用官方发布数据并保持更新。

（5）固碳产品隐含的排放

①计算公式。

固碳产品所隐含的 CO_2 排放量计算：

$$R_{固碳}=\sum_{i=1}^{n} AD_{固碳}\times \mathrm{EF}_{固碳} \tag{7-32}$$

式中 $R_{固碳}$——固碳产品所隐含的 CO_2 排放量，tCO_2；

$AD_{固碳}$——第 i 种固碳产品的产量，t；

$\mathrm{EF}_{固碳}$——第 i 种固碳产品的 CO_2 排放因子，tCO_2/t，排放因子有缺省值；

i——固碳产品的种类（如粗钢、甲醇等）。

②活动水平数据获取。

根据核算和报告期内固碳产品外销量、库存变化量来确定各自的产量。外销量采用销售单等结算凭证上的数据，库存变化量采用计量工具读数或其他符合要求的方法来确定，采用如下公式计算。

$$产量=销售量+（期末库存量-期初库存量） \tag{7-33}$$

③排放因子数据获取。

企业可采用《国际钢铁协会二氧化碳排放数据收集指南（第六版）》中的缺省值作为生铁的 CO_2 排放因子，见表 7-14。粗钢的 CO_2 排放因子可采用表 7-14 中的缺省值。固碳产品的排放因子采用理论摩尔质量比计算得出，如甲醇的 CO_2 排放因子为 1.375 tCO_2/t 甲醇。

表 7-14 其他排放因子和参数缺省值

名称	单位	CO_2 排放因子
电力	$tCO_2/$（MW·h）	采用国家最新发布值
热力	tCO_2/GJ	0.11
粗钢	tCO_2/t	0.015 4
甲醇	tCO_2/t	1.375

④注意事项。

- 外供能源（高炉煤气、焦炉煤气、转炉煤气、焦炭等）。

$$固碳产品隐含的排放 = 活动水平数据（GJ）\times 单位热值含碳量（tC/GJ） \quad (7\text{-}34)$$

- 外供产品的固碳。

例如，碳输入：消耗外购废钢等含碳原料

碳输出：最终产品为粗钢的粗钢产量（钢坯或钢水）+ 钢材产量

其中：最终产品为粗钢的粗钢产量 = 粗钢产量 − 用于生产钢材的粗钢消耗量

7.2.2.4 难点解析

①如钢铁生产法人企业与其他法人企业间存在生产设备运行权转移形式，如设备租赁、承包等，由此产生的温室气体排放应纳入具有实际运营权法人企业的核算和报告。

②由于活性石灰主要成分为 CaO，高温下不再分解产生 CO_2，故不再考虑此部分熔剂消耗产生的 CO_2 排放。

③只生产生铁外售，不生产粗钢及下游产品的企业，目前并不纳入交易范围，不需要填写补充数据表。

④补充数据表计算排放强度以粗钢产量为基准。

⑤钢铁企业外销焦炉煤气、高炉煤气和转炉煤气应视为化石燃料，用“净”的概念，扣除外销煤气，计算其排放量。同时，在进行补充数据表填报时，使用“净”化石燃料燃烧所产生的排放量。

⑥对于钢铁企业炼焦用洗精煤和高炉炼铁中焦炭产生的碳排放量，把洗精煤当作化石燃料，按化石燃料燃烧计算排放。

⑦补充数据表中各工序需要扣除输出的化石燃料。分工序的净购入电力、热力是指分工序使用的电力热力。分工序的热力净外供可以为负。

⑧应尽可能根据企业计量数据报告各工序的排放量或者能源平衡表计算，如无计量数据或能源平衡表，建议采用企业技术人员的估算，配合理论计算综合考虑。

7.2.2.5 案例分析

长流程钢铁：长流程钢铁工艺的源头从铁矿石、原煤开始，高炉和转炉是关键的设备。审核思路如下：

（1）燃料燃烧排放

识别排放源：是否有高炉煤气、转炉煤气和焦炉煤气外供；炼焦产品如粗苯、蒽油等是否外售；按工序摸清各工序的物料消耗情况、全厂汽柴油消耗等；企业是否有低位发热值的化验，化验方法和仪器是否符合要求。

（2）工业生产过程排放

各生产工序中的含碳物料的消耗以及对应的化验数据，例如合金的消耗量以及合金的含碳量，包括废钢与生铁的使用量等。

（3）净购入使用的电力、热力产生的排放

是否有外供的电力与热力，同时查看企业消耗的电力与热力的数据，例如发票、结算单或者生产统计数据。

（4）固碳产品隐含的排放

以粗钢的产量进行统计，查看生产统计数据。

参考文献

[1] 赵晓飞.《石油和化学工业“十四五”发展指南》《中国石油和化学工业碳达峰与碳中和宣言》重磅发布——定调“十四五”，石化行业再绘新蓝图［J］. 中国石油和化工，2021（2）：32-35.

[2] 刘天乐，王宇飞. 低碳城市试点政策落实的问题及其对策［J］. 环境保护，2019，47（1）：39-42.

[3] 奚旺，袁钰. 东盟国家应对气候变化政策机制分析及合作建议［J］. 环境保护，2020，48（5）：18-23.

[4] 刘长松. 改革开放与中国实施积极应对气候变化国家战略［J］. 鄱阳湖学刊，2018（6）：21-27，124-125.

[5] 于占福，许季刚，周凯. 港口行业碳达峰与碳中和行动策略与路径初探［J］. 中国远洋海运，2021（7）：62-64.

[6] 司进，张运东，刘朝辉，等. 国外大石油公司碳中和战略路径与行动方案［J］. 国际石油经济，2021，29（7）：28-35.

[7] 田丹宇，郑文茹. 国外应对气候变化的立法进展与启示［J］. 气候变化研究进展，2020，16（4）：526-534.

[8] 龚微，贺惟君. 基于国家自主贡献的中国与东盟国家气候合作［J］. 东南亚纵横，2018（5）：65-72.

[9] 安岩，顾佰和，王毅，等. 基于自然的解决方案：中国应对气候变化领域的政策进展、问题与对策［J］. 气候变化研究进展，2021，17（2）：184-194.

[10] 张小全，谢茜，曾楠. 基于自然的气候变化解决方案［J］. 气候变化研究进展，2020，16（3）：336-344.

[11] 张友国. 碳达峰、碳中和工作面临的形势与开局思路［J］. 行政管理改革，2021（3）：77-85.

[12] 隋朝霞，孙曼丽，张丹. 碳中和目标对我国天然气行业影响分析及对策思考［J］. 天然气技术与经济，2021，15（3）：69-73.

[13] 张春晖，吴盟盟，张益臻. 碳中和目标下黄河流域产业结构对生态环境的影响及展望［J］. 环境与可持续发展，2021，46（2）：50-55.

[14] 张丽峰，刘思萌. 碳中和目标下京津冀碳排放影响因素研究——基于分位数回归和 VAR 模

型的实证分析［J］. 资源开发与市场，2021，37（9）：1025-1031.

［15］付朋霞，孟亚洁. 我国实现“双碳”目标面临的机遇与挑战［J］. 通信世界，2021（16）22-23.

［16］王慧英，王子瑶. 我国试点城市碳排放权交易的政策效应与影响机制［J］. 城市发展研究，2021，28（6）：133-140.

［17］朱震锋. 新形势下推动碳达峰、碳中和的根本遵循与行动路径［J］. 奋斗，2021（1）39-42.

［18］张冯雪. 生态文明视域下中国政府应对气候变化政策研究——基于2007—2016政策的文本分析［D］. 武汉：湖北工业大学，2018.

［19］宋德勇，夏天翔. 中国碳交易试点政策绩效评估［J］. 统计与决策，2019（11）157-160.

［20］王灿，丛建辉，王克，等. 中国应对气候变化技术清单研究［J］. 中国人口·资源与环境，2021，31（3）：1-12.

［21］禹湘，陈楠，李曼琪. 中国低碳试点城市的碳排放特征与碳减排路径研究［J］. 中国人口·资源与环境，2020，30（7）：1-9.

［22］Global Commission on Adaptation. Adapt Now：A Global Call for Leadership on Climate Resilience［R/OL］.（2019-09-13）［2020-09-24］. https: //cdn. gca. org/assets/2019-09/GlobalCommission_Report_FINAL. pdf.

［23］朱松丽，朱磊，赵小凡，等. “十二五”以来中国应对气候变化政策和行动评述［J］. 中国人口·资源与环境，2020，30（4）：1-8.

［24］赵小凡，李惠民，马欣. “十二五”以来中国应对气候变化的行政手段评估［J］. 中国人口·资源与环境，2020，30（4）：9-15.

［25］薄凡，庄贵阳. 中国气候变化政策演进及阶段性特征［J］. 阅江学刊，2018，10（6）：14-24.

［26］《第三次气候变化国家评估报告》编写委员会. 第三次气候变化国家评估报告：第2版［M］. 北京：科学出版社，2015.

［27］Peng P，Zhu L，Fan Y. Performance evaluation of climate policies in China：a study based on an integrated assessment model［J］. Journal of Cleaner Production，2017（164）：1068-1080.

［28］陈楠，庄贵阳. 中国低碳试点城市成效评估［J］. 城市发展研究，2018，25（10）：88-95.

［29］Li H M，Wang J，Yang X，et al. A holistic overview of the progress of China’s low-carbon city pilots［J］. Sustainable Cities and Society，2018（42）：289-300.

［30］付允，刘怡君，汪云林. 低碳城市的评价方法与支撑体系研究［J］. 中国人口·资源与环境，2010，20（8）：44-47.

[31] Yang X，Wang X C，Zhou Z Y. Development path of Chinese low-carbon cities based on index evaluation [J]. Advances in Climate Change Research，2018，9 (2)：144-153.

[32] Mohsin M，Rasheeda K，Sun H P，et al. Developing low carbon economies：an aggregated composite index based on carbon emissions [J]. Sustainable Energy Technologies and Assessments，2019 (35)：365-374.

[33] 杨卫华，李小立，孟海燕. 冀中南地区城市低碳经济发展评价 [J]. 中国人口·资源与环境，2014，24 (S3)：24-27.

[34] Pan W，Pan W L，Hu C，et al. Assessing the green economy in China：an improved framework [J]. Journal of Cleaner Production，2019 (209) 680-691.

[35] Duan Y，Mu H L，Li N，et al. Research on comprehensive evaluation of low carbon economy development level based on AHP-entropy method：a case study of Dalian [J]. Energy Procedia，2016 (104)：468-474.

[36] 世界银行. 世界银行数据库 [DB/OL]. [2020-09-24]. https: // databank. shihang. org/.

[37] Bp. Statistical review of world energy 2020 [R/OL]. [2020-09-24]. https: //www. bp. com/content/dam/bp/business-sites/en/global/corporate/pdfs/energy-economics/statistical review/bp-stats-review-2020-full-report. pdf.

[38] WHO. Air quality guidelines global update 2005：particulate matter，ozone，nitrogen dioxide and sulfur dioxide [R/OL]. (2006-08-12) [2020-09-24]. https: //www. euro. who. int/__data/assets/pdf_file/0005/78638/E90038. pdf.

[39] OECD. OECD statistics [DB/OL]. [2020-09-24]. https: //stats. oecd. org/Index. aspx?QueryId=65549.

[40] 中国电力企业联合会. 中国电力行业年度发展报告 2020 [M]. 北京：中国建材工业出版社，2020.

[41] 吕斌，康艳兵，赵盟. 推进国家低碳工业园区试点创建的思考与建议 [J]. 中国经贸导刊，2015 (10)：50-54.

[42] 李俊峰，柴麒敏，马翠梅，等. 中国应对气候变化政策和市场展望 [J]. 中国能源，2016，38 (1)：5-11，21.

[43] 林翎，郭慧婷，孙亮，等. 我国应对气候变化标准化发展和政策建议 [J]. 上海节能，2019 (2)：85-89.

[44] 杨雷，杨秀. 碳排放管理标准体系的构建研究 [J]. 气候变化研究进展，2018，14 (2)：281-286.

[45] Gao Y N，Li M，Xue J J，et al. Evaluation of effectiveness of China's carbon emissions trading

scheme in carbon mitigation［J］. Energy Economics，2020（90）：104872.

［46］Hu Y C，Ren S G，Wang Y J，et al. Can carbon emission trading scheme achieve energy conservation and emission reduction? Evidence from the industrial sector in China［J］. Energy Economics，2020（85）：104590.

［47］吕斌，廖虹云，康艳兵 . 深化国家低碳试点工作的思考与建议［J］. 中国经贸导刊，2017（22）：57-59.

［48］任亚运，程芳芳，傅京燕 . 中国低碳试点政策实施效果评估［J］. 环境经济研究，2020，5（1）：21-35.

［49］李慧明 . 绿色"一带一路"建设与中国在全球气候治理新形势下的国际责任［J］. 阅江学刊，2020，12（4）：16-26.

［50］马翠梅，王田 . 国家温室气体清单编制工作机制研究及建议［J］. 中国能源，2017，39（4）：20-24.

［51］Li H M，Zhao X F，Wu T，et al. The consistency of China's energy statistics and its implications for climate policy［J］. Journal of Cleaner Production，2018（199）：27-35.

［52］刘强，王崇举，李强 . 抓好"六个体系"建设推动我国气候投融资发展［J］. 宏观经济管理，2020（5）：70-77，90.

［53］Zhou K L，Li Y W. Carbon finance and carbon market in China：progress and challenges［J］. Journal of Cleaner Production，2019（214）：536-549.

［54］张雪艳，汪航，滕飞，等 . 新时期中国气候变化科技部署的格局与趋势评估［J］. 中国人口·资源与环境，2019，29（12）：19-25.

术语表

序号	名词	解释
1	温室气体	大气层中自然存在的和由于人类活动产生的，能够吸收和散发的，由地球表面、大气层和云层所产生的，波长在红外光谱内的辐射的气态成分。一般包括二氧化碳（CO_2）、甲烷（CH_4）、氧化亚氮（N_2O）、氢氟碳化物（HFCs）、全氟碳化物（PFCs）、六氟化硫（SF_6）和三氟化氮（NF_3）等
2	温室效应	是指透射阳光的密闭空间由于与外界缺乏热交换而形成的保温效应，太阳短波辐射可以透过大气射入地面，而地面增暖后放出的长波辐射被大气中的二氧化碳等物质所吸收，从而产生大气变暖
3	气候变化	根据《联合国气候变化框架公约》的定义，气候变化是指经过相当一段时间的观察，在自然气候变化之外由人类活动直接或间接地改变大气组成，并由此所引起的气候改变
4	全球气候变暖	温室效应不断积累，导致地气系统吸收与发射的能量不平衡，能量不断在地气系统累积，从而导致温度上升，造成全球气候变暖的现象
5	碳源	是指向大气中释放碳的过程、活动或机制。自然界中碳源主要是海洋、土壤、岩石与生物体。另外，工业生产、生活等都会产生二氧化碳等温室气体，这也是主要的碳排放源
6	碳足迹	是用来衡量人们在日常生活中排放的二氧化碳的一种方式，表示由企业机构或个人引起的温室气体排放量。是人类活动对于环境影响的一种量度，其产生的温室气体量，按二氧化碳的质量计
7	温室气体排放清单	以政府、企业等为单位计算其在社会和生产活动中各环节直接或者间接排放的温室气体，称作温室气体排放清单
8	碳捕集	主要由烟气预处理系统、吸收、再生系统、压缩干燥系统、制冷液化系统等组成
9	碳汇	是指通过植树造林、森林管理、植被恢复等措施，利用植物光合作用吸收大气中的二氧化碳，并将其固定在植被和土壤中，从而减少温室气体在大气中浓度的过程、活动或机制
10	碳强度	是指单位 GDP 的二氧化碳排放量。碳强度高低不表明效率高低。一般情况下，碳强度指标是随着技术进步和经济增长而下降的

续表

序号	名词	解释
11	碳交易	是为促进全球温室气体减排，减少全球二氧化碳排放所采用的市场机制。1997 年 12 月通过的《京都议定书》把市场机制作为解决以二氧化碳为代表的温室气体减排问题的新路径，即把二氧化碳排放权作为一种商品，从而形成了二氧化碳排放权的交易，简称碳交易
12	碳税	是指针对二氧化碳排放所征收的税。它以环境保护为目的，希望通过削减二氧化碳排放来减缓全球变暖。碳税通过对燃煤和石油下游的汽油、航空燃油、天然气等化石燃料产品，按其碳含量的比例征税来实现减少化石燃料消耗和二氧化碳排放
13	碳排放配额	是政府为完成控排目标采用的一种政策手段，即在一定的空间和时间内，将该控排目标转化为碳排放配额并分配给下级政府和企业，若企业实际碳排放量小于政府分配的配额，则企业可以通过交易多余碳排放配额，来实现碳排放配额在不同企业的合理分配，最终以相对较低的成本实现控制碳排放目标
14	自愿减排量	指控排企业向实施“碳抵销”活动的企业购买可用于抵销自身碳排的核证量
15	碳抵销	是指用于减少温室气体排放源或增加温室气体吸收汇，用来实现补偿或抵销其他排放源产生温室气体排放的活动，即控排企业的碳排放可用非控排企业使用清洁能源减少温室气体排放或增加碳汇来抵销。抵销信用由通过特定减排项目的实施得到减排量后进行签发，项目包括可再生能源项目、森林碳汇项目等
16	碳金融	为从碳减排权中获得能源效率和可持续发展的收益，全球开始建立碳资本与碳金融体系，碳排放权进一步衍生为具有投资价值和流动性的金融资产
17	碳补偿	是指个人或组织向二氧化碳减排事业提供相应资金，以充抵自己的二氧化碳排放量，它是现代人为减缓全球变暖所作的努力之一。利用这种环保方式，人们计算自己日常活动直接或者间接制造的二氧化碳排放量，并计算抵销这些二氧化碳所需的经济成本，然后个人付款给专门企业或机构，由他们通过植树或者其他环保项目抵销大气中相应的二氧化碳量
18	碳普惠	是对小微企业、社区家庭和个人的节能减碳行为进行具体量化和赋予一定价值，并建立起以商业激励、政策鼓励和核证减排量交易相结合的正向引导机制。二氧化碳当量作为碳普惠制核证减排的单位

续表

序号	名词	解释
19	低碳城市	是指在经济高速发展的前提下，以低碳的理念重新塑造城市，保持能源消耗和二氧化碳排放处于较低的水平，市民以低碳生活为理念和行为特征，政府公务管理层以低碳社会为建设标本和蓝图的城市。低碳城市目前已成为世界各地的共同追求，很多国际大都市以建设发展低碳城市为荣，关注和重视在经济发展过程中的碳排放最小化以及人与自然的和谐相处、人性的舒缓包容
20	低碳建筑	是指在建筑材料与设备制造、施工建造和建筑物使用的整个生命周期内，减少化石能源的使用，提高能效，降低二氧化碳排放量
21	清洁发展机制	《京都议定书》规定的三种灵活机制之一，目的是协助未列入附件一（为工业化发达国家）的缔约方实现可持续发展和有益于《联合国气候变化框架公约》的最终目标，并协助附件一所列缔约方实现遵守《京都议定书》第三条规定的其量化限制和减少排放的承诺。它是基于项目的机制，由附件一国家和非附件一国家之间进行合作。减排成本高的发达国家提供资金和先进技术，在低减排成本的发展中国家实施减排项目。发展中国家不承担减排义务
22	联合国政府间气候变化专门委员会（IPCC）	是一个附属于联合国的跨政府组织，在 1988 年由世界气象组织、联合国环境规划署合作成立，专责研究由人类活动所造成的气候变迁。会员限于世界气象组织及联合国环境规划署之会员国。 联合国政府间气候变化专门委员会本身并不进行研究工作，也不会对气候或其相关现象进行监察。其主要工作是发表与执行《联合国气候变化框架公约》有关的专题报告。联合国政府间气候变化专门委员会主要根据成员国间互相审查对方报告及已发表的科学文献来撰写报告

附　录

附录 1　政策文件

1.1　中共中央　国务院关于完整准确全面贯彻新发展理念做好碳达峰碳中和工作的意见

1.2　2030 年前碳达峰行动方案

1.3　碳排放权交易管理办法（试行）

1.4　碳排放权登记管理规则（试行）

1.5　碳排放权交易管理规则（试行）

1.6　碳排放权结算管理规则（试行）

附录 2　技术文件

2.1　企业温室气体排放核查指南（试行）

2.2　工业企业温室气体排放核算和报告通则

2.3　温室气体排放核算与报告要求　第 1 部分：发电企业

2.4　温室气体排放核算与报告要求　第 5 部分：钢铁生产企业

2.5　温室气体排放核算与报告要求　第 7 部分：平板玻璃生产企业

2.6　温室气体排放核算与报告要求　第 8 部分：水泥生产企业

2.7　中国发电企业温室气体排放核算方法与报告指南（试行）

2.8　中国钢铁生产企业温室气体排放核算方法与报告指南（试行）

2.9　中国平板玻璃生产企业温室气体排放核算方法与报告指南（试行）

2.10　中国水泥生产企业温室气体排放核算方法与报告指南（试行）

2.11　中国独立焦化企业温室气体排放核算方法与报告指南（试行）

2.12　重点行业建设项目碳排放环境影响评价试点技术指南（试行）

附录 1　政策文件

附录 1.1

中共中央　国务院关于完整准确全面贯彻新发展理念做好碳达峰碳中和工作的意见

（2021 年 9 月 22 日）

实现碳达峰、碳中和，是以习近平同志为核心的党中央统筹国内国际两个大局作出的重大战略决策，是着力解决资源环境约束突出问题、实现中华民族永续发展的必然选择，是构建人类命运共同体的庄严承诺。为完整、准确、全面贯彻新发展理念，做好碳达峰、碳中和工作，现提出如下意见。

一、总体要求

（一）指导思想。以习近平新时代中国特色社会主义思想为指导，全面贯彻党的十九大和十九届二中、三中、四中、五中全会精神，深入贯彻习近平生态文明思想，立足新发展阶段，贯彻新发展理念，构建新发展格局，坚持系统观念，处理好发展和减排、整体和局部、短期和中长期的关系，把碳达峰、碳中和纳入经济社会发展全局，以经济社会发展全面绿色转型为引领，以能源绿色低碳发展为关键，加快形成节约资源和保护环境的产业结构、生产方式、生活方式、空间格局，坚定不移走生态优先、绿色低碳的高质量发展道路，确保如期实现碳达峰、碳中和。

（二）工作原则

实现碳达峰、碳中和目标，要坚持“全国统筹、节约优先、双轮驱动、内外畅通、防范风险”原则。

——全国统筹。全国一盘棋，强化顶层设计，发挥制度优势，实行党政同责，压实各方责任。根据各地实际分类施策，鼓励主动作为、率先达峰。

——节约优先。把节约能源资源放在首位，实行全面节约战略，持续降低单位产出能源资源消耗和碳排放，提高投入产出效率，倡导简约适度、绿色低碳生活方式，从源头和入口形成有效的碳排放控制阀门。

——双轮驱动。政府和市场两手发力，构建新型举国体制，强化科技和制度创新，加快绿色低碳科技革命。深化能源和相关领域改革，发挥市场机制作用，形成有效激励约束机制。

——内外畅通。立足国情实际，统筹国内国际能源资源，推广先进绿色低碳技术和经验。统筹做好应对气候变化对外斗争与合作，不断增强国际影响力和话语权，坚决维护我国发展权益。

——防范风险。处理好减污降碳和能源安全、产业链供应链安全、粮食安全、群众正常生活的关系，有效应对绿色低碳转型可能伴随的经济、金融、社会风险，防止过度反应，确保安全降碳。

二、主要目标

到 2025 年，绿色低碳循环发展的经济体系初步形成，重点行业能源利用效率大幅提升。单位国内生产总值能耗比 2020 年下降 13.5%；单位国内生产总值二氧化碳排放比 2020 年下降 18%；非化石能源消费比重达到 20% 左右；森林覆盖率达到 24.1%，森林蓄积量达到 180 亿立方米，为实现碳达峰、碳中和奠定坚实基础。

到 2030 年，经济社会发展全面绿色转型取得显著成效，重点耗能行业能源利用效率达到国际先进水平。单位国内生产总值能耗大幅下降；单位国内生产总值二氧化碳排放比 2005 年下降 65% 以上；非化石能源消费比重达到 25% 左右，风电、太阳能发电总装机容量达到 12 亿千瓦以上；森林覆盖率达到 25% 左右，森林蓄积量达到 190 亿立方米，二氧化碳排放量达到峰值并实现稳中有降。

到 2060 年，绿色低碳循环发展的经济体系和清洁低碳安全高效的能源体系全面建立，能源利用效率达到国际先进水平，非化石能源消费比重达到 80% 以上，碳中和目标顺利实现，生态文明建设取得丰硕成果，开创人与自然和谐共生新境界。

三、推进经济社会发展全面绿色转型

（三）强化绿色低碳发展规划引领。将碳达峰、碳中和目标要求全面融入经济社会发展中长期规划，强化国家发展规划、国土空间规划、专项规划、区域规划和地方各级规划的支撑保障。加强各级各类规划间衔接协调，确保各地区各领域落实碳达峰、碳中和的主要目标、发展方向、重大政策、重大工程等协调一致。

（四）优化绿色低碳发展区域布局。持续优化重大基础设施、重大生产力和公共资源布局，构建有利于碳达峰、碳中和的国土空间开发保护新格局。在京津冀协同发展、长江经济带发展、粤港澳大湾区建设、长三角一体化发展、黄河流域生态保护和高质量发展等区域重大战略实施中，强化绿色低碳发展导向和任务要求。

（五）加快形成绿色生产生活方式。大力推动节能减排，全面推进清洁生产，加快发展循环经济，加强资源综合利用，不断提升绿色低碳发展水平。扩大绿色低碳产品供给和消费，倡导绿色低碳生活方式。把绿色低碳发展纳入国民教育体系。开展绿色低碳社会行动示范创建。凝聚全社会共识，加快形成全民参与的良好格局。

四、深度调整产业结构

（六）推动产业结构优化升级。加快推进农业绿色发展，促进农业固碳增效。制定能源、钢铁、有色金属、石化化工、建材、交通、建筑等行业和领域碳达峰实施方案。以节能降碳为导向，修订产业结构调整指导目录。开展钢铁、煤炭去产能“回头看”，巩固去产能成果。加快推进工业领域低碳工艺革新和数字化转型。开展碳达峰试点园区建设。加快商贸流通、信息服务等绿色转型，提升服务业低碳发展水平。

（七）坚决遏制高耗能高排放项目盲目发展。新建、扩建钢铁、水泥、平板玻璃、电解铝等高耗能高排放项目严格落实产能等量或减量置换，出台煤电、石化、煤化工等产能控制政策。未纳入国家有关领域产业规划的，一律不得新建改扩建炼油和新建乙烯、对二甲苯、煤制烯烃项目。合理控制煤制油气产能规模。提升高耗能高排放项目能耗准入标准。加强产能过剩分析预警和窗口指导。

（八）大力发展绿色低碳产业。加快发展新一代信息技术、生物技术、新能源、新材料、高端装备、新能源汽车、绿色环保以及航空航天、海洋装备等战略性新兴产业。建设绿色制造体系。推动互联网、大数据、人工智能、第五代移动通信（5G）等新兴技术与绿色低碳产业深度融合。

五、加快构建清洁低碳安全高效能源体系

（九）强化能源消费强度和总量双控。坚持节能优先的能源发展战略，严格控制能耗和二氧化碳排放强度，合理控制能源消费总量，统筹建立二氧化碳排放总量控制制度。做好产业布局、结构调整、节能审查与能耗双控的衔接，对能耗强度下降目标完成形势严峻的地区实行项目缓批限批、能耗等量或减量替代。强化节能监察和执法，加强能耗及二氧化碳排放控制目标分析预警，严格责任落实和评价考核。加强甲烷等非二氧化碳温室气体管控。

（十）大幅提升能源利用效率。把节能贯穿于经济社会发展全过程和各领域，持续深化工业、建筑、交通运输、公共机构等重点领域节能，提升数据中心、新型通

信等信息化基础设施能效水平。健全能源管理体系，强化重点用能单位节能管理和目标责任。瞄准国际先进水平，加快实施节能降碳改造升级，打造能效“领跑者”。

（十一）严格控制化石能源消费。加快煤炭减量步伐，“十四五”时期严控煤炭消费增长，“十五五”时期逐步减少。石油消费“十五五”时期进入峰值平台期。统筹煤电发展和保供调峰，严控煤电装机规模，加快现役煤电机组节能升级和灵活性改造。逐步减少直至禁止煤炭散烧。加快推进页岩气、煤层气、致密油气等非常规油气资源规模化开发。强化风险管控，确保能源安全稳定供应和平稳过渡。

（十二）积极发展非化石能源。实施可再生能源替代行动，大力发展风能、太阳能、生物质能、海洋能、地热能等，不断提高非化石能源消费比重。坚持集中式与分布式并举，优先推动风能、太阳能就地就近开发利用。因地制宜开发水能。积极安全有序发展核电。合理利用生物质能。加快推进抽水蓄能和新型储能规模化应用。统筹推进氢能“制储输用”全链条发展。构建以新能源为主体的新型电力系统，提高电网对高比例可再生能源的消纳和调控能力。

（十三）深化能源体制机制改革。全面推进电力市场化改革，加快培育发展配售电环节独立市场主体，完善中长期市场、现货市场和辅助服务市场衔接机制，扩大市场化交易规模。推进电网体制改革，明确以消纳可再生能源为主的增量配电网、微电网和分布式电源的市场主体地位。加快形成以储能和调峰能力为基础支撑的新增电力装机发展机制。完善电力等能源品种价格市场化形成机制。从有利于节能的角度深化电价改革，理顺输配电价结构，全面放开竞争性环节电价。推进煤炭、油气等市场化改革，加快完善能源统一市场。

六、加快推进低碳交通运输体系建设

（十四）优化交通运输结构。加快建设综合立体交通网，大力发展多式联运，提高铁路、水路在综合运输中的承运比重，持续降低运输能耗和二氧化碳排放强度。优化客运组织，引导客运企业规模化、集约化经营。加快发展绿色物流，整合运输资源，提高利用效率。

（十五）推广节能低碳型交通工具。加快发展新能源和清洁能源车船，推广智能交通，推进铁路电气化改造，推动加氢站建设，促进船舶靠港使用岸电常态化。加快构建便利高效、适度超前的充换电网络体系。提高燃油车船能效标准，健全交通运输装备能效标识制度，加快淘汰高耗能高排放老旧车船。

（十六）积极引导低碳出行。加快城市轨道交通、公交专用道、快速公交系统等大容量公共交通基础设施建设，加强自行车专用道和行人步道等城市慢行系统建设。综合运用法律、经济、技术、行政等多种手段，加大城市交通拥堵治理力度。

七、提升城乡建设绿色低碳发展质量

（十七）推进城乡建设和管理模式低碳转型。在城乡规划建设管理各环节全面落实绿色低碳要求。推动城市组团式发展，建设城市生态和通风廊道，提升城市绿化水平。合理规划城镇建筑面积发展目标，严格管控高能耗公共建筑建设。实施工程建设全过程绿色建造，健全建筑拆除管理制度，杜绝大拆大建。加快推进绿色社区建设。结合实施乡村建设行动，推进县城和农村绿色低碳发展。

（十八）大力发展节能低碳建筑。持续提高新建建筑节能标准，加快推进超低能耗、近零能耗、低碳建筑规模化发展。大力推进城镇既有建筑和市政基础设施节能改造，提升建筑节能低碳水平。逐步开展建筑能耗限额管理，推行建筑能效测评标识，开展建筑领域低碳发展绩效评估。全面推广绿色低碳建材，推动建筑材料循环利用。发展绿色农房。

（十九）加快优化建筑用能结构。深化可再生能源建筑应用，加快推动建筑用能电气化和低碳化。开展建筑屋顶光伏行动，大幅提高建筑采暖、生活热水、炊事等电气化普及率。在北方城镇加快推进热电联产集中供暖，加快工业余热供暖规模化发展，积极稳妥推进核电余热供暖，因地制宜推进热泵、燃气、生物质能、地热能等清洁低碳供暖。

八、加强绿色低碳重大科技攻关和推广应用

（二十）强化基础研究和前沿技术布局。制定科技支撑碳达峰、碳中和行动方案，编制碳中和技术发展路线图。采用“揭榜挂帅”机制，开展低碳零碳负碳和储能新材料、新技术、新装备攻关。加强气候变化成因及影响、生态系统碳汇等基础理论和方法研究。推进高效率太阳能电池、可再生能源制氢、可控核聚变、零碳工业流程再造等低碳前沿技术攻关。培育一批节能降碳和新能源技术产品研发国家重点实验室、国家技术创新中心、重大科技创新平台。建设碳达峰、碳中和人才体系，鼓励高等学校增设碳达峰、碳中和相关学科专业。

（二十一）加快先进适用技术研发和推广。深入研究支撑风电、太阳能发电大规模友好并网的智能电网技术。加强电化学、压缩空气等新型储能技术攻关、示范和产业化应用。加强氢能生产、储存、应用关键技术研发、示范和规模化应用。推广园区能源梯级利用等节能低碳技术。推动气凝胶等新型材料研发应用。推进规模化碳捕集利用与封存技术研发、示范和产业化应用。建立完善绿色低碳技术评估、

交易体系和科技创新服务平台。

九、持续巩固提升碳汇能力

（二十二）巩固生态系统碳汇能力。强化国土空间规划和用途管控，严守生态保护红线，严控生态空间占用，稳定现有森林、草原、湿地、海洋、土壤、冻土、岩溶等固碳作用。严格控制新增建设用地规模，推动城乡存量建设用地盘活利用。严格执行土地使用标准，加强节约集约用地评价，推广节地技术和节地模式。

（二十三）提升生态系统碳汇增量。实施生态保护修复重大工程，开展山水林田湖草沙一体化保护和修复。深入推进大规模国土绿化行动，巩固退耕还林还草成果，实施森林质量精准提升工程，持续增加森林面积和蓄积量。加强草原生态保护修复。强化湿地保护。整体推进海洋生态系统保护和修复，提升红树林、海草床、盐沼等固碳能力。开展耕地质量提升行动，实施国家黑土地保护工程，提升生态农业碳汇。积极推动岩溶碳汇开发利用。

十、提高对外开放绿色低碳发展水平

（二十四）加快建立绿色贸易体系。持续优化贸易结构，大力发展高质量、高技术、高附加值绿色产品贸易。完善出口政策，严格管理高耗能高排放产品出口。积极扩大绿色低碳产品、节能环保服务、环境服务等进口。

（二十五）推进绿色“一带一路”建设。加快“一带一路”投资合作绿色转型。支持共建“一带一路”国家开展清洁能源开发利用。大力推动南南合作，帮助发展中国家提高应对气候变化能力。深化与各国在绿色技术、绿色装备、绿色服务、绿色基础设施建设等方面的交流与合作，积极推动我国新能源等绿色低碳技术和产品走出去，让绿色成为共建“一带一路”的底色。

（二十六）加强国际交流与合作。积极参与应对气候变化国际谈判，坚持我国发展中国家定位，坚持共同但有区别的责任原则、公平原则和各自能力原则，维护我国发展权益。履行《联合国气候变化框架公约》及其《巴黎协定》，发布我国长期温室气体低排放发展战略，积极参与国际规则和标准制定，推动建立公平合理、合作共赢的全球气候治理体系。加强应对气候变化国际交流合作，统筹国内外工作，主动参与全球气候和环境治理。

十一、健全法律法规标准和统计监测体系

（二十七）健全法律法规。全面清理现行法律法规中与碳达峰、碳中和工作不

相适应的内容，加强法律法规间的衔接协调。研究制定碳中和专项法律，抓紧修订节约能源法、电力法、煤炭法、可再生能源法、循环经济促进法等，增强相关法律法规的针对性和有效性。

（二十八）完善标准计量体系。建立健全碳达峰、碳中和标准计量体系。加快节能标准更新升级，抓紧修订一批能耗限额、产品设备能效强制性国家标准和工程建设标准，提升重点产品能耗限额要求，扩大能耗限额标准覆盖范围，完善能源核算、检测认证、评估、审计等配套标准。加快完善地区、行业、企业、产品等碳排放核查核算报告标准，建立统一规范的碳核算体系。制定重点行业和产品温室气体排放标准，完善低碳产品标准标识制度。积极参与相关国际标准制定，加强标准国际衔接。

（二十九）提升统计监测能力。健全电力、钢铁、建筑等行业领域能耗统计监测和计量体系，加强重点用能单位能耗在线监测系统建设。加强二氧化碳排放统计核算能力建设，提升信息化实测水平。依托和拓展自然资源调查监测体系，建立生态系统碳汇监测核算体系，开展森林、草原、湿地、海洋、土壤、冻土、岩溶等碳汇本底调查和碳储量评估，实施生态保护修复碳汇成效监测评估。

十二、完善政策机制

（三十）完善投资政策。充分发挥政府投资引导作用，构建与碳达峰、碳中和相适应的投融资体系，严控煤电、钢铁、电解铝、水泥、石化等高碳项目投资，加大对节能环保、新能源、低碳交通运输装备和组织方式、碳捕集利用与封存等项目的支持力度。完善支持社会资本参与政策，激发市场主体绿色低碳投资活力。国有企业要加大绿色低碳投资，积极开展低碳零碳负碳技术研发应用。

（三十一）积极发展绿色金融。有序推进绿色低碳金融产品和服务开发，设立碳减排货币政策工具，将绿色信贷纳入宏观审慎评估框架，引导银行等金融机构为绿色低碳项目提供长期限、低成本资金。鼓励开发性政策性金融机构按照市场化法治化原则为实现碳达峰、碳中和提供长期稳定融资支持。支持符合条件的企业上市融资和再融资用于绿色低碳项目建设运营，扩大绿色债券规模。研究设立国家低碳转型基金。鼓励社会资本设立绿色低碳产业投资基金。建立健全绿色金融标准体系。

（三十二）完善财税价格政策。各级财政要加大对绿色低碳产业发展、技术研发等的支持力度。完善政府绿色采购标准，加大绿色低碳产品采购力度。落实环境保护、节能节水、新能源和清洁能源车船税收优惠。研究碳减排相关税收政策。建立健全促进可再生能源规模化发展的价格机制。完善差别化电价、分时电价和居民阶梯电价政策。严禁对高耗能、高排放、资源型行业实施电价优惠。加快推进供热计量改革和按供热量收费。加快形成具有合理约束力的碳价机制。

（三十三）推进市场化机制建设。依托公共资源交易平台，加快建设完善全国碳排放权交易市场，逐步扩大市场覆盖范围，丰富交易品种和交易方式，完善配额分配管理。将碳汇交易纳入全国碳排放权交易市场，建立健全能够体现碳汇价值的生态保护补偿机制。健全企业、金融机构等碳排放报告和信息披露制度。完善用能权有偿使用和交易制度，加快建设全国用能权交易市场。加强电力交易、用能权交易和碳排放权交易的统筹衔接。发展市场化节能方式，推行合同能源管理，推广节能综合服务。

十三、切实加强组织实施

（三十四）加强组织领导。加强党中央对碳达峰、碳中和工作的集中统一领导，碳达峰碳中和工作领导小组指导和统筹做好碳达峰、碳中和工作。支持有条件的地方和重点行业、重点企业率先实现碳达峰，组织开展碳达峰、碳中和先行示范，探索有效模式和有益经验。将碳达峰、碳中和作为干部教育培训体系重要内容，增强各级领导干部推动绿色低碳发展的本领。

（三十五）强化统筹协调。国家发展改革委要加强统筹，组织落实 2030 年前碳达峰行动方案，加强碳中和工作谋划，定期调度各地区各有关部门落实碳达峰、碳中和目标任务进展情况，加强跟踪评估和督促检查，协调解决实施中遇到的重大问题。各有关部门要加强协调配合，形成工作合力，确保政策取向一致、步骤力度衔接。

（三十六）压实地方责任。落实领导干部生态文明建设责任制，地方各级党委和政府要坚决扛起碳达峰、碳中和责任，明确目标任务，制定落实举措，自觉为实现碳达峰、碳中和作出贡献。

（三十七）严格监督考核。各地区要将碳达峰、碳中和相关指标纳入经济社会发展综合评价体系，增加考核权重，加强指标约束。强化碳达峰、碳中和目标任务落实情况考核，对工作突出的地区、单位和个人按规定给予表彰奖励，对未完成目标任务的地区、部门依规依法实行通报批评和约谈问责，有关落实情况纳入中央生态环境保护督察。各地区各有关部门贯彻落实情况每年向党中央、国务院报告。

附录 1.2

2030 年前碳达峰行动方案

为深入贯彻落实党中央、国务院关于碳达峰、碳中和的重大战略决策，扎实推进碳达峰行动，制定本方案。

一、总体要求

（一）指导思想。以习近平新时代中国特色社会主义思想为指导，全面贯彻党的十九大和十九届二中、三中、四中、五中全会精神，深入贯彻习近平生态文明思想，立足新发展阶段，完整、准确、全面贯彻新发展理念，构建新发展格局，坚持系统观念，处理好发展和减排、整体和局部、短期和中长期的关系，统筹稳增长和调结构，把碳达峰、碳中和纳入经济社会发展全局，坚持“全国统筹、节约优先、双轮驱动、内外畅通、防范风险”的总方针，有力有序有效做好碳达峰工作，明确各地区、各领域、各行业目标任务，加快实现生产生活方式绿色变革，推动经济社会发展建立在资源高效利用和绿色低碳发展的基础之上，确保如期实现 2030 年前碳达峰目标。

（二）工作原则。

——总体部署、分类施策。坚持全国一盘棋，强化顶层设计和各方统筹。各地区、各领域、各行业因地制宜、分类施策，明确既符合自身实际又满足总体要求的目标任务。

——系统推进、重点突破。全面准确认识碳达峰行动对经济社会发展的深远影响，加强政策的系统性、协同性。抓住主要矛盾和矛盾的主要方面，推动重点领域、重点行业和有条件的地方率先达峰。

——双轮驱动、两手发力。更好发挥政府作用，构建新型举国体制，充分发挥市场机制作用，大力推进绿色低碳科技创新，深化能源和相关领域改革，形成有效激励约束机制。

——稳妥有序、安全降碳。立足我国富煤贫油少气的能源资源禀赋，坚持先立后破，稳住存量，拓展增量，以保障国家能源安全和经济发展为底线，争取时间实现新能源的逐渐替代，推动能源低碳转型平稳过渡，切实保障国家能源安全、产业链供应链安全、粮食安全和群众正常生产生活，着力化解各类风险隐患，防止过度反应，稳妥有序、循序渐进推进碳达峰行动，确保安全降碳。

二、主要目标

“十四五”期间，产业结构和能源结构调整优化取得明显进展，重点行业能源利用效率大幅提升，煤炭消费增长得到严格控制，新型电力系统加快构建，绿色低碳技术研发和推广应用取得新进展，绿色生产生活方式得到普遍推行，有利于绿色低碳循环发展的政策体系进一步完善。到2025年，非化石能源消费比重达到20%左右，单位国内生产总值能源消耗比2020年下降13.5%，单位国内生产总值二氧化碳排放比2020年下降18%，为实现碳达峰奠定坚实基础。

“十五五”期间，产业结构调整取得重大进展，清洁低碳安全高效的能源体系初步建立，重点领域低碳发展模式基本形成，重点耗能行业能源利用效率达到国际先进水平，非化石能源消费比重进一步提高，煤炭消费逐步减少，绿色低碳技术取得关键突破，绿色生活方式成为公众自觉选择，绿色低碳循环发展政策体系基本健全。到2030年，非化石能源消费比重达到25%左右，单位国内生产总值二氧化碳排放比2005年下降65%以上，顺利实现2030年前碳达峰目标。

三、重点任务

将碳达峰贯穿于经济社会发展全过程和各方面，重点实施能源绿色低碳转型行动、节能降碳增效行动、工业领域碳达峰行动、城乡建设碳达峰行动、交通运输绿色低碳行动、循环经济助力降碳行动、绿色低碳科技创新行动、碳汇能力巩固提升行动、绿色低碳全民行动、各地区梯次有序碳达峰行动等“碳达峰十大行动”。

（一）能源绿色低碳转型行动。

能源是经济社会发展的重要物质基础，也是碳排放的最主要来源。要坚持安全降碳，在保障能源安全的前提下，大力实施可再生能源替代，加快构建清洁低碳安全高效的能源体系。

1. 推进煤炭消费替代和转型升级。加快煤炭减量步伐，“十四五”时期严格合理控制煤炭消费增长，“十五五”时期逐步减少。严格控制新增煤电项目，新建机组煤耗标准达到国际先进水平，有序淘汰煤电落后产能，加快现役机组节能升级和灵活性改造，积极推进供热改造，推动煤电向基础保障性和系统调节性电源并重转型。严控跨区外送可再生能源电力配套煤电规模，新建通道可再生能源电量比例原则上不低于50%。推动重点用煤行业减煤限煤。大力推动煤炭清洁利用，合理划定禁止散烧区域，多措并举、积极有序推进散煤替代，逐步减少直至禁止煤炭散烧。

2. 大力发展新能源。全面推进风电、太阳能发电大规模开发和高质量发展，坚持集中式与分布式并举，加快建设风电和光伏发电基地。加快智能光伏产业创新升级和特色应用，创新“光伏 +”模式，推进光伏发电多元布局。坚持陆海并重，推动风电协调快速发展，完善海上风电产业链，鼓励建设海上风电基地。积极发展太阳能光热发电，推动建立光热发电与光伏发电、风电互补调节的风光热综合可再生能源发电基地。因地制宜发展生物质发电、生物质能清洁供暖和生物天然气。探索深化地热能以及波浪能、潮流能、温差能等海洋新能源开发利用。进一步完善可再生能源电力消纳保障机制。到 2030 年，风电、太阳能发电总装机容量达到 12 亿千瓦以上。

3. 因地制宜开发水电。积极推进水电基地建设，推动金沙江上游、澜沧江上游、雅砻江中游、黄河上游等已纳入规划、符合生态保护要求的水电项目开工建设，推进雅鲁藏布江下游水电开发，推动小水电绿色发展。推动西南地区水电与风电、太阳能发电协同互补。统筹水电开发和生态保护，探索建立水能资源开发生态保护补偿机制。“十四五”、“十五五”期间分别新增水电装机容量 4 000 万千瓦左右，西南地区以水电为主的可再生能源体系基本建立。

4. 积极安全有序发展核电。合理确定核电站布局和开发时序，在确保安全的前提下有序发展核电，保持平稳建设节奏。积极推动高温气冷堆、快堆、模块化小型堆、海上浮动堆等先进堆型示范工程，开展核能综合利用示范。加大核电标准化、自主化力度，加快关键技术装备攻关，培育高端核电装备制造产业集群。实行最严格的安全标准和最严格的监管，持续提升核安全监管能力。

5. 合理调控油气消费。保持石油消费处于合理区间，逐步调整汽油消费规模，大力推进先进生物液体燃料、可持续航空燃料等替代传统燃油，提升终端燃油产品能效。加快推进页岩气、煤层气、致密油（气）等非常规油气资源规模化开发。有序引导天然气消费，优化利用结构，优先保障民生用气，大力推动天然气与多种能源融合发展，因地制宜建设天然气调峰电站，合理引导工业用气和化工原料用气。支持车船使用液化天然气作为燃料。

6. 加快建设新型电力系统。构建新能源占比逐渐提高的新型电力系统，推动清洁电力资源大范围优化配置。大力提升电力系统综合调节能力，加快灵活调节电源建设，引导自备电厂、传统高载能工业负荷、工商业可中断负荷、电动汽车充电网络、虚拟电厂等参与系统调节，建设坚强智能电网，提升电网安全保障水平。积极发展“新能源 + 储能”、源网荷储一体化和多能互补，支持分布式新能源合理配置储能系统。制定新一轮抽水蓄能电站中长期发展规划，完善促进抽水蓄能发展的政策机制。加快新型储能示范推广应用。深化电力体制改革，加快构建全国统一电力市场体系。到 2025 年，新型储能装机容量达到 3 000 万千瓦以上。到 2030 年，抽水蓄能电站装机容量达到 1.2 亿千瓦左右，省级电网基本具备 5% 以上的尖峰负荷响应能力。

（二）节能降碳增效行动。

落实节约优先方针，完善能源消费强度和总量双控制度，严格控制能耗强度，合理控制能源消费总量，推动能源消费革命，建设能源节约型社会。

1. 全面提升节能管理能力。推行用能预算管理，强化固定资产投资项目节能审查，对项目用能和碳排放情况进行综合评价，从源头推进节能降碳。提高节能管理信息化水平，完善重点用能单位能耗在线监测系统，建立全国性、行业性节能技术推广服务平台，推动高耗能企业建立能源管理中心。完善能源计量体系，鼓励采用认证手段提升节能管理水平。加强节能监察能力建设，健全省、市、县三级节能监察体系，建立跨部门联动机制，综合运用行政处罚、信用监管、绿色电价等手段，增强节能监察约束力。

2. 实施节能降碳重点工程。实施城市节能降碳工程，开展建筑、交通、照明、供热等基础设施节能升级改造，推进先进绿色建筑技术示范应用，推动城市综合能效提升。实施园区节能降碳工程，以高耗能高排放项目（以下称“两高”项目）集聚度高的园区为重点，推动能源系统优化和梯级利用，打造一批达到国际先进水平的节能低碳园区。实施重点行业节能降碳工程，推动电力、钢铁、有色金属、建材、石化化工等行业开展节能降碳改造，提升能源资源利用效率。实施重大节能降碳技术示范工程，支持已取得突破的绿色低碳关键技术开展产业化示范应用。

3. 推进重点用能设备节能增效。以电机、风机、泵、压缩机、变压器、换热器、工业锅炉等设备为重点，全面提升能效标准。建立以能效为导向的激励约束机制，推广先进高效产品设备，加快淘汰落后低效设备。加强重点用能设备节能审查和日常监管，强化生产、经营、销售、使用、报废全链条管理，严厉打击违法违规行为，确保能效标准和节能要求全面落实。

4. 加强新型基础设施节能降碳。优化新型基础设施空间布局，统筹谋划、科学配置数据中心等新型基础设施，避免低水平重复建设。优化新型基础设施用能结构，采用直流供电、分布式储能、“光伏 + 储能”等模式，探索多样化能源供应，提高非化石能源消费比重。对标国际先进水平，加快完善通信、运算、存储、传输等设备能效标准，提升准入门槛，淘汰落后设备和技术。加强新型基础设施用能管理，将年综合能耗超过 1 万吨标准煤的数据中心全部纳入重点用能单位能耗在线监测系统，开展能源计量审查。推动既有设施绿色升级改造，积极推广使用高效制冷、先进通风、余热利用、智能化用能控制等技术，提高设施能效水平。

（三）工业领域碳达峰行动。

工业是产生碳排放的主要领域之一，对全国整体实现碳达峰具有重要影响。工业领域要加快绿色低碳转型和高质量发展，力争率先实现碳达峰。

1. 推动工业领域绿色低碳发展。优化产业结构，加快退出落后产能，大力发展战略性新兴产业，加快传统产业绿色低碳改造。促进工业能源消费低碳化，推动化石能源清洁高效利用，提高可再生能源应用比重，加强电力需求侧管理，提升工业电气化水平。深入实施绿色制造工程，大力推行绿色设计，完善绿色制造体系，建设绿色工厂和绿色工业园区。推进工业领域数字化智能化绿色化融合发展，加强重点行业和领域技术改造。

2. 推动钢铁行业碳达峰。深化钢铁行业供给侧结构性改革，严格执行产能置换，严禁新增产能，推进存量优化，淘汰落后产能。推进钢铁企业跨地区、跨所有制兼并重组，提高行业集中度。优化生产力布局，以京津冀及周边地区为重点，继续压减钢铁产能。促进钢铁行业结构优化和清洁能源替代，大力推进非高炉炼铁技术示范，提升废钢资源回收利用水平，推行全废钢电炉工艺。推广先进适用技术，深挖节能降碳潜力，鼓励钢化联产，探索开展氢冶金、二氧化碳捕集利用一体化等试点示范，推动低品位余热供暖发展。

3. 推动有色金属行业碳达峰。巩固化解电解铝过剩产能成果，严格执行产能置换，严控新增产能。推进清洁能源替代，提高水电、风电、太阳能发电等应用比重。加快再生有色金属产业发展，完善废弃有色金属资源回收、分选和加工网络，提高再生有色金属产量。加快推广应用先进适用绿色低碳技术，提升有色金属生产过程余热回收水平，推动单位产品能耗持续下降。

4. 推动建材行业碳达峰。加强产能置换监管，加快低效产能退出，严禁新增水泥熟料、平板玻璃产能，引导建材行业向轻型化、集约化、制品化转型。推动水泥错峰生产常态化，合理缩短水泥熟料装置运转时间。因地制宜利用风能、太阳能等可再生能源，逐步提高电力、天然气应用比重。鼓励建材企业使用粉煤灰、工业废渣、尾矿渣等作为原料或水泥混合材。加快推进绿色建材产品认证和应用推广，加强新型胶凝材料、低碳混凝土、木竹建材等低碳建材产品研发应用。推广节能技术设备，开展能源管理体系建设，实现节能增效。

5. 推动石化化工行业碳达峰。优化产能规模和布局，加大落后产能淘汰力度，有效化解结构性过剩矛盾。严格项目准入，合理安排建设时序，严控新增炼油和传统煤化工生产能力，稳妥有序发展现代煤化工。引导企业转变用能方式，鼓励以电力、天然气等替代煤炭。调整原料结构，控制新增原料用煤，拓展富氢原料进口来源，推动石化化工原料轻质化。优化产品结构，促进石化化工与煤炭开采、冶金、建材、化纤等产业协同发展，加强炼厂干气、液化气等副产气体高效利用。鼓励企业节能升级改造，推动能量梯级利用、物料循环利用。到 2025 年，国内原油一次加工能力控制在 10 亿吨以内，主要产品产能利用率提升至 80% 以上。

6. 坚决遏制“两高”项目盲目发展。采取强有力措施，对“两高”项目实行清单管理、分类处置、动态监控。全面排查在建项目，对能效水平低于本行业能耗限额准入值的，按有关规定停工整改，推动能效水平应提尽提，力争全面达到国内乃至国际先进水平。科学评估拟建项目，对产能已饱和的行业，按照“减量替代”原则压减产能；对产能尚未饱和的行业，按照国家布局和审批备案等要求，对标国际先进水平提高准入门槛；对能耗量较大的新兴产业，支持引导企业应用绿色低碳技术，提高能效水平。深入挖潜存量项目，加快淘汰落后产能，通过改造升级挖掘节能减排潜力。强化常态化监管，坚决拿下不符合要求的“两高”项目。

（四）城乡建设碳达峰行动。

加快推进城乡建设绿色低碳发展，城市更新和乡村振兴都要落实绿色低碳要求。

1. 推进城乡建设绿色低碳转型。推动城市组团式发展，科学确定建设规模，控制新增建设用地过快增长。倡导绿色低碳规划设计理念，增强城乡气候韧性，建设海绵城市。推广绿色低碳建材和绿色建造方式，加快推进新型建筑工业化，大力发展装配式建筑，推广钢结构住宅，推动建材循环利用，强化绿色设计和绿色施工管理。加强县城绿色低碳建设。推动建立以绿色低碳为导向的城乡规划建设管理机制，制定建筑拆除管理办法，杜绝大拆大建。建设绿色城镇、绿色社区。

2. 加快提升建筑能效水平。加快更新建筑节能、市政基础设施等标准，提高节能降碳要求。加强适用于不同气候区、不同建筑类型的节能低碳技术研发和推广，推动超低能耗建筑、低碳建筑规模化发展。加快推进居住建筑和公共建筑节能改造，持续推动老旧供热管网等市政基础设施节能降碳改造。提升城镇建筑和基础设施运行管理智能化水平，加快推广供热计量收费和合同能源管理，逐步开展公共建筑能耗限额管理。到 2025 年，城镇新建建筑全面执行绿色建筑标准。

3. 加快优化建筑用能结构。深化可再生能源建筑应用，推广光伏发电与建筑一体化应用。积极推动严寒、寒冷地区清洁取暖，推进热电联产集中供暖，加快工业余热供暖规模化应用，积极稳妥开展核能供热示范，因地制宜推行热泵、生物质能、地热能、太阳能等清洁低碳供暖。引导夏热冬冷地区科学取暖，因地制宜采用清洁高效取暖方式。提高建筑终端电气化水平，建设集光伏发电、储能、直流配电、柔性用电于一体的“光储直柔”建筑。到2025年，城镇建筑可再生能源替代率达到8%，新建公共机构建筑、新建厂房屋顶光伏覆盖率力争达到50%。

4. 推进农村建设和用能低碳转型。推进绿色农房建设，加快农房节能改造。持续推进农村地区清洁取暖，因地制宜选择适宜取暖方式。发展节能低碳农业大棚。推广节能环保灶具、电动农用车辆、节能环保农机和渔船。加快生物质能、太阳能等可再生能源在农业生产和农村生活中的应用。加强农村电网建设，提升农村用能电气化水平。

（五）交通运输绿色低碳行动。

加快形成绿色低碳运输方式，确保交通运输领域碳排放增长保持在合理区间。

1. 推动运输工具装备低碳转型。积极扩大电力、氢能、天然气、先进生物液体燃料等新能源、清洁能源在交通运输领域应用。大力推广新能源汽车，逐步降低传统燃油汽车在新车产销和汽车保有量中的占比，推动城市公共服务车辆电动化替代，推广电力、氢燃料、液化天然气动力重型货运车辆。提升铁路系统电气化水平。加快老旧船舶更新改造，发展电动、液化天然气动力船舶，深入推进船舶靠港使用岸电，因地制宜开展沿海、内河绿色智能船舶示范应用。提升机场运行电动化智能化水平，发展新能源航空器。到2030年，当年新增新能源、清洁能源动力的交通工具比例达到40%左右，营运交通工具单位换算周转量碳排放强度比2020年下降9.5%左右，国家铁路单位换算周转量综合能耗比2020年下降10%。陆路交通运输石油消费力争2030年前达到峰值。

2. 构建绿色高效交通运输体系。发展智能交通，推动不同运输方式合理分工、有效衔接，降低空载率和不合理客货运周转量。大力发展以铁路、水路为骨干的多式联运，推进工矿企业、港口、物流园区等铁路专用线建设，加快内河高等级航道网建设，加快大宗货物和中长距离货物运输“公转铁”、“公转水”。加快先进适用技术应用，提升民航运行管理效率，引导航空企业加强智慧运行，实现系统化节能降碳。加快城乡物流配送体系建设，创新绿色低碳、集约高效的配送模式。打造高效衔接、快捷舒适的公共交通服务体系，积极引导公众选择绿色低碳交通方式。“十四五”期间，集装箱铁水联运量年均增长15%以上。到2030年，城区常住人口100万以上的城市绿色出行比例不低于70%。

3. 加快绿色交通基础设施建设。将绿色低碳理念贯穿于交通基础设施规划、建设、运营和维护全过程，降低全生命周期能耗和碳排放。开展交通基础设施绿色化提升改造，统筹利用综合运输通道线位、土地、空域等资源，加大岸线、锚地等资源整合力度，提高利用效率。有序推进充电桩、配套电网、加注（气）站、加氢站等基础设施建设，提升城市公共交通基础设施水平。到 2030 年，民用运输机场场内车辆装备等力争全面实现电动化。

（六）循环经济助力降碳行动。

抓住资源利用这个源头，大力发展循环经济，全面提高资源利用效率，充分发挥减少资源消耗和降碳的协同作用。

1. 推进产业园区循环化发展。以提升资源产出率和循环利用率为目标，优化园区空间布局，开展园区循环化改造。推动园区企业循环式生产、产业循环式组合，组织企业实施清洁生产改造，促进废物综合利用、能量梯级利用、水资源循环利用，推进工业余压余热、废气废液废渣资源化利用，积极推广集中供气供热。搭建基础设施和公共服务共享平台，加强园区物质流管理。到 2030 年，省级以上重点产业园区全部实施循环化改造。

2. 加强大宗固废综合利用。提高矿产资源综合开发利用水平和综合利用率，以煤矸石、粉煤灰、尾矿、共伴生矿、冶炼渣、工业副产石膏、建筑垃圾、农作物秸秆等大宗固废为重点，支持大掺量、规模化、高值化利用，鼓励应用于替代原生非金属矿、砂石等资源。在确保安全环保前提下，探索将磷石膏应用于土壤改良、井下充填、路基修筑等。推动建筑垃圾资源化利用，推广废弃路面材料原地再生利用。加快推进秸秆高值化利用，完善收储运体系，严格禁烧管控。加快大宗固废综合利用示范建设。到 2025 年，大宗固废年利用量达到 40 亿吨左右；到 2030 年，年利用量达到 45 亿吨左右。

3. 健全资源循环利用体系。完善废旧物资回收网络，推行“互联网 +”回收模式，实现再生资源应收尽收。加强再生资源综合利用行业规范管理，促进产业集聚发展。高水平建设现代化“城市矿产”基地，推动再生资源规范化、规模化、清洁化利用。推进退役动力电池、光伏组件、风电机组叶片等新兴产业废物循环利用。促进汽车零部件、工程机械、文办设备等再制造产业高质量发展。加强资源再生产品和再制造产品推广应用。到 2025 年，废钢铁、废铜、废铝、废铅、废锌、废纸、废塑料、废橡胶、废玻璃等 9 种主要再生资源循环利用量达到 4.5 亿吨，到 2030 年达到 5.1 亿吨。

4. 大力推进生活垃圾减量化资源化。扎实推进生活垃圾分类，加快建立覆盖全社会的生活垃圾收运处置体系，全面实现分类投放、分类收集、分类运输、分类处理。加强塑料污染全链条治理，整治过度包装，推动生活垃圾源头减量。推进生活垃圾焚烧处理，降低填埋比例，探索适合我国厨余垃圾特性的资源化利用技术。推进污水资源化利用。到 2025 年，城市生活垃圾分类体系基本健全，生活垃圾资源化利用比例提升至 60% 左右。到 2030 年，城市生活垃圾分类实现全覆盖，生活垃圾资源化利用比例提升至 65%。

（七）绿色低碳科技创新行动。

发挥科技创新的支撑引领作用，完善科技创新体制机制，强化创新能力，加快绿色低碳科技革命。

1. 完善创新体制机制。制定科技支撑碳达峰碳中和行动方案，在国家重点研发计划中设立碳达峰碳中和关键技术研究与示范等重点专项，采取“揭榜挂帅”机制，开展低碳零碳负碳关键核心技术攻关。将绿色低碳技术创新成果纳入高等学校、科研单位、国有企业有关绩效考核。强化企业创新主体地位，支持企业承担国家绿色低碳重大科技项目，鼓励设施、数据等资源开放共享。推进国家绿色技术交易中心建设，加快创新成果转化。加强绿色低碳技术和产品知识产权保护。完善绿色低碳技术和产品检测、评估、认证体系。

2. 加强创新能力建设和人才培养。组建碳达峰碳中和相关国家实验室、国家重点实验室和国家技术创新中心，适度超前布局国家重大科技基础设施，引导企业、高等学校、科研单位共建一批国家绿色低碳产业创新中心。创新人才培养模式，鼓励高等学校加快新能源、储能、氢能、碳减排、碳汇、碳排放权交易等学科建设和人才培养，建设一批绿色低碳领域未来技术学院、现代产业学院和示范性能源学院。深化产教融合，鼓励校企联合开展产学合作协同育人项目，组建碳达峰碳中和产教融合发展联盟，建设一批国家储能技术产教融合创新平台。

3. 强化应用基础研究。实施一批具有前瞻性、战略性的国家重大前沿科技项目，推动低碳零碳负碳技术装备研发取得突破性进展。聚焦化石能源绿色智能开发和清洁低碳利用、可再生能源大规模利用、新型电力系统、节能、氢能、储能、动力电池、二氧化碳捕集利用与封存等重点，深化应用基础研究。积极研发先进核电技术，加强可控核聚变等前沿颠覆性技术研究。

4. 加快先进适用技术研发和推广应用。集中力量开展复杂大电网安全稳定运行和控制、大容量风电、高效光伏、大功率液化天然气发动机、大容量储能、低成本可再生能源制氢、低成本二氧化碳捕集利用与封存等技术创新，加快碳纤维、气凝胶、特种钢材等基础材料研发，补齐关键零部件、元器件、软件等短板。推广先进成熟绿色低碳技术，开展示范应用。建设全流程、集成化、规模化二氧化碳捕集利用与封存示范项目。推进熔盐储能供热和发电示范应用。加快氢能技术研发和示范应用，探索在工业、交通运输、建筑等领域规模化应用。

（八）碳汇能力巩固提升行动。

坚持系统观念，推进山水林田湖草沙一体化保护和修复，提高生态系统质量和稳定性，提升生态系统碳汇增量。

1. 巩固生态系统固碳作用。结合国土空间规划编制和实施，构建有利于碳达峰、碳中和的国土空间开发保护格局。严守生态保护红线，严控生态空间占用，建立以国家公园为主体的自然保护地体系，稳定现有森林、草原、湿地、海洋、土壤、冻土、岩溶等固碳作用。严格执行土地使用标准，加强节约集约用地评价，推广节地技术和节地模式。

2. 提升生态系统碳汇能力。实施生态保护修复重大工程。深入推进大规模国土绿化行动，巩固退耕还林还草成果，扩大林草资源总量。强化森林资源保护，实施森林质量精准提升工程，提高森林质量和稳定性。加强草原生态保护修复，提高草原综合植被盖度。加强河湖、湿地保护修复。整体推进海洋生态系统保护和修复，提升红树林、海草床、盐沼等固碳能力。加强退化土地修复治理，开展荒漠化、石漠化、水土流失综合治理，实施历史遗留矿山生态修复工程。到 2030 年，全国森林覆盖率达到 25% 左右，森林蓄积量达到 190 亿立方米。

3. 加强生态系统碳汇基础支撑。依托和拓展自然资源调查监测体系，利用好国家林草生态综合监测评价成果，建立生态系统碳汇监测核算体系，开展森林、草原、湿地、海洋、土壤、冻土、岩溶等碳汇本底调查、碳储量评估、潜力分析，实施生态保护修复碳汇成效监测评估。加强陆地和海洋生态系统碳汇基础理论、基础方法、前沿颠覆性技术研究。建立健全能够体现碳汇价值的生态保护补偿机制，研究制定碳汇项目参与全国碳排放权交易相关规则。

4. 推进农业农村减排固碳。大力发展绿色低碳循环农业，推进农光互补、“光伏 + 设施农业”、“海上风电 + 海洋牧场”等低碳农业模式。研发应用增汇型农业技术。开展耕地质量提升行动，实施国家黑土地保护工程，提升土壤有机碳储量。合理控制化肥、农药、地膜使用量，实施化肥农药减量替代计划，加强农作物秸秆综合利用和畜禽粪污资源化利用。

（九）绿色低碳全民行动。

增强全民节约意识、环保意识、生态意识，倡导简约适度、绿色低碳、文明健康的生活方式，把绿色理念转化为全体人民的自觉行动。

1. 加强生态文明宣传教育。将生态文明教育纳入国民教育体系，开展多种形式的资源环境国情教育，普及碳达峰、碳中和基础知识。加强对公众的生态文明科普教育，将绿色低碳理念有机融入文艺作品，制作文创产品和公益广告，持续开展世界地球日、世界环境日、全国节能宣传周、全国低碳日等主题宣传活动，增强社会公众绿色低碳意识，推动生态文明理念更加深入人心。

2. 推广绿色低碳生活方式。坚决遏制奢侈浪费和不合理消费，着力破除奢靡铺张的歪风陋习，坚决制止餐饮浪费行为。在全社会倡导节约用能，开展绿色低碳社会行动示范创建，深入推进绿色生活创建行动，评选宣传一批优秀示范典型，营造绿色低碳生活新风尚。大力发展绿色消费，推广绿色低碳产品，完善绿色产品认证与标识制度。提升绿色产品在政府采购中的比例。

3. 引导企业履行社会责任。引导企业主动适应绿色低碳发展要求，强化环境责任意识，加强能源资源节约，提升绿色创新水平。重点领域国有企业特别是中央企业要制定实施企业碳达峰行动方案，发挥示范引领作用。重点用能单位要梳理核算自身碳排放情况，深入研究碳减排路径，“一企一策”制定专项工作方案，推进节能降碳。相关上市公司和发债企业要按照环境信息依法披露要求，定期公布企业碳排放信息。充分发挥行业协会等社会团体作用，督促企业自觉履行社会责任。

4. 强化领导干部培训。将学习贯彻习近平生态文明思想作为干部教育培训的重要内容，各级党校（行政学院）要把碳达峰、碳中和相关内容列入教学计划，分阶段、多层次对各级领导干部开展培训，普及科学知识，宣讲政策要点，强化法治意识，深化各级领导干部对碳达峰、碳中和工作重要性、紧迫性、科学性、系统性的认识。从事绿色低碳发展相关工作的领导干部要尽快提升专业素养和业务能力，切实增强推动绿色低碳发展的本领。

（十）各地区梯次有序碳达峰行动。

各地区要准确把握自身发展定位，结合本地区经济社会发展实际和资源环境禀赋，坚持分类施策、因地制宜、上下联动，梯次有序推进碳达峰。

1. 科学合理确定有序达峰目标。碳排放已经基本稳定的地区要巩固减排成果，在率先实现碳达峰的基础上进一步降低碳排放。产业结构较轻、能源结构较优的地区要坚持绿色低碳发展，坚决不走依靠“两高”项目拉动经济增长的老路，力争率先实现碳达峰。产业结构偏重、能源结构偏煤的地区和资源型地区要把节能降碳摆在突出位置，大力优化调整产业结构和能源结构，逐步实现碳排放增长与经济增长脱钩，力争与全国同步实现碳达峰。

2. 因地制宜推进绿色低碳发展。各地区要结合区域重大战略、区域协调发展战略和主体功能区战略，从实际出发推进本地区绿色低碳发展。京津冀、长三角、粤港澳大湾区等区域要发挥高质量发展动力源和增长极作用，率先推动经济社会发展全面绿色转型。长江经济带、黄河流域和国家生态文明试验区要严格落实生态优先、绿色发展战略导向，在绿色低碳发展方面走在全国前列。中西部和东北地区要着力优化能源结构，按照产业政策和能耗双控要求，有序推动高耗能行业向清洁能源优势地区集中，积极培育绿色发展动能。

3. 上下联动制定地方达峰方案。各省、自治区、直辖市人民政府要按照国家总体部署，结合本地区资源环境禀赋、产业布局、发展阶段等，坚持全国一盘棋，不抢跑，科学制定本地区碳达峰行动方案，提出符合实际、切实可行的碳达峰时间表、路线图、施工图，避免“一刀切”限电限产或运动式“减碳”。各地区碳达峰行动方案经碳达峰碳中和工作领导小组综合平衡、审核通过后，由地方自行印发实施。

4. 组织开展碳达峰试点建设。加大中央对地方推进碳达峰的支持力度，选择100个具有典型代表性的城市和园区开展碳达峰试点建设，在政策、资金、技术等方面对试点城市和园区给予支持，加快实现绿色低碳转型，为全国提供可操作、可复制、可推广的经验做法。

四、国际合作

（一）深度参与全球气候治理。大力宣传习近平生态文明思想，分享中国生态文明、绿色发展理念与实践经验，为建设清洁美丽世界贡献中国智慧、中国方案、中国力量，共同构建人与自然生命共同体。主动参与全球绿色治理体系建设，坚持共同但有区别的责任原则、公平原则和各自能力原则，坚持多边主义，维护以联合国为核心的国际体系，推动各方全面履行《联合国气候变化框架公约》及其《巴黎协定》。积极参与国际航运、航空减排谈判。

（二）开展绿色经贸、技术与金融合作。优化贸易结构，大力发展高质量、高技术、高附加值绿色产品贸易。加强绿色标准国际合作，推动落实合格评定合作和互认机制，做好绿色贸易规则与进出口政策的衔接。加强节能环保产品和服务进出口。加大绿色技术合作力度，推动开展可再生能源、储能、氢能、二氧化碳捕集利用与封存等领域科研合作和技术交流，积极参与国际热核聚变实验堆计划等国际大科学工程。深化绿色金融国际合作，积极参与碳定价机制和绿色金融标准体系国际宏观协调，与有关各方共同推动绿色低碳转型。

（三）推进绿色“一带一路”建设。秉持共商共建共享原则，弘扬开放、绿色、廉洁理念，加强与共建“一带一路”国家的绿色基建、绿色能源、绿色金融等领域合作，提高境外项目环境可持续性，打造绿色、包容的“一带一路”能源合作伙伴关系，扩大新能源技术和产品出口。发挥“一带一路”绿色发展国际联盟等合作平台作用，推动实施《“一带一路”绿色投资原则》，推进“一带一路”应对气候变化南南合作计划和“一带一路”科技创新行动计划。

五、政策保障

（一）建立统一规范的碳排放统计核算体系。加强碳排放统计核算能力建设，深化核算方法研究，加快建立统一规范的碳排放统计核算体系。支持行业、企业依据自身特点开展碳排放核算方法学研究，建立健全碳排放计量体系。推进碳排放实测技术发展，加快遥感测量、大数据、云计算等新兴技术在碳排放实测技术领域的应用，提高统计核算水平。积极参与国际碳排放核算方法研究，推动建立更为公平合理的碳排放核算方法体系。

（二）健全法律法规标准。构建有利于绿色低碳发展的法律体系，推动能源法、节约能源法、电力法、煤炭法、可再生能源法、循环经济促进法、清洁生产促进法等制定修订。加快节能标准更新，修订一批能耗限额、产品设备能效强制性国家标准和工程建设标准，提高节能降碳要求。健全可再生能源标准体系，加快相关领域标准制定修订。建立健全氢制、储、输、用标准。完善工业绿色低碳标准体系。建立重点企业碳排放核算、报告、核查等标准，探索建立重点产品全生命周期碳足迹标准。积极参与国际能效、低碳等标准制定修订，加强国际标准协调。

（三）完善经济政策。各级人民政府要加大对碳达峰、碳中和工作的支持力度。建立健全有利于绿色低碳发展的税收政策体系，落实和完善节能节水、资源综合利用等税收优惠政策，更好发挥税收对市场主体绿色低碳发展的促进作用。完善绿色电价政策，健全居民阶梯电价制度和分时电价政策，探索建立分时电价动态调整机制。完善绿色金融评价机制，建立健全绿色金融标准体系。大力发展绿色贷款、绿色股权、绿色债券、绿色保险、绿色基金等金融工具，设立碳减排支持工具，引导金融机构为绿色低碳项目提供长期限、低成本资金，鼓励开发性政策性金融机构按照市场化法治化原则为碳达峰行动提供长期稳定融资支持。拓展绿色债券市场的深度和广度，支持符合条件的绿色企业上市融资、挂牌融资和再融资。研究设立国家低碳转型基金，支持传统产业和资源富集地区绿色转型。鼓励社会资本以市场化方式设立绿色低碳产业投资基金。

（四）建立健全市场化机制。发挥全国碳排放权交易市场作用，进一步完善配套制度，逐步扩大交易行业范围。建设全国用能权交易市场，完善用能权有偿使用和交易制度，做好与能耗双控制度的衔接。统筹推进碳排放权、用能权、电力交易等市场建设，加强市场机制间的衔接与协调，将碳排放权、用能权交易纳入公共资源交易平台。积极推行合同能源管理，推广节能咨询、诊断、设计、融资、改造、托管等“一站式”综合服务模式。

六、组织实施

（一）加强统筹协调。加强党中央对碳达峰、碳中和工作的集中统一领导，碳达峰碳中和工作领导小组对碳达峰相关工作进行整体部署和系统推进，统筹研究重要事项、制定重大政策。碳达峰碳中和工作领导小组成员单位要按照党中央、国务院决策部署和领导小组工作要求，扎实推进相关工作。碳达峰碳中和工作领导小组办公室要加强统筹协调，定期对各地区和重点领域、重点行业工作进展情况进行调度，科学提出碳达峰分步骤的时间表、路线图，督促将各项目标任务落实落细。

（二）强化责任落实。各地区各有关部门要深刻认识碳达峰、碳中和工作的重要性、紧迫性、复杂性，切实扛起责任，按照《中共中央　国务院关于完整准确全面贯彻新发展理念做好碳达峰碳中和工作的意见》和本方案确定的主要目标和重点任务，着力抓好各项任务落实，确保政策到位、措施到位、成效到位，落实情况纳入中央和省级生态环境保护督察。各相关单位、人民团体、社会组织要按照国家有关部署，积极发挥自身作用，推进绿色低碳发展。

（三）严格监督考核。实施以碳强度控制为主、碳排放总量控制为辅的制度，对能源消费和碳排放指标实行协同管理、协同分解、协同考核，逐步建立系统完善的碳达峰碳中和综合评价考核制度。加强监督考核结果应用，对碳达峰工作成效突出的地区、单位和个人按规定给予表彰奖励，对未完成目标任务的地区、部门依规依法实行通报批评和约谈问责。各省、自治区、直辖市人民政府要组织开展碳达峰目标任务年度评估，有关工作进展和重大问题要及时向碳达峰碳中和工作领导小组报告。

附录 1.3

碳排放权交易管理办法（试行）

《碳排放权交易管理办法（试行）》已于 2020 年 12 月 25 日由生态环境部部务会议审议通过，现予公布，自 2021 年 2 月 1 日起施行。

部长　黄润秋

2020 年 12 月 31 日

碳排放权交易管理办法（试行）

第一章　总　则

第一条　为落实党中央、国务院关于建设全国碳排放权交易市场的决策部署，在应对气候变化和促进绿色低碳发展中充分发挥市场机制作用，推动温室气体减排，规范全国碳排放权交易及相关活动，根据国家有关温室气体排放控制的要求，制定本办法。

第二条　本办法适用于全国碳排放权交易及相关活动，包括碳排放配额分配和清缴，碳排放权登记、交易、结算，温室气体排放报告与核查等活动，以及对前述活动的监督管理。

第三条　全国碳排放权交易及相关活动应当坚持市场导向、循序渐进、公平公开和诚实守信的原则。

第四条　生态环境部按照国家有关规定建设全国碳排放权交易市场。

全国碳排放权交易市场覆盖的温室气体种类和行业范围，由生态环境部拟订，按程序报批后实施，并向社会公开。

第五条　生态环境部按照国家有关规定，组织建立全国碳排放权注册登记机构和全国碳排放权交易机构，组织建设全国碳排放权注册登记系统和全国碳排放权交易系统。

全国碳排放权注册登记机构通过全国碳排放权注册登记系统，记录碳排放配额的持有、变更、清缴、注销等信息，并提供结算服务。全国碳排放权注册登记系统记录的信息是判断碳排放配额归属的最终依据。

全国碳排放权交易机构负责组织开展全国碳排放权集中统一交易。

全国碳排放权注册登记机构和全国碳排放权交易机构应当定期向生态环境部报告全国碳排放权登记、交易、结算等活动和机构运行有关情况，以及应当报告的其他重大事项，并保证全国碳排放权注册登记系统和全国碳排放权交易系统安全稳定可靠运行。

第六条　生态环境部负责制定全国碳排放权交易及相关活动的技术规范，加强对地方碳排放配额分配、温室气体排放报告与核查的监督管理，并会同国务院其他有关部门对全国碳排放权交易及相关活动进行监督管理和指导。

省级生态环境主管部门负责在本行政区域内组织开展碳排放配额分配和清缴、温室气体排放报告的核查等相关活动，并进行监督管理。

设区的市级生态环境主管部门负责配合省级生态环境主管部门落实相关具体工作，并根据本办法有关规定实施监督管理。

第七条　全国碳排放权注册登记机构和全国碳排放权交易机构及其工作人员，应当遵守全国碳排放权交易及相关活动的技术规范，并遵守国家其他有关主管部门关于交易监管的规定。

第二章　温室气体重点排放单位

第八条　温室气体排放单位符合下列条件的，应当列入温室气体重点排放单位（以下简称重点排放单位）名录：

（一）属于全国碳排放权交易市场覆盖行业；

（二）年度温室气体排放量达到 2.6 万吨二氧化碳当量。

第九条　省级生态环境主管部门应当按照生态环境部的有关规定，确定本行政区域重点排放单位名录，向生态环境部报告，并向社会公开。

第十条　重点排放单位应当控制温室气体排放，报告碳排放数据，清缴碳排放配额，公开交易及相关活动信息，并接受生态环境主管部门的监督管理。

第十一条　存在下列情形之一的，确定名录的省级生态环境主管部门应当将相关温室气体排放单位从重点排放单位名录中移出：

（一）连续二年温室气体排放未达到2.6万吨二氧化碳当量的；

（二）因停业、关闭或者其他原因不再从事生产经营活动，因而不再排放温室气体的。

第十二条 温室气体排放单位申请纳入重点排放单位名录的，确定名录的省级生态环境主管部门应当进行核实；经核实符合本办法第八条规定条件的，应当将其纳入重点排放单位名录。

第十三条 纳入全国碳排放权交易市场的重点排放单位，不再参与地方碳排放权交易试点市场。

第三章 分配与登记

第十四条 生态环境部根据国家温室气体排放控制要求，综合考虑经济增长、产业结构调整、能源结构优化、大气污染物排放协同控制等因素，制定碳排放配额总量确定与分配方案。

省级生态环境主管部门应当根据生态环境部制定的碳排放配额总量确定与分配方案，向本行政区域内的重点排放单位分配规定年度的碳排放配额。

第十五条 碳排放配额分配以免费分配为主，可以根据国家有关要求适时引入有偿分配。

第十六条 省级生态环境主管部门确定碳排放配额后，应当书面通知重点排放单位。

重点排放单位对分配的碳排放配额有异议的，可以自接到通知之日起七个工作日内，向分配配额的省级生态环境主管部门申请复核；省级生态环境主管部门应当自接到复核申请之日起十个工作日内，作出复核决定。

第十七条 重点排放单位应当在全国碳排放权注册登记系统开立账户，进行相关业务操作。

第十八条 重点排放单位发生合并、分立等情形需要变更单位名称、碳排放配额等事项的，应当报经所在地省级生态环境主管部门审核后，向全国碳排放权注册登记机构申请变更登记。全国碳排放权注册登记机构应当通过全国碳排放权注册登记系统进行变更登记，并向社会公开。

第十九条 国家鼓励重点排放单位、机构和个人，出于减少温室气体排放等公益目的自愿注销其所持有的碳排放配额。

自愿注销的碳排放配额，在国家碳排放配额总量中予以等量核减，不再进行分配、登记或者交易。相关注销情况应当向社会公开。

第四章　排放交易

第二十条　全国碳排放权交易市场的交易产品为碳排放配额，生态环境部可以根据国家有关规定适时增加其他交易产品。

第二十一条　重点排放单位以及符合国家有关交易规则的机构和个人，是全国碳排放权交易市场的交易主体。

第二十二条　碳排放权交易应当通过全国碳排放权交易系统进行，可以采取协议转让、单向竞价或者其他符合规定的方式。

全国碳排放权交易机构应当按照生态环境部有关规定，采取有效措施，发挥全国碳排放权交易市场引导温室气体减排的作用，防止过度投机的交易行为，维护市场健康发展。

第二十三条　全国碳排放权注册登记机构应当根据全国碳排放权交易机构提供的成交结果，通过全国碳排放权注册登记系统为交易主体及时更新相关信息。

第二十四条　全国碳排放权注册登记机构和全国碳排放权交易机构应当按照国家有关规定，实现数据及时、准确、安全交换。

第五章　排放核查与配额清缴

第二十五条　重点排放单位应当根据生态环境部制定的温室气体排放核算与报告技术规范，编制该单位上一年度的温室气体排放报告，载明排放量，并于每年3月31日前报生产经营场所所在地的省级生态环境主管部门。排放报告所涉数据的原始记录和管理台账应当至少保存五年。

重点排放单位对温室气体排放报告的真实性、完整性、准确性负责。

重点排放单位编制的年度温室气体排放报告应当定期公开，接受社会监督，涉及国家秘密和商业秘密的除外。

第二十六条　省级生态环境主管部门应当组织开展对重点排放单位温室气体排放报告的核查，并将核查结果告知重点排放单位。核查结果应当作为重点排放单位碳排放配额清缴依据。

省级生态环境主管部门可以通过政府购买服务的方式委托技术服务机构提供核查服务。技术服务机构应当对提交的核查结果的真实性、完整性和准确性负责。

第二十七条　重点排放单位对核查结果有异议的，可以自被告知核查结果之日起七个工作日内，向组织核查的省级生态环境主管部门申请复核；省级生态环境主管部门应当自接到复核申请之日起十个工作日内，作出复核决定。

第二十八条 重点排放单位应当在生态环境部规定的时限内，向分配配额的省级生态环境主管部门清缴上年度的碳排放配额。清缴量应当大于等于省级生态环境主管部门核查结果确认的该单位上年度温室气体实际排放量。

第二十九条 重点排放单位每年可以使用国家核证自愿减排量抵销碳排放配额的清缴，抵销比例不得超过应清缴碳排放配额的5%。相关规定由生态环境部另行制定。

用于抵销的国家核证自愿减排量，不得来自纳入全国碳排放权交易市场配额管理的减排项目。

第六章 监督管理

第三十条 上级生态环境主管部门应当加强对下级生态环境主管部门的重点排放单位名录确定、全国碳排放权交易及相关活动情况的监督检查和指导。

第三十一条 设区的市级以上地方生态环境主管部门根据对重点排放单位温室气体排放报告的核查结果，确定监督检查重点和频次。

设区的市级以上地方生态环境主管部门应当采取“双随机、一公开”的方式，监督检查重点排放单位温室气体排放和碳排放配额清缴情况，相关情况按程序报生态环境部。

第三十二条 生态环境部和省级生态环境主管部门，应当按照职责分工，定期公开重点排放单位年度碳排放配额清缴情况等信息。

第三十三条 全国碳排放权注册登记机构和全国碳排放权交易机构应当遵守国家交易监管等相关规定，建立风险管理机制和信息披露制度，制定风险管理预案，及时公布碳排放权登记、交易、结算等信息。

全国碳排放权注册登记机构和全国碳排放权交易机构的工作人员不得利用职务便利谋取不正当利益，不得泄露商业秘密。

第三十四条 交易主体违反本办法关于碳排放权注册登记、结算或者交易相关规定的，全国碳排放权注册登记机构和全国碳排放权交易机构可以按照国家有关规定，对其采取限制交易措施。

第三十五条 鼓励公众、新闻媒体等对重点排放单位和其他交易主体的碳排放权交易及相关活动进行监督。

重点排放单位和其他交易主体应当按照生态环境部有关规定，及时公开有关全国碳排放权交易及相关活动信息，自觉接受公众监督。

第三十六条 公民、法人和其他组织发现重点排放单位和其他交易主体有违反本办法规定行为的，有权向设区的市级以上地方生态环境主管部门举报。

接受举报的生态环境主管部门应当依法予以处理，并按照有关规定反馈处理结果，同时为举报人保密。

第七章　罚　则

第三十七条　生态环境部、省级生态环境主管部门、设区的市级生态环境主管部门的有关工作人员，在全国碳排放权交易及相关活动的监督管理中滥用职权、玩忽职守、徇私舞弊的，由其上级行政机关或者监察机关责令改正，并依法给予处分。

第三十八条　全国碳排放权注册登记机构和全国碳排放权交易机构及其工作人员违反本办法规定，有下列行为之一的，由生态环境部依法给予处分，并向社会公开处理结果：

（一）利用职务便利谋取不正当利益的；

（二）有其他滥用职权、玩忽职守、徇私舞弊行为的。

全国碳排放权注册登记机构和全国碳排放权交易机构及其工作人员违反本办法规定，泄露有关商业秘密或者有构成其他违反国家交易监管规定行为的，依照其他有关规定处理。

第三十九条　重点排放单位虚报、瞒报温室气体排放报告，或者拒绝履行温室气体排放报告义务的，由其生产经营场所所在地设区的市级以上地方生态环境主管部门责令限期改正，处一万元以上三万元以下的罚款。逾期未改正的，由重点排放单位生产经营场所所在地的省级生态环境主管部门测算其温室气体实际排放量，并将该排放量作为碳排放配额清缴的依据；对虚报、瞒报部分，等量核减其下一年度碳排放配额。

第四十条　重点排放单位未按时足额清缴碳排放配额的，由其生产经营场所所在地设区的市级以上地方生态环境主管部门责令限期改正，处二万元以上三万元以下的罚款；逾期未改正的，对欠缴部分，由重点排放单位生产经营场所所在地的省级生态环境主管部门等量核减其下一年度碳排放配额。

第四十一条　违反本办法规定，涉嫌构成犯罪的，有关生态环境主管部门应当依法移送司法机关。

第八章　附　则

第四十二条　本办法中下列用语的含义：

（一）温室气体：是指大气中吸收和重新放出红外辐射的自然和人为的气态成分，包括二氧化碳（CO_2）、甲烷（CH_4）、氧化亚氮（N_2O）、氢氟碳化物（HFCs）、全氟化碳（PFCs）、六氟化硫（SF_6）和三氟化氮（NF_3）。

（二）碳排放：是指煤炭、石油、天然气等化石能源燃烧活动和工业生产过程以及土地利用变化与林业等活动产生的温室气体排放，也包括因使用外购的电力和热力等所导致的温室气体排放。

（三）碳排放权：是指分配给重点排放单位的规定时期内的碳排放额度。

（四）国家核证自愿减排量：是指对我国境内可再生能源、林业碳汇、甲烷利用等项目的温室气体减排效果进行量化核证，并在国家温室气体自愿减排交易注册登记系统中登记的温室气体减排量。

第四十三条 本办法自 2021 年 2 月 1 日起施行。

附录 1.4

碳排放权登记管理规则（试行）

第一章 总 则

第一条 为规范全国碳排放权登记活动，保护全国碳排放权交易市场各参与方的合法权益，维护全国碳排放权交易市场秩序，根据《碳排放权交易管理办法（试行）》，制定本规则。

第二条 全国碳排放权持有、变更、清缴、注销的登记及相关业务的监督管理，适用本规则。全国碳排放权注册登记机构（以下简称注册登记机构）、全国碳排放权交易机构（以下简称交易机构）、登记主体及其他相关参与方应当遵守本规则。

第三条 注册登记机构通过全国碳排放权注册登记系统（以下简称注册登记系统）对全国碳排放权的持有、变更、清缴和注销等实施集中统一登记。注册登记系统记录的信息是判断碳排放配额归属的最终依据。

第四条 重点排放单位以及符合规定的机构和个人，是全国碳排放权登记主体。

第五条 全国碳排放权登记应当遵循公开、公平、公正、安全和高效的原则。

第二章 账户管理

第六条 注册登记机构依申请为登记主体在注册登记系统中开立登记账户，该账户用于记录全国碳排放权的持有、变更、清缴和注销等信息。

第七条 每个登记主体只能开立一个登记账户。登记主体应当以本人或者本单位名义申请开立登记账户，不得冒用他人或者其他单位名义或者使用虚假证件开立登记账户。

第八条 登记主体申请开立登记账户时，应当根据注册登记机构有关规定提供申请材料，并确保相关申请材料真实、准确、完整、有效。委托他人或者其他单位代办的，还应当提供授权委托书等证明委托事项的必要材料。

第九条 登记主体申请开立登记账户的材料中应当包括登记主体基本信息、联系信息以及相关证明材料等。

第十条 注册登记机构在收到开户申请后，对登记主体提交相关材料进行形式审核，材料审核通过后5个工作日内完成账户开立并通知登记主体。

第十一条 登记主体下列信息发生变化时，应当及时向注册登记机构提交信息变更证明材料，办理登记账户信息变更手续：

（一）登记主体名称或者姓名；

（二）营业执照，有效身份证明文件类型、号码及有效期；

（三）法律法规、部门规章等规定的其他事项。

注册登记机构在完成信息变更材料审核后5个工作日内完成账户信息变更并通知登记主体。

联系电话、邮箱、通讯地址等联系信息发生变化的，登记主体应当及时通过注册登记系统在登记账户中予以更新。

第十二条 登记主体应当妥善保管登记账户的用户名和密码等信息。登记主体登记账户下发生的一切活动均视为其本人或者本单位行为。

第十三条 注册登记机构定期检查登记账户使用情况，发现营业执照、有效身份证明文件与实际情况不符，或者发生变化且未按要求及时办理登记账户信息变更手续的，注册登记机构应当对有关不合格账户采取限制使用等措施，其中涉及交易活动的应当及时通知交易机构。

对已采取限制使用等措施的不合格账户，登记主体申请恢复使用的，应当向注册登记机构申请办理账户规范手续。能够规范为合格账户的，注册登记机构应当解除限制使用措施。

第十四条 发生下列情形的，登记主体或者依法承继其权利义务的主体应当提交相关申请材料，申请注销登记账户：

（一）法人以及非法人组织登记主体因合并、分立、依法被解散或者破产等原因导致主体资格丧失；

（二）自然人登记主体死亡；

（三）法律法规、部门规章等规定的其他情况。

登记主体申请注销登记账户时，应当了结其相关业务。申请注销登记账户期间和登记账户注销后，登记主体无法使用该账户进行交易等相关操作。

第十五条 登记主体如对第十三条所述限制使用措施有异议，可以在措施生效后15个工作日内向注册登记机构申请复核；注册登记机构应当在收到复核申请后10个工作日内予以书面回复。

第三章 登 记

第十六条 登记主体可以通过注册登记系统查询碳排放配额持有数量和持有状态等信息。

第十七条 注册登记机构根据生态环境部制定的碳排放配额分配方案和省级生态环境主管部门确定的配额分配结果，为登记主体办理初始分配登记。

第十八条 注册登记机构应当根据交易机构提供的成交结果办理交易登记，根据经省级生态环境主管部门确认的碳排放配额清缴结果办理清缴登记。

第十九条 重点排放单位可以使用符合生态环境部规定的国家核证自愿减排量抵销配额清缴。用于清缴部分的国家核证自愿减排量应当在国家温室气体自愿减排交易注册登记系统注销，并由重点排放单位向注册登记机构提交有关注销证明材料。注册登记机构核验相关材料后，按照生态环境部相关规定办理抵销登记。

第二十条 登记主体出于减少温室气体排放等公益目的自愿注销其所持有的碳排放配额，注册登记机构应当为其办理变更登记，并出具相关证明。

第二十一条 碳排放配额以承继、强制执行等方式转让的，登记主体或者依法承继其权利义务的主体应当向注册登记机构提供有效的证明文件，注册登记机构审核后办理变更登记。

第二十二条 司法机关要求冻结登记主体碳排放配额的，注册登记机构应当予以配合；涉及司法扣划的，注册登记机构应当根据人民法院的生效裁判，对涉及登记主体被扣划部分的碳排放配额进行核验，配合办理变更登记并公告。

第四章 信息管理

第二十三条 司法机关和国家监察机关依照法定条件和程序向注册登记机构查询全国碳排放权登记相关数据和资料的，注册登记机构应当予以配合。

第二十四条 注册登记机构应当依照法律、行政法规及生态环境部相关规定建立信息管理制度，对涉及国家秘密、商业秘密的，按照相关法律法规执行。

第二十五条 注册登记机构应当与交易机构建立管理协调机制，实现注册登记系统与交易系统的互通互联，确保相关数据和信息及时、准确、安全、有效交换。

第二十六条 注册登记机构应当建设灾备系统，建立灾备管理机制和技术支撑体系，确保注册登记系统和交易系统数据、信息安全，实现信息共享与交换。

第五章　监督管理

第二十七条　生态环境部加强对注册登记机构和注册登记活动的监督管理，可以采取询问注册登记机构及其从业人员、查阅和复制与登记活动有关的信息资料，以及法律法规规定的其他措施等进行监管。

第二十八条　各级生态环境主管部门及其相关直属业务支撑机构工作人员，注册登记机构、交易机构、核查技术服务机构及其工作人员，不得持有碳排放配额。已持有碳排放配额的，应当依法予以转让。

任何人在成为前款所列人员时，其本人已持有或者委托他人代为持有的碳排放配额，应当依法转让并办理完成相关手续，向供职单位报告全部转让相关信息并备案在册。

第二十九条　注册登记机构应当妥善保存登记的原始凭证及有关文件和资料，保存期限不得少于 20 年，并进行凭证电子化管理。

第六章　附　则

第三十条　注册登记机构可以根据本规则制定登记业务规则等实施细则。

第三十一条　本规则自公布之日起施行。

附录 1.5

碳排放权交易管理规则（试行）

第一章　总　则

第一条　为规范全国碳排放权交易，保护全国碳排放权交易市场各参与方的合法权益，维护全国碳排放权交易市场秩序，根据《碳排放权交易管理办法（试行）》，制定本规则。

第二条　本规则适用于全国碳排放权交易及相关服务业务的监督管理。全国碳排放权交易机构（以下简称交易机构）、全国碳排放权注册登记机构（以下简称注册登记机构）、交易主体及其他相关参与方应当遵守本规则。

第三条　全国碳排放权交易应当遵循公开、公平、公正和诚实信用的原则。

第二章　交　易

第四条　全国碳排放权交易主体包括重点排放单位以及符合国家有关交易规则的机构和个人。

第五条　全国碳排放权交易市场的交易产品为碳排放配额，生态环境部可以根据国家有关规定适时增加其他交易产品。

第六条　碳排放权交易应当通过全国碳排放权交易系统进行，可以采取协议转让、单向竞价或者其他符合规定的方式。

协议转让是指交易双方协商达成一致意见并确认成交的交易方式，包括挂牌协议交易及大宗协议交易。其中，挂牌协议交易是指交易主体通过交易系统提交卖出或者买入挂牌申报，意向受让方或者出让方对挂牌申报进行协商并确认成交的交易方式。大宗协议交易是指交易双方通过交易系统进行报价、询价并确认成交的交易方式。

单向竞价是指交易主体向交易机构提出卖出或买入申请，交易机构发布竞价公告，多个意向受让方或者出让方按照规定报价，在约定时间内通过交易系统成交的交易方式。

第七条　交易机构可以对不同交易方式设置不同交易时段，具体交易时段的设置和调整由交易机构公布后报生态环境部备案。

第八条 交易主体参与全国碳排放权交易，应当在交易机构开立实名交易账户，取得交易编码，并在注册登记机构和结算银行分别开立登记账户和资金账户。每个交易主体只能开设一个交易账户。

第九条 碳排放配额交易以“每吨二氧化碳当量价格”为计价单位，买卖申报量的最小变动计量为1吨二氧化碳当量，申报价格的最小变动计量为0.01元人民币。

第十条 交易机构应当对不同交易方式的单笔买卖最小申报数量及最大申报数量进行设定，并可以根据市场风险状况进行调整。单笔买卖申报数量的设定和调整，由交易机构公布后报生态环境部备案。

第十一条 交易主体申报卖出交易产品的数量，不得超出其交易账户内可交易数量。交易主体申报买入交易产品的相应资金，不得超出其交易账户内的可用资金。

第十二条 碳排放配额买卖的申报被交易系统接受后即刻生效，并在当日交易时间内有效，交易主体交易账户内相应的资金和交易产品即被锁定。未成交的买卖申报可以撤销。如未撤销，未成交申报在该日交易结束后自动失效。

第十三条 买卖申报在交易系统成交后，交易即告成立。符合本规则达成的交易于成立时即告交易生效，买卖双方应当承认交易结果，履行清算交收义务。依照本规则达成的交易，其成交结果以交易系统记录的成交数据为准。

第十四条 已买入的交易产品当日内不得再次卖出。卖出交易产品的资金可以用于该交易日内的交易。

第十五条 交易主体可以通过交易机构获取交易凭证及其他相关记录。

第十六条 碳排放配额的清算交收业务，由注册登记机构根据交易机构提供的成交结果按规定办理。

第十七条 交易机构应当妥善保存交易相关的原始凭证及有关文件和资料，保存期限不得少于20年。

第三章 风险管理

第十八条 生态环境部可以根据维护全国碳排放权交易市场健康发展的需要，建立市场调节保护机制。当交易价格出现异常波动触发调节保护机制时，生态环境部可以采取公开市场操作、调节国家核证自愿减排量使用方式等措施，进行必要的市场调节。

第十九条 交易机构应建立风险管理制度，并报生态环境部备案。

第二十条 交易机构实行涨跌幅限制制度。

交易机构应当设定不同交易方式的涨跌幅比例，并可以根据市场风险状况对涨跌幅比例进行调整。

第二十一条 交易机构实行最大持仓量限制制度。交易机构对交易主体的最大持仓量进行实时监控，注册登记机构应当对交易机构实时监控提供必要支持。

交易主体交易产品持仓量不得超过交易机构规定的限额。

交易机构可以根据市场风险状况，对最大持仓量限额进行调整。

第二十二条 交易机构实行大户报告制度。

交易主体的持仓量达到交易机构规定的大户报告标准的，交易主体应当向交易机构报告。

第二十三条 交易机构实行风险警示制度。交易机构可以采取要求交易主体报告情况、发布书面警示和风险警示公告、限制交易等措施，警示和化解风险。

第二十四条 交易机构应当建立风险准备金制度。风险准备金是指由交易机构设立，用于为维护碳排放权交易市场正常运转提供财务担保和弥补不可预见风险带来的亏损的资金。风险准备金应当单独核算，专户存储。

第二十五条 交易机构实行异常交易监控制度。交易主体违反本规则或者交易机构业务规则、对市场正在产生或者将产生重大影响的，交易机构可以对该交易主体采取以下临时措施：

（一）限制资金或者交易产品的划转和交易；

（二）限制相关账户使用。

上述措施涉及注册登记机构的，应当及时通知注册登记机构。

第二十六条 因不可抗力、不可归责于交易机构的重大技术故障等原因导致部分或者全部交易无法正常进行的，交易机构可以采取暂停交易措施。

导致暂停交易的原因消除后，交易机构应当及时恢复交易。

第二十七条 交易机构采取暂停交易、恢复交易等措施时，应当予以公告，并向生态环境部报告。

第四章 信息管理

第二十八条 交易机构应建立信息披露与管理制度，并报生态环境部备案。交易机构应当在每个交易日发布碳排放配额交易行情等公开信息，定期编制并发布反映市场成交情况的各类报表。

根据市场发展需要，交易机构可以调整信息发布的具体方式和相关内容。

第二十九条 交易机构应当与注册登记机构建立管理协调机制，实现交易系统与注册登记系统的互通互联，确保相关数据和信息及时、准确、安全、有效交换。

第三十条 交易机构应当建立交易系统的灾备系统，建立灾备管理机制和技术支撑体系，确保交易系统和注册登记系统数据、信息安全。

第三十一条 交易机构不得发布或者串通其他单位和个人发布虚假信息或者误导性陈述。

第五章 监督管理

第三十二条 生态环境部加强对交易机构和交易活动的监督管理，可以采取询问交易机构及其从业人员、查阅和复制与交易活动有关的信息资料，以及法律法规规定的其他措施等进行监管。

第三十三条 全国碳排放权交易活动中，涉及交易经营、财务或者对碳排放配额市场价格有影响的尚未公开的信息及其他相关信息内容，属于内幕信息。禁止内幕信息的知情人、非法获取内幕信息的人员利用内幕信息从事全国碳排放权交易活动。

第三十四条 禁止任何机构和个人通过直接或者间接的方法，操纵或者扰乱全国碳排放权交易市场秩序、妨碍或者有损公正交易的行为。因为上述原因造成严重后果的交易，交易机构可以采取适当措施并公告。

第三十五条 交易机构应当定期向生态环境部报告的事项包括交易机构运行情况和年度工作报告、经会计师事务所审计的年度财务报告、财务预决算方案、重大开支项目情况等。

交易机构应当及时向生态环境部报告的事项包括交易价格出现连续涨跌停或者大幅波动、发现重大业务风险和技术风险、重大违法违规行为或者涉及重大诉讼、交易机构治理和运行管理等出现重大变化等。

第三十六条 交易机构对全国碳排放权交易相关信息负有保密义务。交易机构工作人员应当忠于职守、依法办事，除用于信息披露的信息之外，不得泄露所知悉的市场交易主体的账户信息和业务信息等信息。交易系统软硬件服务提供者等全国碳排放权交易或者服务参与、介入相关主体不得泄露全国碳排放权交易或者服务中获取的商业秘密。

第三十七条 交易机构对全国碳排放权交易进行实时监控和风险控制，监控内容主要包括交易主体的交易及其相关活动的异常业务行为，以及可能造成市场风险的全国碳排放权交易行为。

第六章 争议处置

第三十八条 交易主体之间发生有关全国碳排放权交易的纠纷，可以自行协商解决，也可以向交易机构提出调解申请，还可以依法向仲裁机构申请仲裁或者向人民法院提起诉讼。

交易机构与交易主体之间发生有关全国碳排放权交易的纠纷，可以自行协商解决，也可以依法向仲裁机构申请仲裁或者向人民法院提起诉讼。

第三十九条 申请交易机构调解的当事人，应当提出书面调解申请。交易机构的调解意见，经当事人确认并在调解意见书上签章后生效。

第四十条 交易机构和交易主体，或者交易主体间发生交易纠纷的，当事人均应当记录有关情况，以备查阅。交易纠纷影响正常交易的，交易机构应当及时采取止损措施。

第七章 附 则

第四十一条 交易机构可以根据本规则制定交易业务规则等实施细则。

第四十二条 本规则自公布之日起施行。

附录 1.6

碳排放权结算管理规则（试行）

第一章　总　则

第一条　为规范全国碳排放权交易的结算活动，保护全国碳排放权交易市场各参与方的合法权益，维护全国碳排放权交易市场秩序，根据《碳排放权交易管理办法（试行）》，制定本规则。

第二条　本规则适用于全国碳排放权交易的结算监督管理。全国碳排放权注册登记机构（以下简称注册登记机构）、全国碳排放权交易机构（以下简称交易机构）、交易主体及其他相关参与方应当遵守本规则。

第三条　注册登记机构负责全国碳排放权交易的统一结算，管理交易结算资金，防范结算风险。

第四条　全国碳排放权交易的结算应当遵守法律、行政法规、国家金融监管的相关规定以及注册登记机构相关业务规则等，遵循公开、公平、公正、安全和高效的原则。

第二章　资金结算账户管理

第五条　注册登记机构应当选择符合条件的商业银行作为结算银行，并在结算银行开立交易结算资金专用账户，用于存放各交易主体的交易资金和相关款项。

注册登记机构对各交易主体存入交易结算资金专用账户的交易资金实行分账管理。

注册登记机构与交易主体之间的业务资金往来，应当通过结算银行所开设的专用账户办理。

第六条　注册登记机构应与结算银行签订结算协议，依据中国人民银行等有关主管部门的规定和协议约定，保障各交易主体存入交易结算资金专用账户的交易资金安全。

第三章　结　算

第七条　在当日交易结束后，注册登记机构应当根据交易系统的成交结果，按照货银对付的原则，以每个交易主体为结算单位，通过注册登记系统进行碳排放配额与资金的逐笔全额清算和统一交收。

第八条 当日完成清算后，注册登记机构应当将结果反馈给交易机构。经双方确认无误后，注册登记机构根据清算结果完成碳排放配额和资金的交收。

第九条 当日结算完成后，注册登记机构向交易主体发送结算数据。如遇到特殊情况导致注册登记机构不能在当日发送结算数据的，注册登记机构应及时通知相关交易主体，并采取限制出入金等风险管控措施。

第十条 交易主体应当及时核对当日结算结果，对结算结果有异议的，应在下一交易日开市前，以书面形式向注册登记机构提出。交易主体在规定时间内没有对结算结果提出异议的，视作认可结算结果。

第四章 监督与风险管理

第十一条 注册登记机构针对结算过程采取以下监督措施：

（一）专岗专人。根据结算业务流程分设专职岗位，防范结算操作风险。

（二）分级审核。结算业务采取两级审核制度，初审负责结算操作及银行间头寸划拨的准确性、真实性和完整性，复审负责结算事项的合法合规性。

（三）信息保密。注册登记机构工作人员应当对结算情况和相关信息严格保密。

第十二条 注册登记机构应当制定完善的风险防范制度，构建完善的技术系统和应急响应程序，对全国碳排放权结算业务实施风险防范和控制。

第十三条 注册登记机构建立结算风险准备金制度。结算风险准备金由注册登记机构设立，用于垫付或者弥补因违约交收、技术故障、操作失误、不可抗力等造成的损失。风险准备金应当单独核算，专户存储。

第十四条 注册登记机构应当与交易机构相互配合，建立全国碳排放权交易结算风险联防联控制度。

第十五条 当出现以下情形之一的，注册登记机构应当及时发布异常情况公告，采取紧急措施化解风险：

（一）因不可抗力、不可归责于注册登记机构的重大技术故障等原因导致结算无法正常进行；

（二）交易主体及结算银行出现结算、交收危机，对结算产生或者将产生重大影响。

第十六条 注册登记机构实行风险警示制度。注册登记机构认为有必要的，可以采取发布风险警示公告，或者采取限制账户使用等措施，以警示和化解风险，涉及交易活动的应当及时通知交易机构。

出现下列情形之一的，注册登记机构可以要求交易主体报告情况，向相关机构或者人员发出风险警示并采取限制账户使用等处置措施：

（一）交易主体碳排放配额、资金持仓量变化波动较大；

（二）交易主体的碳排放配额被法院冻结、扣划的；

（三）其他违反国家法律、行政法规和部门规章规定的情况。

第十七条 提供结算业务的银行不得参与碳排放权交易。

第十八条 交易主体发生交收违约的，注册登记机构应当通知交易主体在规定期限内补足资金，交易主体未在规定时间内补足资金的，注册登记机构应当使用结算风险准备金或自有资金予以弥补，并向违约方追偿。

第十九条 交易主体涉嫌重大违法违规，正在被司法机关、国家监察机关和生态环境部调查的，注册登记机构可以对其采取限制登记账户使用的措施，其中涉及交易活动的应当及时通知交易机构，经交易机构确认后采取相关限制措施。

第五章 附 则

第二十条 清算：是指按照确定的规则计算碳排放权和资金的应收应付数额的行为。

交收：是指根据确定的清算结果，通过变更碳排放权和资金履行相关债权债务的行为。

头寸：指的是银行当前所有可以运用的资金的总和，主要包括在中国人民银行的超额准备金、存放同业清算款项净额、银行存款以及现金等部分。

第二十一条 注册登记机构可以根据本规则制定结算业务规则等实施细则。

第二十二条 本规则自公布之日起施行。

附录2 技术文件

附录2.1

企业温室气体排放报告核查指南（试行）

1 适用范围

本指南规定了重点排放单位温室气体排放报告的核查原则和依据、核查程序和要点、核查复核以及信息公开等内容。

本指南适用于省级生态环境主管部门组织对重点排放单位报告的温室气体排放量及相关数据的核查。

对重点排放单位以外的其他企业或经济组织的温室气体排放报告核查，碳排放权交易试点的温室气体排放报告核查，基于科研等其他目的的温室气体排放报告核查工作可参考本指南执行。

2 术语和定义

2.1 重点排放单位

全国碳排放权交易市场覆盖行业内年度温室气体排放量达到2.6万吨二氧化碳当量及以上的企业或者其他经济组织。

2.2 温室气体排放报告

重点排放单位根据生态环境部制定的温室气体排放核算方法与报告指南及相关技术规范编制的载明重点排放单位温室气体排放量、排放设施、排放源、核算边界、核算方法、活动数据、排放因子等信息，并附有原始记录和台账等内容的报告。

2.3 数据质量控制计划

重点排放单位为确保数据质量，对温室气体排放量和相关信息的核算与报告作出的具体安排与规划，包括重点排放单位和排放设施基本信息、核算边界、核算方法、活动数据、排放因子及其他相关信息的确定和获取方式，以及内部质量控制和质量保证相关规定等。

2.4 核查

根据行业温室气体排放核算方法与报告指南以及相关技术规范，对重点排放单位报告的温室气体排放量和相关信息进行全面核实、查证的过程。

2.5 不符合项

核查发现的重点排放单位温室气体排放量、相关信息、数据质量控制计划、支撑材料等不符合温室气体核算方法与报告指南以及相关技术规范的情况。

3 核查原则和依据

重点排放单位温室气体排放报告的核查应遵循客观独立、诚实守信、公平公正、专业严谨的原则，依据以下文件规定开展：

—《碳排放权交易管理办法（试行）》；

—生态环境部发布的工作通知；

—生态环境部制定的温室气体排放核算方法与报告指南；

—相关标准和技术规范。

4 核查程序和要点

4.1 核查程序

核查程序包括核查安排、建立核查技术工作组、文件评审、建立现场核查组、实施现场核查、出具《核查结论》、告知核查结果、保存核查记录等八个步骤，核查工作流程图见附件 1。

4.1.1 核查安排

省级生态环境主管部门应综合考虑核查任务、进度安排及所需资源组织开展核查工作。

通过政府购买服务的方式委托技术服务机构开展的，应要求技术服务机构建立有效的风险防范机制、完善的内部质量管理体系和适当的公正性保证措施，确保核查工作公平公正、客观独立开展。技术服务机构不应开展以下活动：

—向重点排放单位提供碳排放配额计算、咨询或管理服务；

—接受任何对核查活动的客观公正性产生影响的资助、合同或其他形式的服务或产品；

—参与碳资产管理、碳交易的活动，或与从事碳咨询和交易的单位存在资产和管理方面的利益关系，如隶属于同一个上级机构等；

—与被核查的重点排放单位存在资产和管理方面的利益关系，如隶属于同一个上级机构等；

—为被核查的重点排放单位提供有关温室气体排放和减排、监测、测量、报告和校准的咨询服务；

—与被核查的重点排放单位共享管理人员，或者在 3 年之内曾在彼此机构内相互受聘过管理人员；

—使用具有利益冲突的核查人员，如 3 年之内与被核查重点排放单位存在雇佣关系或为被核查的重点排放单位提供过温室气体排放或碳交易的咨询服务等；

—宣称或暗示如果使用指定的咨询或培训服务，对重点排放单位的排放报告的核查将更为简单、容易等。

4.1.2　建立核查技术工作组

省级生态环境主管部门应根据核查任务和进度安排，建立一个或多个核查技术工作组（以下简称技术工作组）开展如下工作：

—实施文件评审；

—完成《文件评审表》（见附件 2），提出《现场核查清单》（见附件 3）的现场核查要求；

—提出《不符合项清单》（见附件 4），交给重点排放单位整改，验证整改是否完成；

—出具《核查结论》；

—对未提交排放报告的重点排放单位，按照保守性原则对其排放量及相关数据进行测算。

技术工作组的工作可由省级生态环境主管部门及其直属机构承担，也可通过政府购买服务的方式委托技术服务机构承担。

技术工作组至少由 2 名成员组成，其中 1 名为负责人，至少 1 名成员具备被核查的重点排放单位所在行业的专业知识和工作经验。技术工作组负责人应充分考虑重点排放单位所在的行业领域、工艺流程、设施数量、规模与场所、排放特点、核查人员的专业背景和实践经验等方面的因素，确定成员的任务分工。

4.1.3　文件评审

技术工作组应根据相应行业的温室气体排放核算方法与报告指南（以下简称核算指南）、相关技术规范，对重点排放单位提交的排放报告及数据质量控制计划等支撑材料进行文件评审，初步确认重点排放单位的温室气体排放量和相关信息的符合情况，识别现场核查重点，提出现场核查时间、需访问的人员、需观察的设施、设备或操作以及需查阅的支撑文件等现场核查要求，并按附件 2 和附件 3 的格式分别填写完成《文件评审表》和《现场核查清单》提交省级生态环境主管部门。

技术工作组可根据核查工作需要，调阅重点排放单位提交的相关支撑材料如组织机构图、厂区分布图、工艺流程图、设施台账、生产日志、监测设备和计量器具台账、支撑报送数据的原始凭证，以及数据内部质量控制和质量保证相关文件和记录等。

技术工作组应将重点排放单位存在的如下情况作为文件评审重点：

—投诉举报企业温室气体排放量和相关信息存在的问题；

—日常数据监测发现企业温室气体排放量和相关信息存在的异常情况；

—上级生态环境主管部门转办交办的其他有关温室气体排放的事项。

4.1.4　建立现场核查组

省级生态环境主管部门应根据核查任务和进度安排，建立一个或多个现场核查组开展如下工作：

—根据《现场核查清单》，对重点排放单位实施现场核查，收集相关证据和支撑材料；

—详细填写《现场核查清单》的核查记录并报送技术工作组。

现场核查组的工作可由省级生态环境主管部门及其直属机构承担，也可通过政府购买服务的方式委托技术服务机构承担。

现场核查组应至少由 2 人组成。为了确保核查工作的连续性，现场核查组成员原则上应为核查技术工作组的成员。对于核查人员调配存在困难等情况，现场核查组的成员可以与核查技术工作组成员不同。

对于核查年度之前连续 2 年未发现任何不符合项的重点排放单位，且当年文件评审中未发现存在疑问的信息或需要现场重点关注的内容，经省级生态环境主管部门同意后，可不实施现场核查。

4.1.5　实施现场核查

现场核查的目的是根据《现场核查清单》收集相关证据和支撑材料。

4.1.5.1　核查准备

现场核查组应按照《现场核查清单》做好准备工作，明确核查任务重点、组内人员分工、核查范围和路线，准备核查所需要的装备，如现场核查清单、记录本、交通工具、通信器材、录音录像器材、现场采样器材等。

现场核查组应于现场核查前 2 个工作日通知重点排放单位做好准备。

4.1.5.2　现场核查

现场核查组可采用以下查、问、看、验等方法开展工作。

—查：查阅相关文件和信息，包括原始凭证、台账、报表、图纸、会计账册、专业技术资料、科技文献等；保存证据时可保存文件和信息的原件，如保存原件有困难，可保存复印件、扫描件、打印件、照片或视频录像等，必要时，可附文字说明；

—问：询问现场工作人员，应多采用开放式提问，获取更多关于核算边界、排放源、数据监测以及核算过程等信息；

—看：查看现场排放设施和监测设备的运行，包括现场观察核算边界、排放设施的位置和数量、排放源的种类以及监测设备的安装、校准和维护情况等；

—验：通过重复计算验证计算结果的准确性，或通过抽取样本、重复测试确认测试结果的准确性等。

现场核查组应验证现场收集的证据的真实性，确保其能够满足核查的需要。现场核查组应在现场核查工作结束后 2 个工作日内，向技术工作组提交填写完成的《现场核查清单》。

4.1.5.3　不符合项

技术工作组应在收到《现场核查清单》后 2 个工作日内，对《现场核查清单》中未取得有效证据、不符合核算指南要求以及未按数据质量控制计划执行等情况，在《不符合项清单》（见附件 4）中“ 不符合项描述”一栏如实记录，并要求重点排放单位采取整改措施。

重点排放单位应在收到《不符合项清单》后的 5 个工作日内，填写完成《不符合项清单》中“整改措施及相关证据”一栏，连同相关证据材料一并提交技术工作组。技术工作组应对不符合项的整改进行书面验证，必要时可采取现场验证的方式。

4.1.6　出具《核查结论》

技术工作组应根据如下要求出具《核查结论》（见附件 5）并提交省级生态环境主管部门。

—对于未提出不符合项的，技术工作组应在现场核查结束后 5 个工作日内填写完成《核查结论》；

—对于提出不符合项的，技术工作组应在收到重点排放单位提交的《不符合项清单》“整改措施及相关证据”一栏内容后的 5 个工作日内填写完成《核查结论》。如果重点排放单位未在规定时间内完成对不符合项的整改，或整改措施不符合要求，技术工作组应根据核算指南与生态环境部公布的缺省值，按照保守原则测算排放量及相关数据，并填写完成《核查结论》。

—对于经省级生态环境主管部门同意不实施现场核查的，技术工作组应在省级生态环境主管部门作出不实施现场核查决定后5个工作日内，填写完成《核查结论》。

4.1.7 告知核查结果

省级生态环境主管部门应将《核查结论》告知重点排放单位。

如省级生态环境主管部门认为有必要进一步提高数据质量，可在告知核查结果之前，采用复查的方式对核查过程和核查结论进行书面或现场评审。

4.1.8 保存核查记录

省级生态环境主管部门应以安全和保密的方式保管核查的全部书面（含电子）文件至少5年。

技术服务机构应将核查过程的所有记录、支撑材料、内部技术评审记录等进行归档保存至少10年。

4.2 核查要点

4.2.1 文件评审要点

4.2.1.1 重点排放单位基本情况

技术工作组应通过查阅重点排放单位的营业执照、组织机构代码证、机构简介、组织结构图、工艺流程说明、排污许可证、能源统计报表、原始凭证等文件的方式确认以下信息的真实性、准确性以及与数据质量控制计划的符合性：

—重点排放单位名称、单位性质、所属国民经济行业类别、统一社会信用代码、法定代表人、地理位置、排放报告联系人、排污许可证编号等基本信息；

—重点排放单位内部组织结构、主要产品或服务、生产工艺流程、使用的能源品种及年度能源统计报告等情况。

4.2.1.2 核算边界

技术工作组应查阅组织机构图、厂区平面图、标记排放源输入与输出的工艺流程图及工艺流程描述、固定资产管理台账、主要用能设备清单并查阅可行性研究报告及批复、相关环境影响评价报告及批复、排污许可证、承包合同、租赁协议等，确认以下信息的符合性：

—核算边界是否与相应行业的核算指南以及数据质量控制计划一致；

—纳入核算和报告边界的排放设施和排放源是否完整；

—与上一年度相比，核算边界是否存在变更等。

4.2.1.3 核算方法

技术工作组应确认重点排放单位在报告中使用的核算方法是否符合相应行业的核算指南的要求，对任何偏离指南的核算方法都应判断其合理性，并在《文件评审表》和《核查结论》中说明。

4.2.1.4 核算数据

技术工作组应重点查证核实以下四类数据的真实性、准确性和可靠性。

4.2.1.4.1 活动数据

技术工作组应依据核算指南，对重点排放单位排放报告中的每一个活动数据的来源及数值进行核查。核查的内容应包括活动数据的单位、数据来源、监测方法、监测频次、记录频次、数据缺失处理等。对支撑数据样本较多需采用抽样方法进行验证的，应考虑抽样方法、抽样数量以及样本的代表性。

如果活动数据的获取使用了监测设备，技术工作组应确认监测设备是否得到了维护和校准，维护和校准是否符合核算指南和数据质量控制计划的要求。技术工作组应确认因设备校准延迟而导致的误差是否根据设备的精度或不确定度进行了处理，以及处理的方式是否会低估排放量或过量发放配额。

针对核算指南中规定的可以自行检测或委托外部实验室检测的关键参数，技术工作组应确认重点排放单位是否具备测试条件，是否依据核算指南建立内部质量保证体系并按规定留存样品。如果不具备自行测试条件，委托的外部实验室是否有计量认证（CMA）资质认定或中国合格评定国家认可委员会（CNAS）的认可。

技术工作组应将每一个活动数据与其他数据来源进行交叉核对，其他数据来源可包括燃料购买合同、能源台账、月度生产报表、购售电发票、供热协议及报告、化学分析报告、能源审计报告等。

4.2.1.4.2 排放因子

技术工作组应依据核算指南和数据质量控制计划对重点排放单位排放报告中的每一个排放因子的来源及数值进行核查。

对采用缺省值的排放因子，技术工作组应确认与核算指南中的缺省值一致。

对采用实测方法获取的排放因子，技术工作组至少应对排放因子的单位、数据来源、监测方法、监测频次、记录频次、数据缺失处理（如适用）等内容进行核查，对支撑数据样本较多需采用抽样进行验证的，应考虑抽样方法、抽样数量以及样本的代表性。对于通过监测设备获取的排放因子数据，以及按照核算指南由重点排放单位自行检测或委托外部实验室检测的关键参数，技术工作组应采取与活动数据同样的核查方法。在核查过程中，技术工作组应将每一个排放因子数据与其他数据来源进行交叉核对，其他的数据来源可包括化学分析报告、政府间气候变化专门委员会（IPCC）缺省值、省级温室气体清单编制指南中的缺省值等。

4.2.1.4.3 排放量

技术工作组应对排放报告中排放量的核算结果进行核查，通过验证排放量计算公式是否正确、排放量的累加是否正确、排放量的计算是否可再现等方式确认排放量的计算结果是否正确。通过对比以前年份的排放报告，通过分析生产数据和排放数据的变化和波动情况确认排放量是否合理等。

4.2.1.4.4 生产数据

技术工作组依据核算指南和数据质量控制计划对每一个生产数据进行核查，并与数据质量控制计划规定之外的数据源进行交叉验证。核查内容应包括数据的单位、数据来源、监测方法、监测频次、记录频次、数据缺失处理等。对生产数据样本较多需采用抽样方法进行验证的，应考虑抽样方法、抽样数量以及样本的代表性。

4.2.1.5 质量保证和文件存档

技术工作组应对重点排放单位的质量保障和文件存档执行情况进行核查：

—是否建立了温室气体排放核算和报告的规章制度，包括负责机构和人员、工作流程和内容、工作周期和时间节点等；是否指定了专职人员负责温室气体排放核算和报告工作；

—是否定期对计量器具、监测设备进行维护管理；维护管理记录是否已存档；

—是否建立健全温室气体数据记录管理体系，包括数据来源、数据获取时间以及相关责任人等信息的记录管理；是否形成碳排放数据管理台账记录并定期报告，确保排放数据可追溯；

—是否建立温室气体排放报告内部审核制度，定期对温室气体排放数据进行交叉校验，对可能产生的数据误差风险进行识别，并提出相应的解决方案。

4.2.1.6 数据质量控制计划及执行

4.2.1.6.1 数据质量控制计划

技术工作组应从以下几个方面确认数据质量控制计划是否符合核算指南的要求：

a）版本及修订

技术工作组应确认数据质量控制计划的版本和发布时间与实际情况是否一致。如有修订，应确认修订满足下述情况之一或相关核算指南规定。

—因排放设施发生变化或使用新燃料、物料产生了新排放；

—采用新的测量仪器和测量方法，提高了数据的准确度；

—发现按照原数据质量控制计划的监测方法核算的数据不正确；

—发现修订数据质量控制计划可提高报告数据的准确度；

—发现数据质量控制计划不符合核算指南要求。

b）重点排放单位情况

技术工作组可通过查阅其他平台或相关文件中的信息源（如国家企业信用信息公示系统、能源审计报告、可行性研究报告、环境影响评价报告、环境管理体系评估报告、年度能源和水统计报表、年度工业统计报表以及年度财务审计报告）等方式确认数据质量控制计划中重点排放单位的基本信息、主营产品、生产设施信息、组织机构图、厂区平面分布图、工艺流程图等相关信息的真实性和完整性。

c）核算边界和主要排放设施描述

技术工作组可采用查阅对比文件（如企业设备台账）等方式确认排放设施的真实性、完整性以及核算边界是否符合相关要求。

d）数据的确定方式

技术工作组应对核算所需要的各项活动数据、排放因子和生产数据的计算方法、单位、数据获取方式、相关监测测量设备信息、数据缺失时的处理方式等内容进行核查，并确认：

—是否对参与核算所需要的各项数据都确定了获取方式，各项数据的单位是否符合核算指南要求；

—各项数据的计算方法和获取方式是否合理且符合核算指南的要求；

—数据获取过程中涉及的测量设备的型号、位置是否属实；

—监测活动涉及的监测方法、监测频次、监测设备的精度和校准频次等是否符合核算指南及相应的监测标准的要求；

—数据缺失时的处理方式是否按照保守性原则确保不会低估排放量或过量发放配额。

e）数据内部质量控制和质量保证相关规定

技术工作组应通过查阅支持材料和如下管理制度文件，对重点排放单位内部质量控制和质量保证相关规定进行核查，确认相关制度安排合理、可操作并符合核算指南要求。

—数据内部质量控制和质量保证相关规定；

—数据质量控制计划的制订、修订、内部审批以及数据质量控制计划执行等方面的管理规定；

—人员的指定情况、内部评估以及审批规定；

—数据文件的归档管理规定等。

4.2.1.6.2　数据质量控制计划执行

技术工作组应结合上述 4.2.1.1～4.2.1.5 的核查，从以下方面核查数据质量控制计划的执行情况。

—重点排放单位基本情况是否与数据质量控制计划中的报告主体描述一致；

—年度报告的核算边界和主要排放设施是否与数据质量控制计划中的核算边界和主要排放设施一致；

—所有活动数据、排放因子及相关数据是否按照数据质量控制计划实施监测；

—监测设备是否得到了有效的维护和校准，维护和校准是否符合国家、地区计量法规或标准的要求，是否符合数据质量控制计划、核算指南或设备制造商的要求；

—监测结果是否按照数据质量控制计划中规定的频次记录；

—数据缺失时的处理方式是否与数据质量控制计划一致；

—数据内部质量控制和质量保证程序是否有效实施。

对不符合核算指南要求的数据质量控制计划，应开具不符合项要求重点排放单位进行整改。

对于未按数据质量控制计划获取的活动数据、排放因子、生产数据，技术工作组应结合现场核查组的现场核查情况开具不符合项，要求重点排放单位按照保守性原则测算数据，确保不会低估排放量或过量发放配额。

4.2.1.7　其他内容

除上述内容外，技术工作组在文件评审中还应重点关注如下内容：

—投诉举报企业温室气体排放量和相关信息存在的问题；

—各级生态环境主管部门转办交办的事项；

—日常数据监测发现企业温室气体排放量和相关信息存在异常的情况；

—排放报告和数据质量控制计划中出现错误风险较高的数据以及重点排放单位是如何控制这些风险的；

—重点排放单位以往年份不符合项的整改完成情况，以及是否得到持续有效管理等。

4.2.2　现场核查要点

现场核查组应按《现场核查清单》开展核查工作，并重点关注如下内容：

—投诉举报企业温室气体排放量和相关信息存在的问题；

—各级生态环境主管部门转办交办的事项；

—日常数据监测发现企业温室气体排放量和相关信息存在异常的情况；

—重点排放单位基本情况与数据质量控制计划或其他信息源不一致的情况；

—核算边界与核算指南不符，或与数据质量控制计划不一致的情况；

—排放报告中采用的核算方法与核算指南不一致的情况；

—活动数据、排放因子、排放量、生产数据等不完整、不合理或不符合数据质量控制计划的情况；

—重点排放单位是否有效地实施了内部数据质量控制措施的情况；

—重点排放单位是否有效地执行了数据质量控制计划的情况；

—数据质量控制计划中报告主体基本情况、核算边界和主要排放设施、数据的确定方式、数据内部质量控制和质量保证相关规定等与实际情况的一致性；

—确认数据质量控制计划修订的原因，比如排放设施发生变化、使用新燃料或物料、采用新的测量仪器和测量方法等情况。

现场核查组应按《现场核查清单》收集客观证据，详细填写核查记录，并将证据文件一并提交技术工作组。相关证据材料应能证实所需要核实、确认的信息符合要求。

5 核查复核

重点排放单位对核查结果有异议的，可在被告知核查结论之日起 7 个工作日内，向省级生态环境主管部门申请复核。复核结论应在接到复核申请之日起 10 个工作日内作出。

6 信息公开

核查工作结束后，省级生态环境主管部门应将所有重点排放单位的《核查结论》在官方网站向社会公开，并报生态环境部汇总。如有核查复核的，应公开复核结论。

核查工作结束后，省级生态环境主管部门应对技术服务机构提供的核查服务按附件 6《技术服务机构信息公开表》的格式进行评价，在官方网站向社会公开《技术服务机构信息公开表》。评价过程应结合技术服务机构与省级生态环境主管部门的日常沟通、技术评审、复查以及核查复核等环节开展。

省级生态环境主管部门应加强信息公开管理，发现有违法违规行为的，应当依法予以公开。

附件 1

检查工作流程图

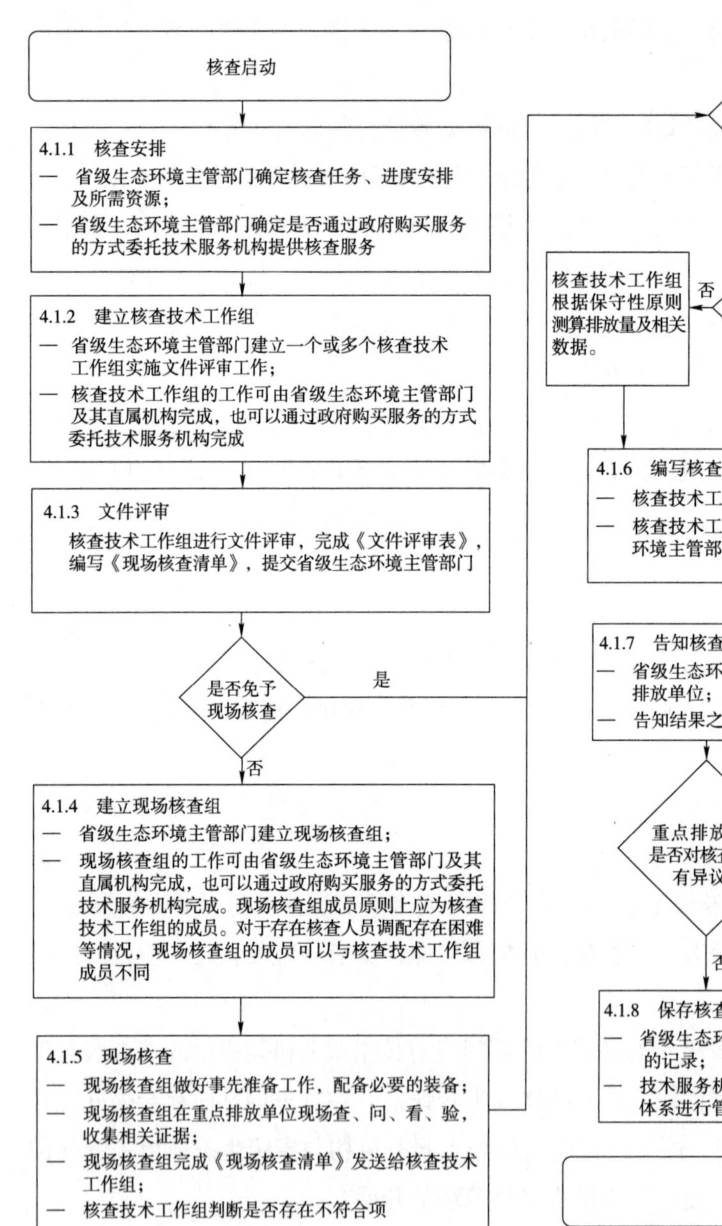
核查启动
4.1.1 核查安排
— 省级生态环境主管部门确定核查任务、进度安排及所需资源；
— 省级生态环境主管部门确定是否通过政府购买服务的方式委托技术服务机构提供核查服务
4.1.2 建立核查技术工作组
— 省级生态环境主管部门建立一个或多个核查技术工作组实施文件评审工作；
— 核查技术工作组的工作可由省级生态环境主管部门及其直属机构完成，也可以通过政府购买服务的方式委托技术服务机构完成
4.1.3 文件评审
核查技术工作组进行文件评审，完成《文件评审表》，编写《现场核查清单》，提交省级生态环境主管部门
是否免予现场核查
是
否
4.1.4 建立现场核查组
— 省级生态环境主管部门建立现场核查组；
— 现场核查组的工作可由省级生态环境主管部门及其直属机构完成，也可以通过政府购买服务的方式委托技术服务机构完成。现场核查组成员原则上应为核查技术工作组的成员。对于存在核查人员调配存在困难等情况，现场核查组的成员可以与核查技术工作组成员不同
4.1.5 现场核查
— 现场核查组做好事先准备工作，配备必要的装备；
— 现场核查组在重点排放单位现场查、问、看、验，收集相关证据；
— 现场核查组完成《现场核查清单》发送给核查技术工作组；
— 核查技术工作组判断是否存在不符合项

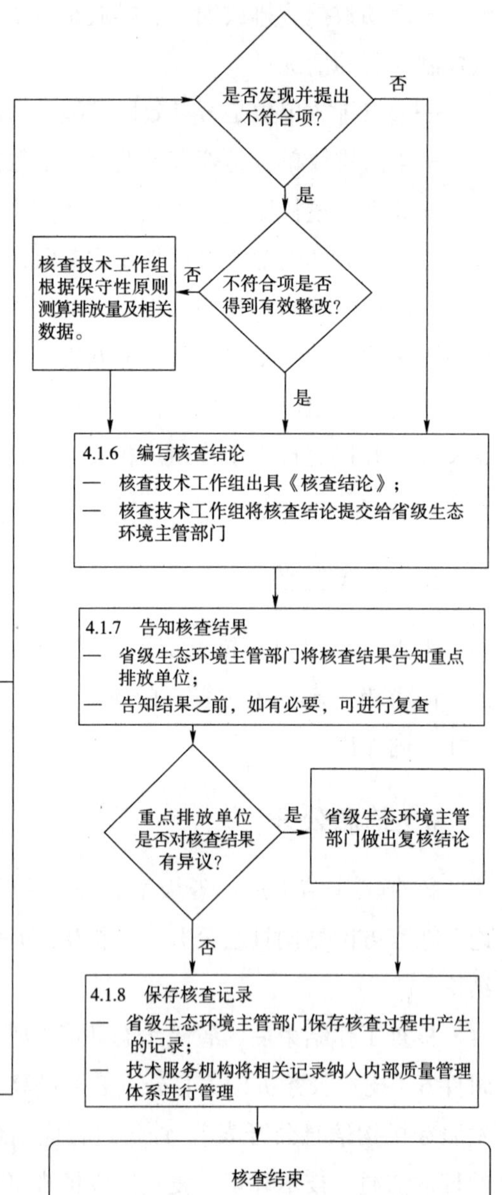
是否发现并提出不符合项？
否
是
不符合项是否得到有效整改？
否
核查技术工作组根据保守性原则测算排放量及相关数据。
是
4.1.6 编写核查结论
— 核查技术工作组出具《核查结论》；
— 核查技术工作组将核查结论提交给省级生态环境主管部门
4.1.7 告知核查结果
— 省级生态环境主管部门将核查结果告知重点排放单位；
— 告知结果之前，如有必要，可进行复查
重点排放单位是否对核查结果有异议？
是
省级生态环境主管部门做出复核结论
否
4.1.8 保存核查记录
— 省级生态环境主管部门保存核查过程中产生的记录；
— 技术服务机构将相关记录纳入内部质量管理体系进行管理
核查结束

附件 2

文件评审表

重点排放单位名称			
重点排放单位地址			
统一社会信用代码		法定代表人	
联系人		联系方式（座机、手机和电子邮箱）	
核算和报告依据			
核查技术工作组成员			
文件评审日期			
现场核查日期			
核查内容		文件评审记录 （将评审过程中的核查发现、符合情况以及交叉核对等内容详细记录）	存在疑问的信息或需要现场重点关注的内容
1. 重点排放单位基本情况			
2. 核算边界			
3. 核算方法			
4. 核算数据			
1）活动数据			
—活动数据 1			
—活动数据 2			
……			
2）排放因子			
—排放因子 1			
—排放因子 2			
……			
3）排放量			
4）生产数据			
—生产数据 1			
—生产数据 2			
……			
5. 质量控制和文件存档			
6. 数据质量控制计划及执行			
1）数据质量控制计划			
2）数据质量控制计划的执行			
7. 其他内容			
核查技术工作组负责人（签名、日期）:			

附件 3

现场核查清单

<table>
<tr><td>重点排放单位名称</td><td colspan="4"></td></tr>
<tr><td>重点排放单位地址</td><td colspan="4"></td></tr>
<tr><td>统一社会信用代码</td><td></td><td colspan="2">法定代表人</td><td></td></tr>
<tr><td>联系人</td><td></td><td colspan="2">联系方式（座机、手机和电子邮箱）</td><td></td></tr>
<tr><td colspan="3">现场核查要求</td><td colspan="2">现场核查记录</td></tr>
<tr><td colspan="3">1.</td><td colspan="2"></td></tr>
<tr><td colspan="3">2.</td><td colspan="2"></td></tr>
<tr><td colspan="3">3.</td><td colspan="2"></td></tr>
<tr><td colspan="3">4.</td><td colspan="2"></td></tr>
<tr><td colspan="3">……</td><td colspan="2"></td></tr>
<tr><td colspan="3"></td><td colspan="2">现场发现的其他问题：</td></tr>
<tr><td colspan="3">核查技术工作组负责人（签名、日期）：</td><td colspan="2">现场核查人员（签名、日期）：</td></tr>
</table>

附件 4

不符合项清单

<table>
<tr><td>重点排放单位名称</td><td colspan="3"></td></tr>
<tr><td>重点排放单位地址</td><td colspan="3"></td></tr>
<tr><td>统一社会信用代码</td><td></td><td>法定代表人</td><td></td></tr>
<tr><td>联系人</td><td></td><td>联系方式（座机、手机和电子邮箱）</td><td></td></tr>
<tr><td colspan="2">不符合项描述</td><td>整改措施及相关证据</td><td>整改措施是否符合要求</td></tr>
<tr><td colspan="2">1.</td><td></td><td></td></tr>
<tr><td colspan="2">2.</td><td></td><td></td></tr>
<tr><td colspan="2">3.</td><td></td><td></td></tr>
<tr><td colspan="2">4.</td><td></td><td></td></tr>
<tr><td colspan="2">……</td><td></td><td></td></tr>
<tr><td colspan="2">核查技术工作组负责人
（签名、日期）：</td><td>重点排放单位整改负责人
（签名、日期）：</td><td>核查技术工作负责人
（签名、日期）：</td></tr>
</table>

注：请于　年　月　日前完成整改措施，并提交相关证据。如未在上述日期前完成整改，主管部门将根据相关保守性原则测算温室气体排放量等相关数据，用于履约清缴等工作。

附件 5

核查结论

<table>
<tr><td colspan="5">一、重点排放单位基本信息</td></tr>
<tr><td>重点排放单位名称</td><td colspan="4"></td></tr>
<tr><td>重点排放单位地址</td><td colspan="4"></td></tr>
<tr><td>统一社会信用代码</td><td colspan="2"></td><td>法定代表人</td><td></td></tr>
<tr><td colspan="5">二、文件评审和现场核查过程</td></tr>
<tr><td>核查技术工作组承担单位</td><td colspan="2"></td><td>核查技术工作组成员</td><td></td></tr>
<tr><td>文件评审日期</td><td colspan="4"></td></tr>
<tr><td>现场核查工作组承担单位</td><td colspan="2"></td><td>现场核查工作组成员</td><td></td></tr>
<tr><td>现场核查日期</td><td colspan="4"></td></tr>
<tr><td>是否不予实施现场核查？</td><td colspan="4">□是□否，如是，简要说明原因。</td></tr>
<tr><td colspan="5">三、核查发现
（在相应空格中打√）</td></tr>
<tr><td>核查内容</td><td>符合要求</td><td>不符合项已整改且满足要求</td><td>不符合项整改但不满足要求</td><td>不符合项未整改</td></tr>
<tr><td>1. 重点排放单位基本情况</td><td></td><td></td><td></td><td></td></tr>
<tr><td>2. 核算边界</td><td></td><td></td><td></td><td></td></tr>
<tr><td>3. 核算方法</td><td></td><td></td><td></td><td></td></tr>
<tr><td>4. 核算数据</td><td></td><td></td><td></td><td></td></tr>
<tr><td>5. 质量控制和文件存档</td><td></td><td></td><td></td><td></td></tr>
<tr><td>6. 数据质量控制计划及执行</td><td></td><td></td><td></td><td></td></tr>
<tr><td>7. 其他内容</td><td></td><td></td><td></td><td></td></tr>
</table>

四、核查确认	
（一）初次提交排放报告的数据	
温室气体排放报告（初次提交）日期	
初次提交报告中的排放量（tCO_2e）	
初次提交报告中与配额分配相关的生产数据	
（二）最终提交排放报告的数据	
温室气体排放报告（最终）日期	
经核查后的排放量（tCO_2e）	
经核查后与配额分配相关的生产数据	
（三）其他需要说明的问题	
最终排放量的认定是否涉及核查技术工作组的测算?	□是□否，如是，简要说明原因、过程、依据和认定结果：
最终与配额分配相关的生产数据的认定是否涉及核查技术工作组的测算?	□是□否，如是，简要说明原因、过程、依据和认定结果：
其他需要说明的情况	
核查技术工作负责人（签字、日期）：	
技术服务机构盖章（如购买技术服务机构的核查服务）	

附件 6

技术服务机构信息公开表

（　　年度核查）

<table>
<tr><td colspan="11">一、技术服务机构基本信息</td></tr>
<tr><td colspan="2">技术服务机构名称</td><td colspan="9"></td></tr>
<tr><td colspan="2">统一社会信用代码</td><td colspan="3"></td><td colspan="4">法定代表人</td><td colspan="2"></td></tr>
<tr><td colspan="2">注册资金</td><td colspan="3"></td><td colspan="4">办公场所</td><td colspan="2"></td></tr>
<tr><td colspan="2">联系人</td><td colspan="3"></td><td colspan="4">联系方式（电话、E-mail)</td><td colspan="2"></td></tr>
<tr><td colspan="11">二、技术服务机构内部管理情况</td></tr>
<tr><td colspan="2">内部质量管理措施</td><td colspan="9"></td></tr>
<tr><td colspan="2">公正性管理措施</td><td colspan="9"></td></tr>
<tr><td colspan="2">不良记录</td><td colspan="9"></td></tr>
<tr><td colspan="11">三、核查工作及时性和工作质量</td></tr>
<tr><td rowspan="2">序号</td><td rowspan="2">重点排放单位名称</td><td rowspan="2">统一社会信用代码 / 组织机构代码</td><td rowspan="2">核查及时性（填写及时或不及时）</td><td colspan="7">核查质量
（如符合要求填写符合，如不符合要求，简述不符合的具体内容）</td></tr>
<tr><td>1. 重点排放单位基本情况</td><td>2. 核算边界</td><td>3. 核算方法</td><td>4. 核算数据</td><td>5. 质量控制和文件存档</td><td>6. 数据质量控制计划及执行</td><td>7. 其他内容</td></tr>
<tr><td>1</td><td></td><td></td><td></td><td></td><td></td><td></td><td></td><td></td><td></td><td></td></tr>
<tr><td>2</td><td></td><td></td><td></td><td></td><td></td><td></td><td></td><td></td><td></td><td></td></tr>
<tr><td>3</td><td></td><td></td><td></td><td></td><td></td><td></td><td></td><td></td><td></td><td></td></tr>
<tr><td>……</td><td></td><td></td><td></td><td></td><td></td><td></td><td></td><td></td><td></td><td></td></tr>
<tr><td colspan="11">共出具　份《核查结论》。其中：　份合格，　份不合格，合格率　%。
《核查结论》不合格情况如下：
—重点排放单位基本情况的核查存在不合格的　份；
—核算边界的核查存在不合格的　份；
—核算方法的核查存在不合格的　份；
—核算数据的核查存在不合格的　份；
—质量控制和文件存档的核查存在不合格的　份；
—数据质量控制计划及执行的核查存在不合格的　份；
—其他内容的核查存在不合格的　份。</td></tr>
</table>

附：1. 技术服务机构内部质量管理相关文件

　　2. 技术服务机构《年度公正性自查报告》

附录 2.2

工业企业温室气体排放核算和报告通则

（GB/T 32150—2015）

2015-11-19 发布　　2016-06-01 实施

引 言

在决定进行温室气体排放核算与报告之前，工业企业首先需要确定进行温室气体排放核算和报告的目的，这直接关系到后续进行核算与报告工作的方式、程度与结果。

工业企业进行温室气体排放核算的意义包括但不限于：

a）加强对工业企业温室气体排放状况的了解与管理，发现潜在的减排机会

掌握工业企业的温室气体排放现状；发现工业企业减少温室气体排放的关键环节；设定工业企业未来的温室气体排放目标等。

b）满足强制性温室气体控制的需求

满足国家级、地方级的温室气体排放控制要求与碳排放权交易需求。

c）参与自愿性温室气体行动

向工业企业产业链上的其他企业提供本企业温室气体排放情况；向自愿性减排机构提供温室气体排放报告；参与温室气体排放相关的认证、标识等自愿性行动；参与自愿性碳减排交易等。

1 范围

本标准规定了工业企业温室气体排放核算与报告的术语和定义、基本原则、工作流程、核算边界确定、核算步骤与方法、质量保证、报告要求等内容。

本标准适用于指导行业温室气体排放核算方法与报告要求标准的编制，也可为工业企业开展温室气体排放核算与报告活动提供方法参考。

2 规范性引用文件

下列文件对于本文件的应用是必不可少的。凡是注日期的引用文件，仅注日期

的版本适用于本文件。凡是不注日期的引用文件，其最新版本（包括所有的修改单）适用于本文件。

GB 17167　用能单位能源计量器具配备和管理通则

3　术语和定义

下列术语和定义适用于本文件。

3.1

温室气体　greenhouse gas

大气层中自然存在的和由于人类活动产生的能够吸收和散发由地球表面、大气层和云层所产生的、波长在红外光谱内的辐射的气态成分。

注：如无特别说明，本标准中的温室气体包括二氧化碳（CO_2）、甲烷（CH_4）、氧化亚氮（N_2O）、氢氟碳化物（HFCs）、全氟碳化物（PFCs）、六氟化硫（SF_6）与三氟化氮（NF_3）。

3.2

报告主体　reporting entity

具有温室气体排放行为的法人企业或视同法人的独立核算单位。

3.3

设施　facility

属于某一地理边界、组织单元或生产过程的，移动的或固定的一个装置、一组装置或一系列生产过程。

3.4

核算边界　accounting boundary

与报告主体（3.2）的生产经营活动相关的温室气体排放的范围。

3.5

温室气体源　greenhouse gas source

向大气中排放温室气体的物理单元或过程。

3.6

温室气体排放　greenhouse gas emission

在特定时段内释放到大气中的温室气体总量（以质量单位计算）。

3.7

燃料燃烧排放　fuel combustion emission

燃料在氧化燃烧过程中产生的温室气体排放。

3.8

过程排放 process emission

在生产、废弃物处理处置等过程中除燃料燃烧之外的物理或化学变化造成的温室气体排放。

3.9

购入的电力、热力产生的排放 emission from purchased electricity and heat

企业消费的购入电力、热力所对应的电力、热力生产环节产生的二氧化碳排放。

注：热力包括蒸汽、热水等。

3.10

输出的电力、热力产生的排放 emission from exported electricity and heat

企业输出的电力、热力所对应的电力、热力生产环节产生的二氧化碳排放。

3.11

温室气体清单 greenhouse gas inventory

工业企业拥有或控制的温室气体源以及温室气体排放量组成的清单。

3.12

活动数据 activity data

导致温室气体排放的生产或消费活动量的表征值。

注：如各种化石燃料的消耗量、原材料的使用量、购入的电量、购入的热量等。

3.13

排放因子 emission factor

表征单位生产或消费活动量的温室气体排放的系数。

3.14

碳氧化率 carbon oxidation rate

燃料中的碳在燃烧过程中被完全氧化的百分比。

3.15

全球变暖潜势 global warming potential

GWP

将单位质量的某种温室气体在给定时间段内辐射强迫的影响与等量二氧化碳辐射强度影响相关联的系数。

3.16

二氧化碳当量 carbon dioxide equivalent

CO_2e

在辐射强度上与某种温室气体质量相当的二氧化碳的量。

注：二氧化碳当量等于给定温室气体的质量乘以它的全球变暖潜势值。

4 基本原则

4.1 相关性

应选择适应目标用户需求的温室气体源数据和方法。

4.2 完整性

应包括所有相关的温室气体排放。

4.3 一致性

应能够对有关温室气体信息进行有意义的比较。

4.4 准确性

应减少偏见和不确定性。

4.5 透明性

应发布充分适用的温室气体信息，使目标用户能够在合理的置信度内做出决策。

5 温室气体排放核算和报告的工作流程

开展温室气体排放核算和报告的工作流程分为四大步骤，见图 1。

a） 根据开展核算和报告工作的目的，确定温室气体排放核算边界。

b） 进行温室气体排放核算，具体包括：

  1） 识别温室气体源与温室气体种类；

  2） 选择核算方法；

  3） 选择与收集温室气体活动数据；

  4） 选择或测算排放因子；

  5） 计算与汇总温室气体排放量。

c） 核算工作质量保证。

d） 撰写温室气体排放报告。

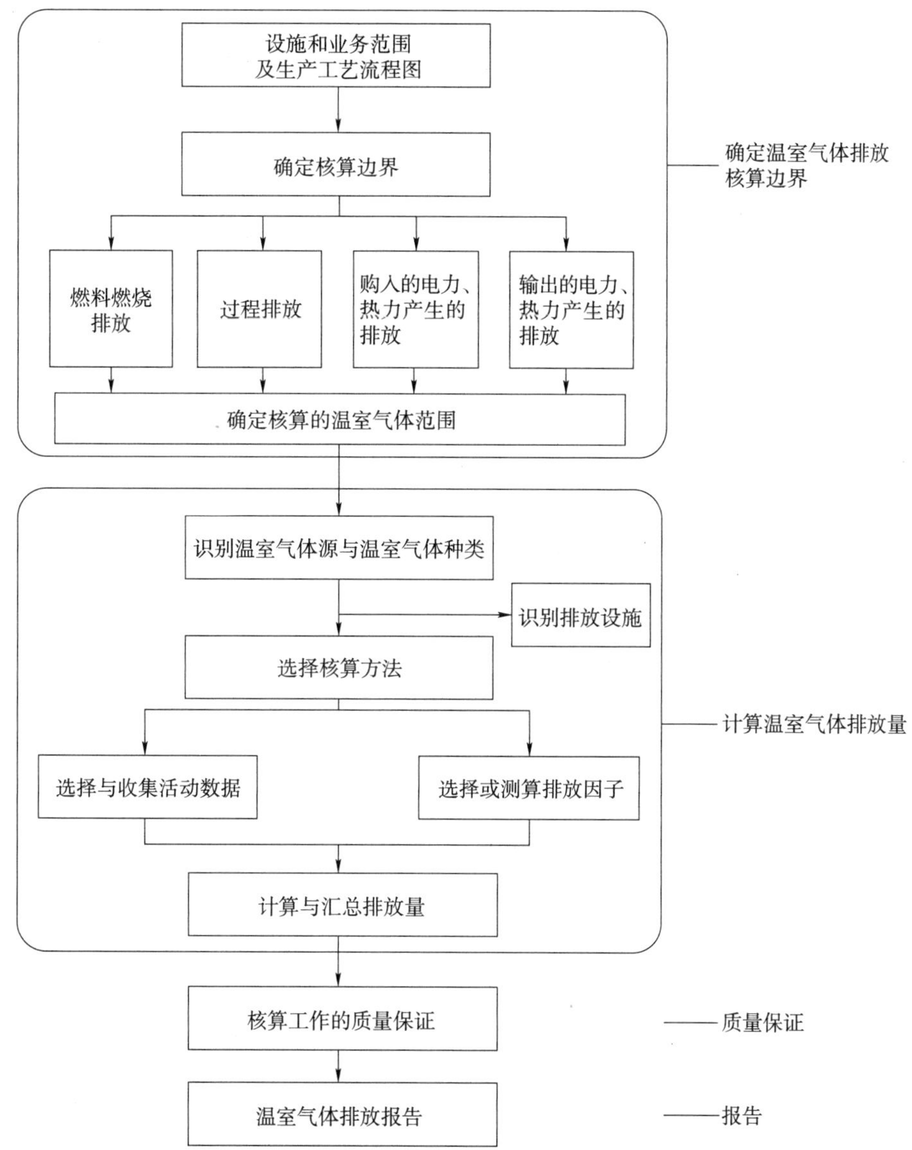

图 1 工业企业温室气体排放的核算和报告的工作流程图

6 温室气体排放核算边界

根据开展温室气体排放核算和报告的目的，报告主体应确定温室气体排放核算边界与涉及的时间范围，明确工作对象。

报告主体应以企业法人或视同法人的独立核算单位为边界，核算和报告其生产系统产生的温室气体排放。生产系统包括主要生产系统、辅助生产系统及直接为生产服务的附属生产系统，其中辅助生产系统包括动力、供电、供水、化验、机修、库房、运输等，附属生产系统包括生产指挥系统（厂部）和厂区内为生产服务的部门和单位（如职工食堂、车间浴室、保健站等）。

核算边界的确定宜参考设施和业务范围及生产工艺流程图。核算边界应包括：燃料燃烧排放，过程排放，购入的电力、热力产生的排放，输出的电力、热力产生的排放等。其中，生物质燃料燃烧产生的温室气体排放，应单独核算并在报告中给予说明，但不计入温室气体排放总量。

核算的温室气体范围宜包括：二氧化碳（CO_2）、甲烷（CH_4）、氧化亚氮（N_2O）、氢氟碳化物（HFCs）、全氟碳化物（PFCs）、六氟化硫（SF_6）和三氟化氮（NF_3）。报告主体应根据行业实际排放情况确定温室气体种类。

7 温室气体排放核算步骤与方法

7.1 识别温室气体源与温室气体种类

在所确定的核算边界范围内，对各类温室气体源进行识别：

——宜按表 1 对各类温室气体源进行识别；

——对 7.5.6 范围内的温室气体排放源应单独识别。

表 1 温室气体源与温室气体种类示意表（不限于）

核算边界	温室气体源类型	排放源举例	
		排放源	温室气体种类
燃料燃烧排放	固定燃烧源	电站锅炉 燃气轮机 工业锅炉 熔炼炉	CO_2
	移动燃烧源	汽车 火车 船舶 飞机	CO_2
过程排放	生产过程排放源[a]	氧化铝回转炉 合成氨造气炉 水泥回转窑 水泥立窑	CO_2、CH_4、N_2O
	废弃物处理处置过程排放源	污水处理系统	CO_2、CH_4

续表

核算边界	温室气体源类型	排放源举例	
		排放源	温室气体种类
过程排放	逸散排放源	矿坑 天然气处理设施 变压器	CH_4、SF_6
购入的电力、热力产生的排放	由报告主体外输入的电力、热力或蒸汽消耗源	电加热炉窑 电动机系统 泵系统 风机系统 变压器、调压器 压缩机械 制热设备 制冷设备 交流电焊机 照明设备	CO_2、SF_6
特殊排放	生物质燃料燃烧源	生物燃料汽车 生物燃料飞机 生物质锅炉	CO_2、CH_4
	产品隐含碳	钢铁产品	CO_2

[a] “生产过程排放源”在很多情况下也同时消耗能源，此处的分类更多关注其能够产生“过程排放”的属性，但在后续核算步骤中，也不应忽视其由于能源消耗引起的排放。

7.2　选择核算方法

7.2.1　概述

应选择能得出准确、一致、可再现的结果的核算方法。报告主体应参照行业确定的核算方法进行核算；如果行业无确定的核算方法，则应在报告中对所采用的核算方法加以说明。如果核算方法有变化，报告主体应在报告中对变化进行说明，并解释变化原因。

核算方法包括两种类型：

a）计算：

——排放因子法；

——物料平衡法。

b）实测。

7.2.2 排放因子法

采用排放因子法计算时，温室气体排放量为活动数据与温室气体排放因子的乘积，见式（1）：

$$E_{GHG}=AD \times EF \times GWP \tag{1}$$

式中：E_{GHG}——温室气体排放量，单位为吨二氧化碳当量（tCO_2e）；

AD——温室气体活动数据，单位根据具体排放源确定；

EF——温室气体排放因子，单位与活动数据的单位相匹配；

GWP——全球变暖潜势，数值可参考政府间气候变化专门委员会（IPCC）提供的数据。

注：在计算燃料燃烧排放二氧化碳时，排放因子也可为含碳量、碳氧化率及二氧化碳折算系数（44/12）的乘积。

7.2.3 物料平衡法

使用物料平衡法计算时，根据质量守恒定律，用输入物料中的含碳量减去输出物料中的含碳量进行 平衡计算得到二氧化碳排放量，见式（2）：

$$E_{GHG}=\left[\sum\left(M_I \times CC_I\right)-\sum\left(M_O \times CC_O\right)\right] \times w \times GWP \tag{2}$$

式中：E_{GHG}——温室气体排放量，单位为吨二氧化碳当量（tCO_2e）；

M_I——输入物料的量，单位根据具体排放源确定；

M_O——输出物料的量，单位根据具体排放源确定；

CC_I——输入物料的含碳量，单位与输入物料的量的单位相匹配；

CC_O——输出物料的含碳量，单位与输出物料的量的单位相匹配；

w——碳质量转化为温室气体质量的转换系数；

GWP——全球变暖潜势，数值可参考政府间气候变化专门委员会（IPCC）提供的数据。

注：本公式只适用于含碳温室气体的计算。如需计算其他温室气体排放量，可根据具体情况确定计算公式。

7.2.4 实测法

通过安装监测仪器、设备（如：烟气排放连续监测系统，CEMS），并采用相关技术文件中要求的方法测量温室气体源排放到大气中的温室气体排放量。

7.2.5 核算方法的选用依据

宜按照一定的优先级对核算方法进行选择。选择核算方法可参考的因素包括：

——核算结果的数据准确度要求；

——可获得的计算用数据情况；

——排放源的可识别程度。

7.3 选择与收集温室气体活动数据

报告主体应根据所选定的核算方法的要求来选择和收集温室气体活动数据。数据的类型按照优先级，如表 2 所示。报告主体应按照优先级由高到低的次序选择和收集数据。

表 2 温室气体活动数据收集优先级

数据类型	描述	优先级
原始数据	直接计量、监测获得的数据	高
二次数据	通过原始数据折算获得的数据，如：根据年度购买量及库存量的变化确定的数据；根据财务数据折算的数据等	中
替代数据	来自相似过程或活动的数据，如：计算冷媒逸散量时可采用相似制冷设备的冷媒填充量等	低

报告主体主要排放源活动数据及其来源如表 3 所示。

表 3 报告主体数据及来源

温室气体排放源	数据来源
固定燃烧源	企业能源平衡表
移动燃烧源	企业能源平衡表
过程排放源	原料消耗表 水平衡表（废水量） 废水监测报表（BOD、COD 浓度） 财务报表（原料购买量 / 购买额）
逸散排放源	监测报表
购入电力、热力或蒸汽	企业能源平衡表 财务报表（相关销售额） 采购发票或凭证
生物燃料运输设备	企业能源平衡表 财务报表（生物燃料消耗量 / 运输货物重量、里程） 采购发票或凭证
固碳产品	产品产量表 财务报表（产值）

7.4 选择或测定温室气体排放因子

在获取温室气体排放因子时，应考虑如下因素：

a） 来源明确，有公信力；

b） 适用性；

c） 时效性。

温室气体排放因子获取优先级如表 4 所示。

表 4 温室气体排放因子获取优先级

数据类型	描述	优先级
排放因子实测值或测算值	通过工业企业内的直接测量、能量平衡或物料平衡等方法得到的排放因子或相关参数值	高
排放因子参考值	采用相关指南或文件中提供的排放因子	低

报告主体应对温室气体排放因子的来源做出说明。

7.5 计算与汇总温室气体排放量

7.5.1 概述

报告主体应根据所选定的核算方法对温室气体排放量进行计算。所有温室气体的排放量均应折算为二氧化碳当量。

7.5.2 燃料燃烧排放

按照燃料种类分别计算其燃烧产生的温室气体排放量，并以二氧化碳当量为单位进行加总，见式（3）：

$$E_{燃烧}=\sum_{i} E_{燃烧i} \tag{3}$$

式中：$E_{燃烧}$——燃料燃烧产生的温室气体排放量总和，单位为吨二氧化碳当量（tCO_2e）；

$E_{燃烧i}$——第 i 种燃料燃烧产生的温室气体排放，单位为吨二氧化碳当量（tCO_2e）。

7.5.3 过程排放

按照过程分别计算其产生的温室气体排放量，并以二氧化碳当量为单位进行加总，见式（4）：

$$E_{过程}=\sum_{i} E_{过程i} \tag{4}$$

式中：$E_{过程}$——过程温室气体排放量总和，单位为吨二氧化碳当量（tCO_2e）；

$E_{过程i}$——第 i 个过程产生的温室气体排放，单位为吨二氧化碳当量（tCO_2e）。

7.5.4 购入的电力、热力产生的排放

购入的电力、热力产生的二氧化碳排放通过报告主体购入的电力、热力量与排放因子的乘积获得，见式（5）、式（6）：

$$E_{购入电}=AD_{购入电}\times EF_{电}\times GWP \tag{5}$$

$$E_{购入热}=AD_{购入热}\times EF_{热}\times GWP \tag{6}$$

式中：$E_{购入电}$——购入的电力所产生的二氧化碳排放，单位为吨二氧化碳当量（tCO_2e）；

$AD_{购入电}$——购入的电力量，单位为兆瓦时（MW · h）；

$EF_{电}$——电力生产排放因子，单位为吨二氧化碳每兆瓦时［tCO_2/（MW · h）］；

$E_{购入热}$——购入的热力所产生的二氧化碳排放，单位为吨二氧化碳当量（tCO_2e）；

$AD_{购入热}$——购入的热力量，单位为吉焦（GJ）；

$EF_{热}$——热力生产排放因子，单位为吨二氧化碳每吉焦（tCO_2/GJ）；

GWP——全球变暖潜势，数值可参考政府间气候变化专门委员会（IPCC）提供的数据。

7.5.5 输出的电力、热力产生的排放

输出的电力、热力产生的二氧化碳排放通过报告主体输出的电力、热力量与排放因子的乘积获得，见式（7）、式（8）：

$$E_{输出电}=AD_{输出电}\times EF_{电}\times GWP \tag{7}$$

$$E_{输出热}=AD_{输出热}\times EF_{热}\times GWP \tag{8}$$

式中：$E_{输出电}$——输出的电力所产生的二氧化碳排放，单位为吨二氧化碳（tCO_2）；

$AD_{输出电}$——输出的电力量，单位为兆瓦时（MW · h）；

$EF_{电}$——电力生产排放因子，单位为吨二氧化碳每兆瓦时［tCO_2/（MW · h）］；

$E_{输出热}$——输出的热力所产生的二氧化碳排放，单位为吨二氧化碳（tCO_2）；

$AD_{输出热}$——输出的热力量，单位为吉焦（GJ）；

$EF_{热}$——热力生产排放因子，单位为吨二氧化碳每吉焦（tCO_2/GJ）；

GWP——全球变暖潜势，数值可参考政府间气候变化专门委员会（IPCC）提供的数据。

7.5.6 温室气体气体排放总量

温室气体排放总量见式（9）：

$$E=E_{燃烧}+E_{过程}+E_{购入电}-E_{输出电}+E_{购入热}-E_{输出热}-E_{回收利用} \tag{9}$$

式中：E——温室气体排放总量，单位为吨二氧化碳当量（tCO_2e）；

$E_{燃烧}$——燃料燃烧产生的温室气体排放量总和，单位为吨二氧化碳当量（tCO_2e）；

$E_{过程}$——过程温室气体排放量总和，单位为吨二氧化碳当量（tCO_2e）；

$E_{购入电}$——购入的电力所产生的二氧化碳排放，单位为吨二氧化碳当量（tCO_2e）；

$E_{输出电}$——输出的电力所产生的二氧化碳排放，单位为吨二氧化碳当量（tCO_2e）；

$E_{购入热}$——购入的热力所产生的二氧化碳排放，单位为吨二氧化碳当量（tCO_2e）；

$E_{输出热}$——输出的热力所产生的二氧化碳排放，单位为吨二氧化碳当量（tCO_2e）；

$E_{回收利用}$——燃料燃烧、工艺过程产生的温室气体经回收作为生产原料自用或作为产品外供所对应的温室气体排放量，单位为吨二氧化碳当量（tCO_2e）。

8 核算工作的质量保证

报告主体应加强温室气体数据质量管理工作，包括但不限于：

a） 建立企业温室气体排放核算和报告的规章制度，包括负责机构和人员、工作流程和内容、工作周期和时间节点等；指定专职人员负责企业温室气体排放核算和报告工作；

b） 根据各种类型的温室气体排放源的重要程度对其进行等级划分，并建立企业温室气体排放源一览表，对于不同等级的排放源的活动数据和排放因子数据的获取提出相应的要求；

c） 依照 GB 17167 对现有监测条件进行评估，不断提高自身监测能力，并制订相应的监测计划，包括对活动数据的监测和对燃料低位发热量等参数的监测；定期对计量器具、检测设备和在线监测仪表进行维护管理，并记录存档；

d） 建立健全温室气体数据记录管理体系，包括数据来源、数据获取时间及相关责任人等信息的记录管理；

e） 建立企业温室气体排放报告内部审核制度，定期对温室气体排放数据进行交叉校验，对可能产生的数据误差风险进行识别，并提出相应的解决方案。

9 温室气体排放报告

9.1 概述

根据进行温室气体排放核算和报告的目的与要求，确定温室气体报告的具体内容。至少应包括 9.2～9.5 的内容。

9.2 报告主体基本信息

报告主体基本信息应包括企业名称、单位性质、报告年度、所属行业、统一社会信用代码、法定代表人、填报负责人和联系人信息等。

9.3 温室气体排放量

报告主体应报告在核算和报告期内温室气体排放总量，并分别报告燃料燃烧排放量、过程排放量、购入的电力、热力产生的排放量。此外，还宜报告其他重点说明的问题，如：生物质燃料燃烧产生的二氧化碳排放、固碳产品隐含碳对应的排放等。

9.4 活动数据及来源

报告主体应报告企业生产所使用的不同品种燃料的消耗量和相应的低位发热量，过程排放的相关数据，购入的电力量、热力量等。

9.5 排放因子数据及来源

报告主体应报告消耗的各种燃料的单位热值含碳量和碳氧化率，过程排放的相关排放因子，购入使电力 / 热力的生产排放因子，并说明来源。

参 考 文 献

[1] ISO 14064-1 温室气体 第1部分：组织层次上对温室气体排放和清除的量化和报告的规范及指南（Greenhous gases—Part 1：Specification with guidance at the organization level for quantification and reporting of greenhouse gas emissions and removals）.

[2] 温室气体核算体系：企业核算与报告标准（修订版）. 世界资源研究所（WRI）与世界可持续发展工商理事会（WBCSD）[GHG Protocol：A Corporate Accounting and Reporting Standard（Revised Edition）. World Resource Institute and World Business Council for Sustainable Development].

[3] IPCC 国家温室气体清单指南（2006）. 政府间气候变化专门委员会（IPCC）.

附录 2.3

温室气体排放核算与报告要求
第 1 部分：发电企业

（GB/T 32151.1—2015）

2015-11-19 发布　　　　2016-06-01 实施

1 范围

GB/T 32151 的本部分规定了发电企业温室气体排放量的核算和报告相关的术语、核算边界、核算步骤与核算方法、数据质量管理、报告内容和格式等内容。

本部分适用于发电企业温室气体排放量的核算和报告，以电力生产为主营业务的企业可按照本部分提供的方法核算温室气体排放量，并编制企业温室气体排放报告。如果发电企业除电力生产外还存在其他产品生产活动且存在温室气体排放的，则应按照相关行业的企业温室气体排放核算与报告要求进行核算并汇总报告。

2 规范性引用文件

下列文件对于本文件的应用是必不可少的。凡是注日期的引用文件，仅注日期的版本适用于本文件。凡是不注日期的引用文件，其最新版本（包括所有的修改单）适用于本文件。

GB/T 212　煤的工业分析方法

GB/T 213　煤的发热量测定方法

GB 474　煤样的制备方法

GB/T 476　煤中碳和氢的测定方法

GB/T 11062　天然气发热量、密度、相对密度和沃泊指数的计算方法

GB 17167　用能单位能源计量器具配备和管理通则

DL/T 567.6　飞灰和炉渣可燃物测定方法

DL/T 567.8　燃油发热量的测定

DL/T 5142　火力发电厂除灰设计规程

3 术语和定义

下列术语和定义适用于本文件。

3.1

温室气体 greenhouse gas

大气层中自然存在的和由于人类活动产生的能够吸收和散发由地球表面、大气层和云层所产生的、波长在红外光谱内的辐射的气态成分。

[GB/T 32150—2015，定义 3.1]

注：本部分涉及的温室气体只包含二氧化碳（CO_2）。

3.2

报告主体 reporting entity

具有温室气体排放行为的法人企业或视同法人的独立核算单位。

[GB/T 32150—2015，定义 3.2]

3.3

发电企业 power generation enterprise

以发电为主营业务的独立核算单位。

3.4

化石燃料燃烧排放 fossil fuel combustion emission

化石燃料在氧化燃烧过程中产生的温室气体排放。

3.5

购入的电力产生的排放 emission from purchased electricity

企业消费的购入电力所对应的电力生产环节产生的二氧化碳排放。

3.6

活动数据 activity data

导致温室气体排放的生产或消费活动量的表征值。

[GB/T 32150—2015，定义 3.12]

注：例如各种化石燃料的消耗量、原材料的使用量、购入的电量等。

3.7

排放因子 emission factor

表征单位生产或消费活动量的温室气体排放的系数。

[GB/T 32150—2015，定义 3.13]

注：例如每单位化石燃料消耗所对应的二氧化碳排放量、购入的每千瓦时电量所对应的二氧化碳排放量等。

3.8

碳氧化率　carbon oxidation rate

燃料中的碳在燃烧过程中被完全氧化的百分比。

［GB/T 32150—2015，定义 3.14］

4 核算边界

4.1 概述

报告主体应以企业法人或视同法人的独立核算单位为边界，核算和报告其生产系统产生的温室气体排放。生产系统包括主要生产系统、辅助生产系统及直接为生产服务的附属生产系统，其中辅助生产系统包括动力、供电、供水、化验、机修、库房、运输等，附属生产系统包括生产指挥系统（厂部）和厂区内为生产服务的部门和单位（如职工食堂、车间浴室，保健站等）。

如果报告主体除电力生产外还存在其他产品生产活动，并存在本部分未涵盖的温室气体排放环节，则应参考其他相关行业的企业温室气体排放核算和报告要求进行核算并汇总报告（报告格式参见附录 A）。

发电企业根据其发电生产过程的异同，其温室气体核算和报告范围包括以下部分和全部排放：化石燃料燃烧产生的二氧化碳排放、脱硫过程的二氧化碳排放、企业购入的电力产生的二氧化碳排放。发电企业温室气体排放及核算边界见图 1。

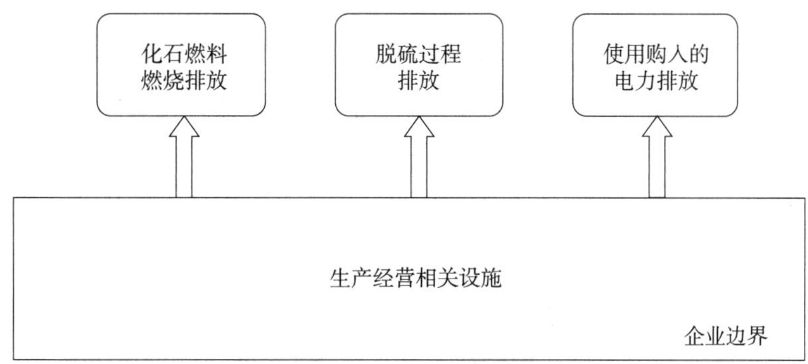

图 1　发电企业核算边界示意图

4.2 核算和报告范围

4.2.1 化石燃料燃烧排放

发电企业所涉及的化石燃料燃烧排放是指煤炭、天然气、汽油、柴油等化石燃料（包括发电用燃料、辅助燃油与搬运设备用油等）在各种类型的固定或移动燃烧设备（如锅炉、燃气轮机、厂内运输车辆等）中发生氧化燃烧过程产生的二氧化碳排放。

4.2.2 脱硫过程排放

发电企业所涉及的过程排放主要是脱硫剂（碳酸盐）分解产生的二氧化碳排放。

4.2.3 购入的电力产生的排放

发电企业消费的购入电力所对应的二氧化碳排放。

5 核算步骤与核算方法

5.1 核算步骤

报告主体进行企业温室气体排放核算与报告的工作流程包括以下步骤：

a）识别排放源；

b）收集活动数据；

c）选择和获取排放因子数据；

d）分别计算化石燃料燃烧产生的二氧化碳排放量、脱硫过程的二氧化碳排放量、企业购入的电力所对应的二氧化碳排放量；

e）汇总计算企业温室气体排放量。

5.2 核算方法

5.2.1 概述

发电企业的全部排放包括化石燃料燃烧产生的二氧化碳排放、脱硫过程的二氧化碳排放、企业购入电力产生的二氧化碳排放。对于生物质混合燃料发电企业，其燃料燃烧的二氧化碳排放仅统计混合燃料中化石燃料（如燃煤）的二氧化碳排放；对于垃圾焚烧发电企业，其燃料燃烧的二氧化碳排放仅统计化石燃料（如燃煤）的二氧化碳排放。

发电企业的温室气体排放总量等于企业边界内化石燃料燃烧排放、脱硫过程的排放和购入使用电力产生的排放之和，按式（1）计算：

$$E=E_{燃烧}+E_{脱硫}+E_{电} \tag{1}$$

式中：E——报告主体的二氧化碳排放总量，单位为吨二氧化碳（tCO_2）；

$E_{燃烧}$——报告主体的化石燃料燃烧排放量，单位为吨二氧化碳（tCO_2）；

$E_{脱硫}$——脱硫过程产生的二氧化碳排放量，单位为吨二氧化碳（tCO_2）；

$E_{电}$——企业购入的电力消费的排放量，单位为吨二氧化碳（tCO_2）。

5.2.2 化石燃料燃烧排放

5.2.2.1 计算公式

化石燃料燃烧导致的二氧化碳排放量是企业核算和报告年度内各种化石燃料燃

烧产生的二氧化碳排放量的加总，按式（2）计算：

$$E_{燃烧}=\sum_{i=1}^{n}(AD_i \times EF_i) \tag{2}$$

式中：$E_{燃烧}$——核算和报告年度内化石燃料燃烧产生的二氧化碳排放量，单位为吨二氧化碳（tCO_2）；

AD_i——核算和报告年度内第 i 种化石燃料的活动数据，单位为吉焦（GJ）；

EF_i——第 i 种化石燃料的二氧化碳排放因子，单位为吨二氧化碳每吉焦（tCO_2/GJ）；

i——化石燃料类型代号。

5.2.2.2 活动数据获取

5.2.2.2.1 概述

化石燃料燃烧的活动数据是核算和报告年度内各种化石燃料的消耗量与平均低位发热量的乘积，按式（3）计算：

$$AD_i=NCV_i \times FC_i \tag{3}$$

式中：AD_i——核算和报告年度内第 i 种化石燃料的活动数据，单位为吉焦（GJ）；

NCV_i——核算和报告年度内第 i 种化石燃料的平均低位发热量；对固体和液体化石燃料，单位为吉焦每吨（GJ/t）；对气体化石燃料，单位为吉焦每万标立方米（$GJ/10^4\ Nm^3$）；

FC_i——核算和报告年度内第 i 种化石燃料的净消耗量；对固体和液体化石燃料，单位为吨（t）；对气体化石燃料，单位为万标立方米（$10^4\ Nm^3$）。

5.2.2.2.2 化石燃料消耗量

化石燃料的消耗量应根据企业能源消耗实际测量值来确定，具体测量器具的标准应符合 GB 17167 的相关要求。

5.2.2.2.3 低位发热量

燃煤低位发热量的具体测量方法和实验室及设备仪器标准应遵循 GB/T 213 的相关规定，频率为每天至少一次。燃煤年平均低位发热量由日平均低位热量加权平均计算得到，其权重是燃煤日消耗量。

燃油低位发热量的测量方法和实验室及设备仪器标准应遵循 DL/T 567.8 的相关规定。燃油的低位发热量按每批次测量，或采用与供应商交易结算合同中的年度平均低位发热量。燃油年平均低位发热量由每批次燃油平均低位热量加权平均计算得到，其权重为每批次燃油消耗量。企业使用柴油或汽油作为化石燃料的低位发热量可采用表 B.1 的推荐值。

天然气低位发热量测量方法和实验室及设备仪器标准应遵循 GB/T 11062 的相关规定。天然气的低位发热量企业可以自行测量，也可由化石燃料供应商提供，每月至少一次。如果企业某月有几个低位发热量数据，取几个低位发热量的加权平均值作为该月的低位发热量。天然气年平均低位发热量由月平均低位热量加权平均计算得到，其权重为天然气月消耗量。

生物质混合燃料发电机组以及垃圾焚烧发电机组中化石燃料的低位发热量应参考上述燃煤、燃油、燃气机组的低位发热量测量和计算方法。

5.2.2.3 排放因子数据获取

5.2.2.3.1 概述

化石燃料燃烧的二氧化碳排放因子按式（4）计算：

$$EF_i = CC_i \times OF_i \times \frac{44}{12} \tag{4}$$

式中：EF_i——第 i 种化石燃料的二氧化碳排放因子，单位为吨二氧化碳每吉焦（tCO_2/GJ）；

CC_i——第 i 种化石燃料的单位热值含碳量，单位为吨碳每吉焦（tC/GJ）；

OF_i——第 i 种化石燃料的碳氧化率，以 % 表示，宜采用表 B.1 的推荐值；

$\frac{44}{12}$——二氧化碳与碳的相对分子质量之比。

5.2.2.3.2 单位热值含碳量

对于燃煤的单位热值含碳量，企业应每天采集入炉煤的缩分样品，每月的最后一天将该月的每天获得的缩分样品混合，测量其元素碳含量与低位发热量，入炉煤的缩分样品的制备应符合 GB 474 要求。燃煤元素碳含量的具体测量标准应符合 GB/T 476 的要求，燃煤低位发热量的具体测量标准应符合 GB/T 213 要求。

燃煤月平均单位热值含碳量按式（5）计算：

$$CC_{煤} = \frac{C_{煤}}{NCV_{煤}} \tag{5}$$

式中：$CC_{煤}$——燃煤的月平均单位热值含碳量，单位为吨碳每吉焦（tC/GJ）；

$NCV_{煤}$——燃煤的月平均低位发热量，单位为吉焦每吨（GJ/t）；

$C_{煤}$——燃煤的月平均元素碳含量，以 % 表示。

燃煤年平均单位热值含碳量通过燃煤每月的单位热值含碳量加权平均计算得出，其权重为入炉煤月活动水平。燃油和燃气的单位热值含碳量采用表 B.1 的推荐值。

对于生物质混合燃料发电机组以及垃圾焚烧发电机组中化石燃料的单位热值含碳量，应参考上述单位热值含碳量的测量和计算方法。

5.2.2.3.3　碳氧化率

燃煤机组的碳氧化率按式（6）计算：

$$OF_{煤}=1-\frac{G_{渣}\times C_{渣}+G_{灰}\times C_{灰}/\eta_{除尘}}{FC_{煤}\times NCV_{煤}\times CC_{煤}} \tag{6}$$

式中：$OF_{煤}$——燃煤的碳氧化率，以 % 表示；

$G_{渣}$——全年的炉渣产量，单位为吨（t）；

$C_{渣}$——炉渣的平均含碳量，以 % 表示；

$G_{灰}$——全年的飞灰产量，单位为吨（t）；

$C_{灰}$——飞灰的平均含碳量，以 % 表示；

$\eta_{除尘}$——除尘系统平均除尘效率，以 % 表示；

$FC_{煤}$——燃煤的消耗量，单位为吨（t）；

$NCV_{煤}$——燃煤的平均低位发热量，单位为吉焦每吨（GJ/t）；

$CC_{煤}$——燃煤单位热值含碳量，单位为吨碳每吉焦（tC/GJ）。

炉渣产量和飞灰产量应采用实际称量值，按月记录。如果不能获取称量值时，可采用 DL/T 5142 中的估算方法进行估算。其中，燃煤收到基灰分 $A_{ar,m}$ 的测量标准应符合 GB/T 212。锅炉固体未完全燃烧的热损失 q_4 值应按锅炉厂提供的数据进行计算，在锅炉厂未提供数据时，可采用表 B.4 的推荐值。锅炉各部分排放的灰渣量应按锅炉厂提供的灰渣分配比例进行计算，在未提供数据时，采用表 B.5 的推荐值。除尘效率应采用设备制造厂提供的数据，在未提供数据时，除尘效率取 100%。炉渣和飞灰的含碳量根据该月中每次样本检测值取算术平均值，且每月的检测次数不低于 1 次。飞灰和炉渣样本的检测需遵循 DL/T 567.6 的要求。如果上述方法中某些量无法获得，燃煤碳氧化率可采用表 B.1 的推荐值。

燃油和燃气的碳氧化率采用表 B.1 的推荐值。

对于生物质混合燃料发电机组以及垃圾焚烧发电机组中化石燃料的碳氧化率，应参考上述碳氧化率的测量和计算方法。

5.2.3　脱硫过程排放

5.2.3.1　计算公式

对于燃煤机组，应考虑脱硫过程的二氧化碳排放，通过碳酸盐的消耗量乘以排放因子得出，按式（7）计算：

$$E_{脱硫}=\sum_{k}CAL_{k}\times EF_{k} \tag{7}$$

式中：$E_{脱硫}$——脱硫过程的二氧化碳排放量，单位为吨二氧化碳（tCO_2）；

CAL_k——第 k 种脱硫剂中碳酸盐消耗量，单位为吨（t）；

EF_k——第 k 种脱硫剂中碳酸盐的排放因子，单位为吨二氧化碳每吨（tCO_2/t）；

k——脱硫剂类型。

5.2.3.2 活动数据获取

脱硫剂中碳酸盐年消耗量的计算按式（8）计算：

$$CAL_{k,y}=\sum_{m}B_{k,m}\times I_{k} \tag{8}$$

式中：$CAL_{k,y}$——第 k 种脱硫剂中碳酸盐在全年的消耗量，单位为吨（t）；

$B_{k,m}$——脱硫剂在全年某月的消耗量，单位为吨（t）；

I_k——脱硫剂中碳酸盐含量，以 % 表示；

y——核算和报告年；

k——第 k 种脱硫剂类型；

m——核算和报告年中的某月。

脱硫过程所使用的脱硫剂（如石灰石等）的消耗量可通过每批次或每天测量值加和得到，记录每个月的消耗量。若企业没有进行测量或者测量值不可得时可使用结算发票替代。

脱硫剂中碳酸盐含量取缺省值 90%，有条件的企业，还可以自行或委托有资质的专业机构定期检测脱硫剂中碳酸盐含量。

5.2.3.3 排放因子数据获取

脱硫过程排放因子的按式（9）计算：

$$EF_{k}=EF_{k,t}\times TR \tag{9}$$

式中：EF_k——脱硫过程的排放因子，单位为吨二氧化碳每吨（tCO_2/t）；

$EF_{k,t}$——完全转化时脱硫过程的排放因子，单位为吨二氧化碳每吨（tCO_2/t），完全转化时脱硫过程的排放因子宜参见表 B.2 中的推荐值；

TR——转化率，以 % 表示，脱硫过程的转化率宜取 100%。

5.2.4 购入的电力产生的排放

5.2.4.1 计算公式

对于购入电力消耗所对应的电力生产环节产生的二氧化碳排放量，用购入电量乘以该区域电网平均供电排放因子得出，按式（10）计算：

$$E_{电}=AD_{电}\times EF_{电} \quad (10)$$

式中：$E_{电}$——购入电力消耗所对应的电力生产环节产生的二氧化碳排放量，单位为吨二氧化碳（tCO_2）；

$AD_{电}$——核算和报告期内的购入电量，单位为兆瓦时（MW·h）；

$EF_{电}$——区域电网年平均供电排放因子，单位为吨二氧化碳每兆瓦时［tCO_2/（MW·h）］。

5.2.4.2 活动数据获取

购入电力的活动数据以发电企业电表记录的读数为准，如果没有，可采用供应商提供的电费发票或者结算单等结算凭证上的数据。

5.2.4.3 排放因子数据获取

电力排放因子应根据企业生产地址及目前的东北、华北、华东、华中、西北、南方电网划分，选用国家主管部门公布的相应区域电网排放因子进行计算。

6 数据质量管理

报告主体宜加强温室气体数据质量管理工作，包括但不限于：

a）建立企业温室气体排放核算和报告的规章制度，包括负责机构和人员、工作流程和内容、工作周期和时间节点等；指定专职人员负责企业温室气体排放核算和报告工作；

b）根据各种类型的温室气体排放源的重要程度对其进行等级划分，并建立企业温室气体排放源一览表，对于不同等级的排放源的活动数据和排放因子数据的获取提出相应的要求；

c）对现有监测条件进行评估，不断提高自身监测能力，并制订相应的监测计划，包括对活动数据的监测和对化石燃料低位发热量等参数的监测；定期对计量器具、检测设备和在线监测仪表进行维护管理，并记录存档；

d）建立健全温室气体数据记录管理体系，包括数据来源、数据获取时间及相关责任人等信息的记录管理；

e）建立企业温室气体排放报告内部审核制度。定期对温室气体排放数据进行交叉校验，对可能产生的数据误差风险进行识别，并提出相应的解决方案。

7 报告内容和格式

7.1 概述

报告主体应参照附录 A 的格式进行报告。

7.2 报告主体基本信息

报告主体基本信息应包括报告主体名称、单位性质、报告年度、所属行业、统一社会信用代码、法定代表人、填报负责人和联系人信息等。

7.3 温室气体排放量

报告主体应报告年度温室气体排放总量，并根据发电企业的发电生产过程的实际情况分别报告化石燃料燃烧产生的二氧化碳排放、脱硫过程的二氧化碳排放、企业购入电力产生的二氧化碳排放。

7.4 活动数据及来源

报告主体应报告企业所有产品生产所使用的不同品种化石燃料的消耗量和相应的低位发热量、脱硫剂消耗量、购入的电量。

如果企业生产其他产品，则应按照相关行业的企业温室气体报告的要求报告其活动数据及来源。

7.5 排放因子数据及来源

报告主体应报告消耗的各种化石燃料的单位热值含碳量和碳氧化率、脱硫剂的排放因子、购入电力的排放因子。

如果企业生产其他产品，则应按照相关行业的企业温室气体报告的要求报告其排放因子数据及来源。

附 录 A

（资料性附录）

报告格式模板

发电企业温室气体排放报告

报告主体（盖章）：

报告年度：

编制日期：　　年　　月　　日

本报告主体核算了　　　　年度温室气体排放量，并填写了相关数据表格。现将有关情况报告如下：

一、报告主体基本信息

二、温室气体排放

三、活动数据及来源说明

四、排放因子数据及来源说明

本企业承诺对本报告的真实性负责。

法人（签字）：

年　　月　　日

表 A.1 报告主体______年二氧化碳排放量报告

企业二氧化碳排放总量 /tCO_2	
化石燃料燃烧排放量 /tCO_2	
脱硫过程排放量 /tCO_2	
购入使用的电力排放量 /tCO_2	

表 A.2 报告主体排放活动数据

排放源类别	化石燃料种类	消耗量 /（t 或 10^4 Nm^3）	低位发热量 /（GJ/t 或 GJ/10^4 Nm^3）
化石燃料燃烧[a]	燃煤		
	原油		
	燃料油		
	汽油		
	柴油		
	炼厂干气		
	其他石油制品		
	天然气		
	焦炉煤气		
	其他煤气		
脱硫过程[b]	参数名称	数据	单位
	脱硫剂消耗量		t
购入电力	参数名称	数据	单位
	电力购入量		MW · h

[a] 企业应自行添加未在表中列出但企业实际消耗的其他能源品种。

[b] 企业如使用多种脱硫剂，请自行添加。

表 A.3　报告主体排放因子和计算系数

排放源类别	化石燃料种类	单位热值含碳量 /（tC/GJ）	碳氧化率 / %
化石燃料燃烧[a]	燃煤		
	原油		
	燃料油		
	汽油		
	柴油		
	炼厂干气		
	其他石油制品		
	天然气		
	焦炉煤气		
	其他煤气		
脱硫过程[b]	参数名称	数据	单位
	脱硫过程的排放因子		tCO_2/t
购入电力	参数名称	数据	单位
	区域电网年平均供电排放因子		tCO_2/（MW·h）

[a] 企业应自行添加未在表中列出但企业实际消耗的其他能源品种。
[b] 企业如使用多种脱硫剂，请自行添加。

附 录 B

（资料性附录）

相关参数推荐值

相关参数推荐值见表 B.1、表 B.2、表 B.3、表 B.4 和表 B.5。

表 B.1 常用化石燃料相关参数推荐值

能源名称	计量单位	低位发热量 /（GJ/t 或 GJ/10^4 Nm^3）	单位热值含碳量 /（tC/GJ）	碳氧化率
燃煤	t	—	—	98%[b]
原油	t	41.316[a]	20.1×10^{-3} [b]	98%[b]
燃料油	t	41.816[a]	21.1×10^{-3} [b]	
汽油	t	43.070[a]	18.9×10^{-3} [b]	
柴油	t	42.652[a]	20.2×10^{-3} [b]	
炼厂干气	t	45.998[a]	18.2×10^{-3} [b]	
天然气	10^4 Nm^3	389.31[a]	15.3×10^{-3} [b]	99%[b]
焦炉煤气	10^4 Nm^3	179.81[a]	13.58×10^{-3} [b]	
其他煤气	10^4 Nm^3	52.27[a]	12.2×10^{-3} [b]	

[a] 数据取值来源为《中国能源统计年鉴》（2013）。
[b] 数据取值来源为《省级温室气体清单编制指南》（试行）。

表 B.2 碳酸盐排放因子推荐值

碳酸盐	排放因子 /（tCO_2/t 碳酸盐）
$CaCO_3$	0.440
$MgCO_3$	0.522
Na_2CO_3	0.415
$BaCO_3$	0.223
Li_2CO_3	0.596
K_2CO_3	0.318
$SrCO_3$	0.298
$NaHCO_3$	0.524
$FeCO_3$	0.380

注：上述碳酸盐排放因子推荐值为二氧化碳与碳酸盐的相对分子质量之比。

表 B.3　其他排放因子和参数推荐值

名称	单位	CO_2 排放因子
购入电力	tCO_2/（MW·h）	选用国家主管部门公布的相应区域电网排放因子

表 B.4　固体未完全燃烧热损失（q_4）值

锅炉型式	燃料种类	q_4/%
固态排渣煤粉炉	无烟煤	4
	贫煤	2
	烟煤（V_{dat}≤25%）	2
	烟煤（V_{daf}>25%）	1.5
	褐煤	0.5
	洗煤（V_{daf}≤25%）	3
	洗煤（V_{daf}>25%）	2.5
液态排渣炉	烟煤	1
	无烟煤	3
循环流化床炉	烟煤	2.5
	无烟煤	3

注：上述数据取值来源：DL/T 5412。

表 B.5　不同类型锅炉的灰渣分配表

锅炉形式	单位	煤粉炉	W 型火焰炉	液态排渣炉	循环流化床炉
渣	%	10	15	40	40
灰	%	90	85	60	60

注 1：当设有省煤器灰斗时，其灰量可为灰渣量的 5%；当磨煤机采用中速磨时，石子煤可在锅炉最大连续蒸发量时燃煤量的 0.5%～1% 范围内选取。

注 2：上述数据取值来源：DL/T 5412。

参 考 文 献

[1] GB/T 32150—2015 工业企业温室气体排放核算和报告通则.

[2] 省级温室气体清单编制指南（试行），国家发展和改革委员会办公厅.

[3] 中国能源统计年鉴 2013，中国统计出版社.

[4] IPCC 国家温室气体清单指南（2006），政府间气候变化专门委员会（IPCC）.

[5] 温室气体议定书——企业核算与报告准则，世界资源研究所（WORLD RESOURCE INSTI-TUTE）.

附录 2.4

温室气体排放核算与报告要求 第 5 部分：钢铁生产企业

（GB/T 32151.5—2015）

2015-11-19 发布　　2016-06-01 实施

1　范围

GB/T 32151 的本部分规定了钢铁生产企业温室气体排放量的核算和报告相关的术语、核算边界、核算步骤与核算方法、数据质量管理、报告内容和格式等内容。

本部分适用于钢铁生产企业温室气体排放量的核算和报告，钢铁生产企业可按照本部分提供的方法核算温室气体排放量，并编制企业温室气体排放报告。如钢铁生产企业除钢饮产品生产以外还存在其他产品生产活动且存在温室气体排放，则应按照相关行业的企业温室气体排放核算和报告要求进行核算并汇总报告。

2　规范性引用文件

下列文件对于本文件的应用是必不可少的。凡是注日期的引用文件，仅注日期的版本适用于本文件。凡是不注日期的引用文件，其最新版本（包括所有的修改单）适用于本文件。

GB/T 213　煤的发热量测定方法

GB/T 223.69　钢铁及合金　碳含量的测定　管式炉内燃烧后气体容量法

GB/T 223.86　钢铁及合金　总碳含量的测定　感应炉燃烧后红外吸收法

GB/T 384　石油产品热值测定法

GB/T 4333.10　硅铁化学分析方法　红外线吸收法测定碳量

GB/T 4699.4　铬铁和硅铬合金　碳含量的测定　红外线吸收法和重量法

GB/T 7731.10　钨铁化学分析方法　红外线吸收法测定碳量

GB/T 8704.1　钒铁　碳含量的测定　红外线吸收法及气体容量法

GB/T 22723　天然气能量的测定

YB/T 5339 磷铁 碳含量的测定 红外线吸收法

YB/T 5340 磷铁 碳含量的测定 气体容量法

3 术语和定义

下列术语和定义适用于本文件。

3.1

温室气体 greenhouse gas

大气层中自然存在的和由于人类活动产生的能够吸收和散发由地球表面、大气层和云层所产生的、波长在红外光谱内的辐射的气态成分。

[GB/T 32150—2015，定义 3.1]

注：本部分涉及的温室气体包含二氧化碳（CO_2）。

3.2

报告主体 reporting entity

具有温室气体排放行为的法人企业或视同法人的独立核算单位。

[GB/T 32150—2015，定义 3.2]

3.3

钢铁生产企业 iron and steel production enterprises

以黑色金属冶炼、压延加工及制品生产为主营业务的独立核算单位。

3.4

燃料燃烧排放 fuel combustion emission

燃料在氧化燃烧过程中产生的温室气体排放。

[GB/T 32150—2015，定义 3.7]

3.5

过程排放 process emission

在生产、废弃物处理处置过程中除燃料燃烧之外的物理或化学变化造成的温室气体排放。

[GB/T 32150—2015，定义 3.8]

3.6

购入的电力、热力产生的排放 emission from purchased electricity and heat

企业消费的购入电力、热力所对应的电力、热力生产环节产生的二氧化碳排放。

注：热力包括蒸汽、热水等。

[GB/T 32150—2015，定义 3.9]

3.7

输出的电力、热力产生的排放　emission from exported electricity and heat

企业输出的电力、热力所对应的电力、热力生产环节产生的二氧化碳排放。

［GB/T 32150—2015，定义 3.10］

注：热力包括蒸汽、热水。

3.8

固碳产品隐含的排放　carbon fixation products embedded emission

固化在粗钢、甲醇等外销产品中的碳所对应的二氧化碳排放。

3.9

活动数据　activity data

导致温室气体排放的生产或消费活动量的表征值。

注：如各种化石燃料的消耗量、原材料的使用量、购入的电量、购入的热量等。

［GB/T 32150—2015，定义 3.12］

3.10

排放因子　emission factor

表征单位生产或消费活动量的温室气体排放的系数。

［GB/T 32150—2015，定义 3.13］

3.11

碳氧化率　carbon oxidation rate

燃料中的碳在燃烧过程中被完全氧化的百分比。

［GB/T 32150—2015，定义 3.14］

4　核算边界

4.1　概述

报告主体应以企业法人或视同法人的独立核算单位为边界，核算和报告其生产系统产生的温室气体排放。生产系统包括主要生产系统、辅助生产系统及直接为生产服务的附属生产系统，其中辅助生产系统包括动力、供电、供水、化验、机修、库房、运输等，附属生产系统包括生产指挥系统（厂部）和厂区内为生产服务的部门和单位（如职工食堂、车间浴室、保健站等）。

如果报告主体还从事钢铁生产以外的产品生产活动，并存在本部分未涵盖的温室气体排放环节，则应参考其他相关行业的企业温室气体排放核算和报告要求进行核算并汇总报告（参见附录 A）。

钢铁生产企业温室气体排放核算边界示意图见图 1。

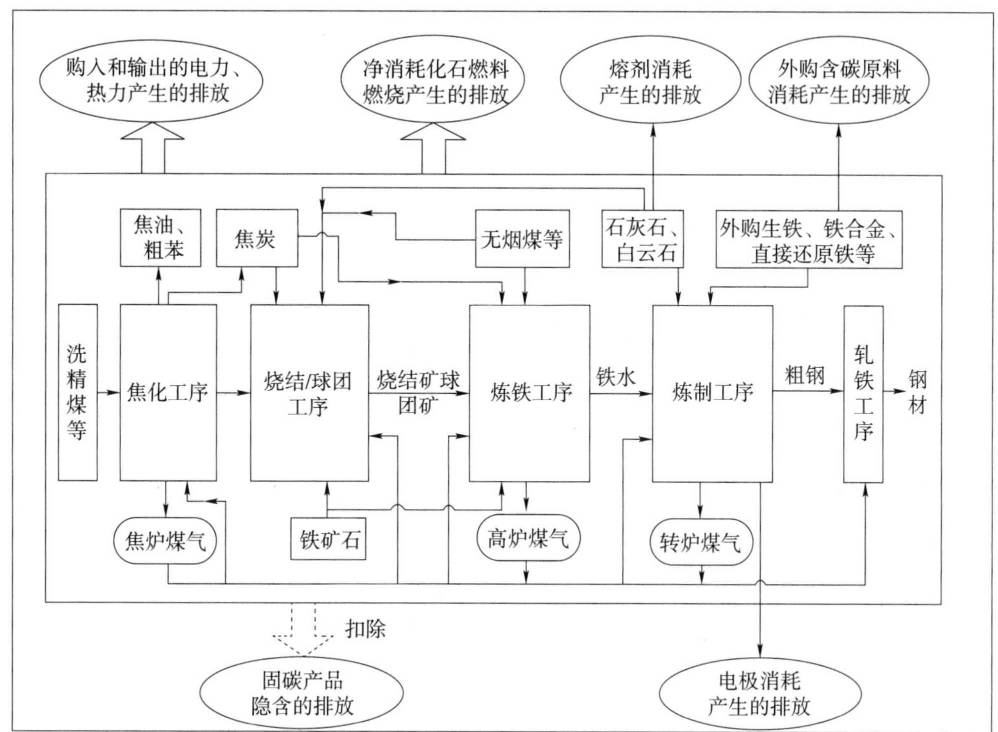

图 1　钢铁生产企业温室气体排放核算边界示意图

4.2　核算和报告范围

4.2.1　燃料燃烧排放

钢铁生产企业消耗的化石燃料燃烧产生的二氧化碳排放，包括固定源排放（如焦炉、烧结机、高炉、工业锅炉等固定燃烧设备）以及用于生产的厂内移动源排放（如厂内运输车辆及厂内搬运设备等）。对于企业外购的化石燃料（如焦炭等），只计算这些化石燃料在本企业燃烧所产生的温室气体排放量，生产这些化石燃料过程中产生的温室气体排放不纳入核算范围。

4.2.2　过程排放

钢铁生产企业在烧结、炼铁、炼钢等工序中由于其他外购含碳原料（如电极、生铁、铁合金、直接还原铁等）和熔剂的分解和氧化产生的二氧化碳排放。

4.2.3　购入的电力、热力产生的排放

钢铁生产企业消费的购入电力、热力所对应的二氧化碳排放。

4.2.4 输出的电力、热力产生的排放

钢铁生产企业输出的电力、热力所对应的二氧化碳排放。

4.2.5 固碳产品隐含的排放

钢铁生产过程中有少部分碳固化在生铁、粗钢等外销产品中，还有一小部分碳固化在以副产煤气为原料生产的甲醇等固碳产品中。这部分固化在产品中的碳所对应的二氧化碳排放应予扣除。

5 核算步骤与核算方法

5.1 核算步骤

报告主体进行企业温室气体排放核算和报告的工作流程包括以下步骤：

a）识别排放源；

b）收集活动数据；

c）选择和获取排放因子数据；

d）分别计算燃料燃烧排放量、过程排放量、购入和输出的电力及热力所对应的排放量、固碳产品隐含的排放量；

e）汇总报告企业温室气体排放量。

5.2 核算方法

5.2.1 概述

钢铁生产企业的二氧化碳排放总量等于核算边界内所有的化石燃料燃烧排放量、过程排放量及企业购入的电力和热力所对应的二氧化碳排放量之和，同时扣除固碳产品隐含的二氧化碳排放量以及输出的电力和热力所对应的二氧化碳排放量，按式（1）计算：

$$E=E_{燃烧}+E_{过程}+E_{购入电}+E_{购入热}-R_{固碳}-E_{输出电}-E_{输出热} \tag{1}$$

式中：E——二氧化碳排放总量，单位为吨二氧化碳（tCO_2）；

$E_{燃烧}$——燃料燃烧排放量，单位为吨二氧化碳（tCO_2）；

$E_{过程}$——过程排放量，单位为吨二氧化碳（tCO_2）；

$E_{购入电}$——购入的电力消费对应的排放量，单位为吨二氧化碳（tCO_2）；

$E_{购入热}$——购入的热力消费对应的排放量，单位为吨二氧化碳（tCO_2）；

$E_{输出电}$——输出的电力对应的排放量，单位为吨二氧化碳（tCO_2）；

$E_{输出热}$——输出的热力对应的排放量，单位为吨二氧化碳（tCO_2）；

$R_{固碳}$——企业固碳产品隐含的排放量，单位为吨二氧化碳（tCO_2）。

5.2.2 燃料燃烧排放

5.2.2.1 计算公式

燃料燃烧活动产生的二氧化碳排放量是企业核算和报告期内各种燃料燃烧产生的二氧化碳排放量的加总，按式（2）计算：

$$E_{燃烧}=\sum_{i=1}^{n}(AD_i \times EF_i) \tag{2}$$

式中：$E_{燃烧}$——核算和报告期内消耗燃料燃烧产生的二氧化碳排放量，单位为吨二氧化碳（tCO_2）；

AD_i——核算和报告期内第 i 种燃料的活动数据，单位为吉焦（GJ）；

EF_i——第 i 种化石燃料的二氧化碳排放因子，单位为吨二氧化碳每吉焦（tCO_2/GJ）；

i——消耗燃料的类型。

5.2.2.2 活动数据获取

5.2.2.2.1 概述

燃料燃烧的活动数据是核算和报告年度内各种燃料的消耗量与平均低位发热量的乘积，按式（3）计算：

$$AD_i=NCV_i \times FC_i \tag{3}$$

式中：AD_i——核算和报告年度内第 i 种化石燃料的活动数据，单位为吉焦（GJ）；

NCV_i——核算和报告期第 i 种化石燃料的平均低位发热量，对固体或液体燃料，单位为吉焦每吨（GJ/t）；对气体燃料，单位为吉焦每万标立方米（$GJ/10^4\ Nm^3$）；

FC_i——核算和报告期内第 i 种化石燃料的消耗量，对固体或液体燃料，单位为吨（t）；对气体燃料，单位为万标立方米（$10^4\ Nm^3$）。

5.2.2.2.2 燃料消耗量

根据核算和报告期内各种燃料购入量、外销量、库存变化量以及除钢铁生产之外的其他消耗量来确定各自的消耗量。燃料购入量、外销量采用采购单或销售单等结算凭证上的数据，库存变化量采用计量工具读数或其他符合要求的方法来确定，钢铁生产之外的其他消耗量依据企业能源平衡表获取，采用式（4）计算：

$$\text{消耗量}=\text{购入量}+(\text{期初库存量}-\text{期末库存量})-\text{钢铁生产之外的其他消耗量}-\text{外销量} \tag{4}$$

5.2.2.2.3 低位发热量

燃料低位发热量的测定应委托有资质的专业机构进行检测，也可采用与相关方结算凭证中提供的检测值。如采用实测，化石燃料低位发热量检测应遵循GB/T 213、GB/T 384、GB/T 22723等相关标准。其中对煤炭应在每批次燃料入厂时或每月至少进行一次检测，以燃料入厂量或月消费量加权平均作为该燃料品种的低位发热量；对油品可在每批次燃料入厂时或每季度进行一次检测，取算术平均值作为该油品的低位发热量；对天然气等气体燃料可在每批次燃料入厂时或每半年进行一次检测，取算术平均值作为低位发热量。

对于没有条件实测的企业可采用附录B表B.1中常见化石燃料低位发热量推荐值。

5.2.2.3 排放因子数据获取

燃料燃烧的二氧化碳排放因子按式（5）计算：

$$EF_i = CC_i \times OF_i \times \frac{44}{12} \tag{5}$$

式中：EF_i——第i种燃料的二氧化碳排放因子，单位为吨二氧化碳每吉焦（tCO_2/GJ）；

CC_i——第i种燃料的单位热值含碳量，单位为吨碳每吉焦（tC/GJ）；

OF_i——第i种燃料的碳氧化率，以%表示；

$\frac{44}{12}$——二氧化碳与碳的相对分子质量之比。

企业可采用本部分提供的单位热值含碳量和碳氧化率推荐值，参见表B.1。

5.2.3 过程排放

5.2.3.1 计算公式

5.2.3.1.1 概述

过程中产生的二氧化碳排放量按式（6）～式（9）计算：

$$E_{过程}=E_{熔剂}+E_{电极}+E_{原料} \tag{6}$$

5.2.3.1.2 熔剂消耗产生的二氧化碳排放按式（7）计算：

$$E_{熔剂}=\sum_{i=1}^{n} P_i \times DX_i \times EF_i \tag{7}$$

式中：$E_{熔剂}$——熔剂消耗产生的二氧化碳排放量，单位为吨二氧化碳（tCO_2）；

P_i——核算和报告期内第i种熔剂的消耗量，单位为吨（t）；

DX_i——核算和报告年度内，第 i 种熔剂的平均纯度，以 % 表示；

EF_i——第 i 种熔剂的二氧化碳排放因子，单位为吨二氧化碳每吨（tCO_2/t）；

i——消耗熔剂的种类（如白云石、石灰石等）。

5.2.3.1.3　电极消耗产生的二氧化碳排放按式（8）计算：

$$E_{电极}=P_{电极}\times EF_{电极} \tag{8}$$

式中：$E_{电极}$——电极消耗产生的二氧化碳排放量，单位为吨二氧化碳（tCO_2）；

$P_{电极}$——核算和报告期内电炉炼钢及精炼炉等消耗的电极量，单位为吨（t）；

$EF_{电极}$——电炉炼钢及精炼炉等所消耗电极的二氧化碳排放因子，单位为吨二氧化碳每吨（tCO_2/t）。

5.2.3.1.4　外购生铁等含碳原料消耗而产生的二氧化碳排放按式（9）计算：

$$E_{原料}=\sum_{i=1}^{n}M_i\times EF_i \tag{9}$$

式中：$E_{原料}$——外购生铁、铁合金、直接还原铁等其他含碳原料消耗而产生的二氧化碳排放量，单位为吨二氧化碳（tCO_2）；

M_i——核算和报告期内第 i 种含碳原料的购入量，单位为吨（t）；

EF_i——第 i 种购入含碳原料的二氧化碳排放因子，单位为吨二氧化碳每吨（tCO_2/t）；

i——外购含碳原料类型（如生铁、铁合金、直接还原铁等）。

5.2.3.2　活动数据获取

熔剂和电极的消耗量采用式（4）计算，含碳原料的购入量采用采购单等结算凭证上的数据。

5.2.3.3　排放因子数据获取

熔剂、电极、生铁、直接还原铁和部分铁合金的二氧化碳排放因子，参见表B.2。具备条件的企业也可委托有资质的专业机构进行检测或采用与相关方结算凭证中提供的检测值。石灰石、白云石排放因子检测应遵循标准进行；含铁物质排放因子可由相对应的含碳量换算而得，含铁物质含碳量检测应遵循 GB/T 223.69、GB/T 223.86、GB/T 4699.4、GB/T 4333.10、GB/T 7731.10、GB/T 8704.1、YB/T 5339、YB/T 5340 等标准的相关规定。

5.2.4　购入和输出的电力产生的排放

5.2.4.1　**计算公式**

5.2.4.1.1　对于购入的电力消耗所对应的电力生产环节产生的二氧化碳排放量，用购入电量乘以该区域电网平均供电排放因子得出，按式（10）计算：

$$E_{购入电}=AD_{购入电}\times EF_{购入电} \tag{10}$$

式中：$E_{购入电}$——购入的电力消费对应的排放量，单位为吨二氧化碳（tCO_2）；

$AD_{购入电}$——核算和报告年度内的购入电量，单位为兆瓦时（MW·h）；

$EF_{购入电}$——区域电网年平均供电排放因子，单位为吨二氧化碳每兆瓦时［tCO_2/（MW·h）］。

5.2.4.1.2 对于输出电力所对应的电力生产环节产生的二氧化碳排放量，用输出电量乘以该区域电网平均供电排放因子得出，按式（11）计算：

$$E_{输出电}=AD_{输出电}\times EF_{输出电} \tag{11}$$

式中：$E_{输出电}$——输出的电力消费对应的排放量，单位为吨二氧化碳（tCO_2）；

$AD_{输出电}$——核算和报告年度内的输出电量，单位为兆瓦时（MW·h）；

$EF_{输出电}$——区域电网年平均供电排放因子，单位为吨二氧化碳每兆瓦时［tCO_2/（MW·h）］。

5.2.4.2 活动数据获取

购入和输出的电力的活动数据以电表记录的读数为准，如果没有，可采用电费发票或者结算单等结算凭证上的数据。

5.2.4.3 排放因子数据获取

电力排放因子应根据企业生产地址及目前的东北、华北、华东、华中、西北、南方电网划分，选用国家主管部门公布的相应区域电网排放因子进行计算。

5.2.5 购入和输出的热力产生的排放

5.2.5.1 计算公式

5.2.5.1.1 企业购入的热力所对应的热力生产环节二氧化碳排放量按式（12）计算。

$$E_{购入热}=AD_{购入热}\times EF_{购入热} \tag{12}$$

式中：$E_{购入热}$——购入的热力所对应的热力生产环节二氧化碳排放量，单位为吨二氧化碳（tCO_2）；

$AD_{购入热}$——核算和报告年度内的外购热力，单位为吉焦（GJ）；

$EF_{购入热}$——年平均供热排放因子，单位为吨二氧化碳每吉焦（tCO_2/GJ）。

5.2.5.1.2 企业输出的热力所对应的热力生产环节二氧化碳排放量按式（13）计算。

$$E_{输出热}=AD_{输出热}\times EF_{输出热} \tag{13}$$

式中：$E_{输出热}$——输出的热力所对应的热力生产环节二氧化碳排放量，单位为吨二氧化碳（tCO_2）；

$AD_{输出热}$——核算和报告年度内输出的热力，单位为吉焦（GJ）；

$EF_{输出热}$——年平均供热排放因子，单位为吨二氧化碳每吉焦（tCO_2/GJ）。

5.2.5.2　活动数据获取

购入和输出的热力的活动数据以企业的热力表记录的读数为准，也可采用供应商提供的热力费发票或者结算单等结算凭证上的数据。

以质量单位计量的热水可按式（14）转换为热量单位：

$$AD_{热水}=Ma_w\times(T_w-20)\times 4.186\,8\times 10^{-3} \tag{14}$$

式中：$AD_{热水}$——热水的热量，单位为吉焦（GJ）；

Ma_w——热水的质量，单位为吨（t）；

T_w——热水的温度，单位为摄氏度（℃）；

4.186 8——水在常温常压下的比热，单位为千焦每千克摄氏度［kJ/（kg·℃）］。

以质量单位计量的蒸汽可分别按式（15）转换为热量单位：

$$AD_{蒸汽}=Ma_{st}\times(En_{st}-83.74)\times 10^{-3} \tag{15}$$

式中：$AD_{蒸汽}$——蒸汽的热量，单位为吉焦（GJ）；

Ma_{st}——蒸汽的质量，单位为吨（t）；

En_{st}——蒸汽所对应的温度、压力下每千克蒸汽的热焓，单位为千焦每千克（kJ/kg），饱和蒸汽和过热蒸汽的热焓可分别查阅表 B.4 和表 B.5。

5.2.5.3　排放因子数据获取

热力消费的排放因子可取推荐值 0.11 tCO_2/GJ，也可采用政府主管部门发布的官方数据。

5.2.6　固碳产品隐含的排放

5.2.6.1　计算公式

固碳产品所隐含的二氧化碳排放量按式（16）计算：

$$R_{固碳}=\sum_{i=1}^{n} AD_{固碳}\times EF_{固碳} \tag{16}$$

式中：$R_{固碳}$——固碳产品所隐含的 CO_2 排放量，单位为吨二氧化碳（tCO_2）；

$AD_{固碳}$——第 i 种固碳产品的产量，单位为吨（t）；

$EF_{固碳}$——第 i 种固碳产品的二氧化碳排放因子，单位为吨二氧化碳每吨（tCO_2/t）；

i——固碳产品的种类（如粗钢、甲醇等）。

5.2.6.2 活动数据获取

根据核算和报告期内固碳产品销售量、库存变化量来确定各自的产量。销售量采用销售单等结算凭证上的数据，库存变化量采用计量工具读数或其他符合要求的方法来确定，采用式（17）计算获得：

$$产量 = 销售量 + （期末库存量 - 期初库存量） \quad （17）$$

5.2.6.3 排放因子数据获取

生铁的二氧化碳排放因子宜参考表 B.2 推荐值；粗钢的二氧化碳排放因子宜参考表 B.3 推荐值；固碳产品的排放因子采用理论靡尔质量比计算得出，如甲醇的二氧化碳排放因子为 1.375 tCO_2/t 甲醇。

6 数据质量管理

报告主体宜加强温室气体数据质量管理工作，包括但不限于：

a）建立企业温室气体排放核算和报告的规章制度，包括负责机构和人员、工作流程和内容、工作周期和时间节点等；指定专职人员负责企业温室气体排放核算和报告工作；

b）根据各种类型的温室气体排放源的重要程度对其进行等级划分，并建立企业温室气体排放源一览表，对于不同等级的排放源的活动数据和排放因子数据的获取提出相应的要求；

c）对现有监测条件进行评估，不断提高自身监测能力，并制订相应的监测计划，包括对活动数据的监测和对燃料低位发热量等参数的监测；定期对计量器具、检测设备和在线监测仪表进行维护管理，并记录存档；

d）建立健全温室气体数据记录管理体系，包括数据来源、数据获取时间及相关责任人等信息的记录管理；

e）建立企业温室气体排放报告内部审核制度。定期对温室气体排放数据进行交叉校验，对可能产生的数据误差风险进行识别，并提出相应的解决方案。

7 报告内容和格式

7.1 概述

报告主体应参照附录 A 的格式进行报告。

7.2 报告主体基本信息

报告主体基本信息应包括报告主体名称、单位性质、报告年度、所属行业、统一社会信用代码、法定代表人、填报负责人和联系人信息。

7.3 温室气体排放量

报告主体应报告在核算和报告期内温室气体排放总量，并分别报告化石燃料燃烧排放量、过程排放量、购入和输出的电力及热力产生的排放量，以及需要扣除的固碳产品隐含的排放量。

7.4 活动数据及来源

报告主体应报告企业所有产品生产所使用的不同品种化石燃料的消耗量和相应的低位发热量，消耗的熔剂、电极的消耗量，含碳原料的外购量，购入和输出的电力、热力，粗钢、甲醇等固碳产品的产量。

如果企业生产其他产品，则应按照相关行业的企业温室气体报告的要求报告其活动数据及来源。

7.5 排放因子数据及来源

报告主体应报告消耗的各种化石燃料单位热值含碳量和碳氧化率数据，消耗的熔剂、电极和含碳原料的排放因子，报告采用的电力排放因子，粗钢、甲醇等固碳产品的排放因子。

如果企业生产其他产品，则应按照相关行业的企业温室气体报告的要求报告其排放因子数据及来源。

附 录 A

（资料性附录）

报告格式模板

钢铁生产企业温室气体排放报告

报告主体（盖章）：

报告年度：

编制日期：　　　　年　　月　　日

本报告主体核算了　　　　年度温室气体排放量，并填写了相关数据表格。现将有关情况报告如下：

一、企业基本情况

二、温室气体排放

三、活动数据及来源说明

四、排放因子数据及来源说明

本企业承诺对本报告的真实性负责。

法人（签字）：

年　　月　　日

表 A.1 报告主体______年温室气体排放量汇总表

<table>
<tr><td colspan="2">化石燃料燃烧排放量 /tCO_2</td><td></td></tr>
<tr><td colspan="2">过程排放量 /tCO_2</td><td></td></tr>
<tr><td colspan="2">购入的电力产生的排放量 /tCO_2</td><td></td></tr>
<tr><td colspan="2">输出的电力产生的排放量 /tCO_2</td><td></td></tr>
<tr><td colspan="2">购入的热力产生的排放量 /tCO_2</td><td></td></tr>
<tr><td colspan="2">输出的热力产生的排放量 /tCO_2</td><td></td></tr>
<tr><td colspan="2">固碳产品隐含的排放量 /tCO_2</td><td></td></tr>
<tr><td rowspan="2">企业二氧化碳排放总量</td><td>不包括购入和输出的电力和热力产生的 CO_2 排放量 /tCO_2</td><td></td></tr>
<tr><td>包括购入和输出的电力和热力产生的 CO_2 排放量 /tCO_2</td><td></td></tr>
</table>

表 A.2 报告主体活动数据一览表

排放源类别	燃料品种	计量单位	消耗量 /（t 或 10^4 Nm^3）	低位发热量 /（GJ/t 或 GJ/10^4 Nm^3）
燃料燃烧[a]	无烟煤	t		
	烟煤	t		
	褐煤	t		
	洗精煤	t		
	其他洗煤	t		
	其他煤制品	t		
	焦炭	t		
	原油	t		
	燃料油	t		
	汽油	t		
	柴油	t		
	一般煤油	t		
	液化天然气	t		
	液化石油气	t		
	焦油	t		
	粗苯	t		
	焦炉煤气	10^4 Nm^3		

续表

排放源类别	燃料品种	计量单位	消耗量 /（t 或 10^4 Nm^3）	低位发热量 /（GJ/t 或 GJ/10^4 Nm^3）
燃料燃烧[a]	高炉煤气	10^4 Nm^3		
	转炉煤气	10^4 Nm^3		
	其他煤气	10^4 Nm^3		
	天然气	10^4 Nm^3		
	炼厂干气	t		
生产过程[b]	参数名称	数据		单位
	石灰石消耗量			tCO_2 / t
	石灰石纯度			%
	白云石消耗量			tCO_2/ t
	白云石纯度			%
	电极消耗量			tCO_2/t
	生铁外购量			tCO_2/t
	直接还原铁外购量			tCO_2/t
	镍铁合金外购量			tCO_2/t
	铬铁合金外购量			tCO_2/t
	钼铁合金外购量			tCO_2/t
购入和输出的电力、热力	参数名称	数据		单位
	电力购入量			MW・h
	电力输出量			MW・h
	热力购入量			GJ
	热力输出量			GJ
固碳	生铁产量			tCO_2/t
	粗钢产量			tCO_2/t
	甲醇产量			tCO_2/t
	其他固碳产品或副产品产量			tCO_2/t

[a] 企业应自行添加未在表中列出但企业实际消耗的其他能源品种。

[b] 企业应自行添加未在表中列出但企业实际消耗的其他含碳原料。

表 A.3　报告主体排放因子相关数据一览表

<table>
<tr><th>排放源类别</th><th>燃料品种</th><th>单位热值含碳量 /（tC/GJ）</th><th>碳氧化率 / %</th></tr>
<tr><td rowspan="21">燃料燃烧 [a]</td><td>无烟煤</td><td></td><td></td></tr>
<tr><td>烟煤</td><td></td><td></td></tr>
<tr><td>褐煤</td><td></td><td></td></tr>
<tr><td>洗精煤</td><td></td><td></td></tr>
<tr><td>其他洗煤</td><td></td><td></td></tr>
<tr><td>焦炭</td><td></td><td></td></tr>
<tr><td>原油</td><td></td><td></td></tr>
<tr><td>燃料油</td><td></td><td></td></tr>
<tr><td>汽油</td><td></td><td></td></tr>
<tr><td>柴油</td><td></td><td></td></tr>
<tr><td>一般煤油</td><td></td><td></td></tr>
<tr><td>液化天然气</td><td></td><td></td></tr>
<tr><td>液化石油气</td><td></td><td></td></tr>
<tr><td>焦油</td><td></td><td></td></tr>
<tr><td>粗苯</td><td></td><td></td></tr>
<tr><td>焦炉煤气</td><td></td><td></td></tr>
<tr><td>高炉煤气</td><td></td><td></td></tr>
<tr><td>转炉煤气</td><td></td><td></td></tr>
<tr><td>其他煤气</td><td></td><td></td></tr>
<tr><td>天然气</td><td></td><td></td></tr>
<tr><td>炼厂干气</td><td></td><td></td></tr>
<tr><td rowspan="9">生产过程 [b]</td><td>参数名称</td><td>数据</td><td>单位</td></tr>
<tr><td>石灰石</td><td></td><td>tCO_2/t</td></tr>
<tr><td>白云石</td><td></td><td>tCO_2/t</td></tr>
<tr><td>电极</td><td></td><td>tCO_2/t</td></tr>
<tr><td>生铁</td><td></td><td>tCO_2/t</td></tr>
<tr><td>直接还原铁</td><td></td><td>tCO_2/t</td></tr>
<tr><td>镍铁合金</td><td></td><td>tCO_2/t</td></tr>
<tr><td>铬铁合金</td><td></td><td>tCO_2/t</td></tr>
<tr><td>钼铁合金</td><td></td><td>tCO_2/t</td></tr>
<tr><td rowspan="3">电力、热力</td><td>参数名称</td><td>数据</td><td>单位</td></tr>
<tr><td>电力</td><td></td><td>tCO_2/（MW · h）</td></tr>
<tr><td>热力</td><td></td><td>tCO_2/GJ</td></tr>
<tr><td rowspan="4">固碳</td><td>生铁</td><td></td><td>tCO_2/t</td></tr>
<tr><td>粗钢</td><td></td><td>tCO_2/t</td></tr>
<tr><td>甲醇</td><td></td><td>tCO_2/t</td></tr>
<tr><td>其他固碳产品或副产品</td><td></td><td>tCO_2/t</td></tr>
<tr><td colspan="4">[a] 企业应自行添加未在表中列出但企业实际消耗的其他能源品种。
[b] 企业应自行添加未在表中列出但企业实际消耗的其他含碳原料。</td></tr>
</table>

附　录　B

（资料性附录）

相关参数推荐值

相关参数推荐值见表B.1、表B.2、表B.3、表B.4、表B.5。

表B.1　常用化石燃料相关参数推荐值

燃料品种		计量单位	低位发热量/（GJ/t或GJ/10^4 Nm^3）	单位热值含碳量/（tC/GJ）	燃料碳氧化率
固体燃料	无烟煤	t	26.7[c]	27.4×10^{-3} [b]	94%
	烟煤	t	19.570[d]	26.1×10^{-3} [b]	93%
	褐煤	t	11.9[c]	28×10^{-3} [b]	96%
	洗精煤	t	26.334[a]	25.41×10^{-3} [b]	90%
	其他洗煤	t	12.545[a]	25.41×10^{-3} [b]	90%
	型煤	t	17.460[d]	33.6×10^{-3} [b]	90%
	其他煤制品	t	17.460[d]	33.6×10^{-3} [b]	98%
	焦炭	t	28.435[a]	29.5×10^{-3} [b]	93%
液体燃料	原油	t	41.816[a]	20.1×10^{-3} [b]	98%
	燃料油	t	41.816[a]	21.1×10^{-3} [b]	98%
	汽油	t	43.070[a]	18.9×10^{-3} [b]	98%
	柴油	t	42.652[a]	20.2×10^{-3} [b]	98%
	一般煤油	t	43.070[a]	19.6×10^{-3} [b]	98%
	炼厂干气	t	45.998[a]	18.2×10^{-3} [b]	99%
	液化天然气	t	44.2[c]	17.2×10^{-3} [b]	98%
	液化石油气	t	50.179[a]	17.2×10^{-3} [b]	98%
	石脑油	t	44.5[c]	20.0×10^{-3} [b]	98%
	焦油	t	33.453[a]	22.0×10^{-3} [c]	98%
	粗苯	t	41.816[a]	22.7×10^{-3} [d]	98%
	其他石油制品	t	40.2[c]	20.0×10^{-3} [b]	98%
气体燃料	天然气	10^4 Nm^3	389.31[a]	15.3×10^{-3} [b]	99%
	高炉煤气	10^4 Nm^3	33.00[d]	70.80×10^{-3} [c]	99%
	转炉煤气	10^4 Nm^3	84.00[d]	49.60×10^{-3} [d]	99%
	焦炉煤气	10^4 Nm^3	179.81[a]	13.58×10^{-3} [b]	99%
	其他煤气	10^4 Nm^3	52.270[a]	12.2×10^{-3} [b]	99%

[a] 数据取值来源为《中国能源统计年鉴2013》。

[b] 数据取值来源为《省级温室气体清单指南（试行）》。

[c] 数据取值来源为《2006年IPCC国家温室气体清单指南》。

[d] 数据取值来源为《中国温室气体清单研究》（2007）。

表 B.2　生产过程排放因子推荐值

名称	计量单位	CO_2 排放因子 / (tCO_2/t)
石灰石	t	0.440
白云石	t	0.471
电极	t	3.663
生铁	t	0.172
直接还原铁	t	0.073
镍铁合金	t	0.037
铬铁合金	t	0.275
钼铁合金	t	0.018
注：数据来源为《国际钢铁协会二氧化碳排放数据收集指南（第六版）》。		

表 B.3　其他排放因子和参数推荐值

名称	单位	CO_2 排放因子
电力	tCO_2/（MW・h）	国家主管部门公布的相应区域电网排放因子
热力	tCO_2/GJ	0.11
粗钢	tCO_2/t	0.015 4
甲醇	tCO_2/t	1.375

表 B.4　饱和蒸汽热焓表

压力 /MPa	温度 /℃	焓 /（kJ/kg）	压力 /MPa	温度 /℃	焓 /（kJ/kg）
0.001	6.98	2 513.8	0.030	69.12	2 625.3
0.002	17.51	2 533.2	0.040	75.89	2 636.8
0.003	24.10	2 545.2	0.050	81.35	2 645.0
0.004	28.98	2 554.1	0.060	85.95	2 653.6
0.005	32.90	2 561.2	0.070	89.96	2 660.2
0.006	36.18	2 567.1	0.080	93.51	2 666.0
0.007	39.02	2 572.2	0.090	96.71	2 671.1
0.008	41.53	2 576.7	0.10	99.63	2 675.7
0.009	43.79	2 580.8	0.12	104.81	2 683.8
0.010	45.83	2 584.4	0.14	109.32	2 690.8
0.015	54.00	2 598.9	0.16	113.32	2 696.8
0.020	60.09	2 609.6	0.18	116.93	2 702.1
0.025	64.99	2 618.1	0.20	120.23	2 706.9

续表

压力 /MPa	温度 /℃	焓 /（kJ/kg）	压力 /MPa	温度 /℃	焓 /（kJ/kg）
0.25	127.43	2 717.2	2.60	226.03	2 801.2
0.30	133.54	2 725.5	2.80	230.04	2 801.7
0.35	138.88	2 732.5	3.00	233.84	2 801.9
0.40	143.62	2 738.5	3.50	242.54	2 801.3
0.45	147.92	2 743.8	4.00	250.33	2 799.4
0.50	151.85	2 748.5	5.00	263.92	2 792.8
0.60	158.84	2 756.4	6.00	275.56	2 783.3
0.70	164.96	2 762.9	7.00	285.8	2 771.4
0.80	170.42	2 768.4	8.00	294.98	2 757.5
0.90	175.36	2 773.0	9.00	303.31	2 741.8
1.00	179.88	2 777.0	10.0	310.96	2 724.4
1.10	184.06	2 780.4	11.0	318.04	2 705.4
1.20	187.96	2 783.4	12.0	324.64	2 684.8
1.30	191.6	2 786.0	13.0	330.81	2 662.4
1.40	195.04	2 788.4	14.0	336.63	2 638.3
1.50	198.28	2 790.4	15.0	342.12	2 611.6
1.60	201.37	2 792.2	16.0	347.32	2 582.7
1.70	204.3	2 793.8	17.0	352.26	2 550.8
1.80	207.1	2 795.1	18.0	356.96	2 514.4
1.90	209.79	2 796.4	19.0	361.44	2 470.1
2.00	212.37	2 797.4	20.0	365.71	2 413.9
2.20	217.24	2 799.1	21.0	369.79	2 340.2
2.40	221.78	2 800.4	22.0	373.68	2 192.5

表 B.5　过热蒸汽热焓表

单位：kJ/kg

温度	压力											
	0.01 MPa	0.1 MPa	0.5 MPa	1 MPa	3 MPa	5 MPa	7 MPa	10 MPa	14 MPa	20 MPa	25 MPa	30 MPa
0℃	0	0.1	0.5	1	3	5	7.1	10.1	14.1	20.1	25.1	30
10℃	42	42.1	42.5	43	44.9	46.9	43.8	51.7	55.6	61.3	66.1	70.8
20℃	83.9	84	84.3	84.8	86.7	88.6	90.4	93.2	97	102.5	107.1	111.7
40℃	167.4	167.5	167.9	168.3	170.1	171.9	173.6	176.3	179.8	185.1	189.4	193.8
60℃	2 611.3	251.2	251.2	251.9	253.6	255.3	256.9	259.4	262.8	267.8	272	276.1
80℃	2 649.3	335	335.3	335.7	337.3	338.8	340.4	342.8	346	350.8	354.8	358.7
100℃	2 687.3	2 676.5	419.4	419.7	421.2	422.7	424.2	426.5	429.5	434	437.8	441.6
120℃	2 725.4	2 716.8	503.9	504.3	505.7	507.1	508.5	510.6	513.5	517.7	521.3	524.9
140℃	2 763.6	2 756.6	589.2	589.5	590.8	592.1	593.4	595.4	598	602	605.4	603.1
160℃	2 802	2 796.2	2 767.3	675.7	676.9	678	679.2	681	683.4	687.1	690.2	693.3
180℃	2 840.6	2 835.7	2 812.1	2 777.3	764.1	765.2	766.2	767.8	769.9	773.1	775.9	778.7
200℃	2 879.3	2 875.2	2 855.5	2 827.5	853	853.8	854.6	855.9	857.7	860.4	862.8	856.2
220℃	2 918.3	2 914.7	2 898	2 874.9	943.9	944.4	945.0	946	947.2	949.3	951.2	953.1
240℃	2 957.4	2 954.3	2 939.9	2 920.5	2 823	1 037.8	1 038.0	1 038.4	1 039.1	1 040.3	1 041.5	1024.8
260℃	2 996.8	2 994.1	2 981.5	2 964.8	2 885.5	1 135	1 134.7	1 134.3	1 134.1	1 134	1 134.3	1 134.8
280℃	3 036.5	3 034	3 022.9	3 008.3	2 941.8	2 857	1 236.7	1 235.2	1233.5	1 231.6	1 230.5	1 229.9

续表

温度	压力											
	0.01 MPa	0.1 MPa	0.5 MPa	1 MPa	3 MPa	5 MPa	7 MPa	10 MPa	14 MPa	20 MPa	25 MPa	30 MPa
300℃	3 076.3	3 074.1	3 064.2	3 051.3	2 994.2	2 925.4	2 839.2	1 343.7	1 339.5	1 334.6	1 331.5	1 329
350℃	3 177	3 175.3	3 167.6	3 157.7	3 115.7	3 069.2	3 017.0	2 924.2	2 753.5	1 648.4	1 626.4	1 611.3
400℃	3 279.4	3 278	3 217.8	3 264	3 231.6	3 196.9	3 159.7	3 098.5	3 004	2 820.1	2 583.2	2 159.1
420℃	3 320.96	3 319.68	3 313.8	3 306.6	3 276.9	3 245.4	3 211.0	3 155.98	3 072.72	2 917.02	2 730.76	2 424.7
440℃	3 362.52	3 361.36	3 355.9	3 349.3	3 321.9	3 293.2	3 262.3	3 213.46	3 141.44	3 013.94	2 878.32	2 690.3
450℃	3 383.3	3 382.2	3 377.1	3 370.7	3 344.4	3 316.8	3 288.0	3 242.2	3 175.8	3 062.4	2 952.1	2 823.1
460℃	3 404.42	3 403.34	3 398.3	3 392.1	3 366.8	3 340.4	3 312.4	3268.58	3205.24	3 097.96	2 994.68	2 875.26
480℃	3 446.66	3 445.62	3 440.9	3 435.1	3 411.6	3 387.2	3 361.3	3 321.34	3 264.12	3 169.08	3 079.84	2 979.58
500℃	3 488.9	3 487.9	3 483.7	3 478.3	3 456.4	3 433.8	3 410.2	3 374.1	3 323	3 240.2	3 165	3 083.9
520℃	3 531.82	3 530.9	3 526.9	3 521.86	3 501.28	3 480.12	3 458.6	3 425.1	3 378.4	3 303.7	3 237	3 166.1
540℃	3 574.74	3 573.9	3 570.1	3 565.42	3 546.16	3 526.44	3 506.4	3 475.4	3 432.5	3 364.6	3 304.7	3 241.7
550℃	3 593.2	3 595.4	3 591.7	3 587.2	3 568.6	3 549.6	3 530.2	3 500.4	3 459.2	3 394.3	3 337.3	3 277.7
560℃	3 618	3 617.22	3 613.64	3 609.24	3 591.18	3 572.76	3 554.1	3 525.4	3 485.8	3 423.6	3 369.2	3 312.6
580℃	3 661.6	3 660.86	3 657.52	3 653.32	3 636.34	3 619.08	3 601.6	3 574.9	3 538.2	3 480.9	3 431.2	3 379.8
600℃	3 705.2	3 704.5	3 701.4	3 697.4	3 681.5	3 665.4	3 649.0	3 624	3 589.8	3 536.9	3 491.2	3 444.2

参 考 文 献

[1] GB/T 32150—2015　工业企业温室气体排放核算和报告通则 .

[2] ISO 14404-1 钢铁生产二氧化碳排放强度计算方法（转炉炼钢）.

[3] ISO 14404-2 钢铁生产二氧化碳排放强度计算方法（电炉炼钢）.

[4] 省级温室气体清单编制指南（试行），国家发展和改革委员会办公厅 .

[5] 中国能源统计年鉴 2013，中国统计出版社 .

[6] 2005 中国温室气体清单研究，国家发展和改革委员会应对气候变化司 .

[7] 温室气体议定书——企业核算与报告准则（2004），世界资源研究所（WORLD RESOURCE INSTITUTE）.

[8] IPCC 国家温室气体清单指南（2006），政府间气候变化专门委员会（IPCC）.

[9] 国际钢铁协会二氧化碳排放数据收集指南（第六版），国际钢铁协会 .

附录 2.5

温室气体排放核算与报告要求 第 7 部分：平板玻璃生产企业

（GB/T 32151.7—2015）

2015-11-19 发布　　2016-06-01 实施

1 范围

GB/T 32151 的本部分规定了平板玻璃生产企业温室气体排放量的核算和报告相关的术语、核算边界、核算步骤与核算方法、数据质量管理、报告内容和格式等内容。

本部分适用于平板玻璃生产企业温室气体排放量的核算和报告，以平板玻璃生产为主营业务的企业可按照本部分提供的方法核算温室气体排放量，并编制企业温室气体排放报告。如平板玻璃企业除平板玻璃生产以外还存在其他产品生产活动且存在温室气体排放，应按照相关行业的企业温室气体排放核算与报告要求进行核算并汇总报告。

2 规范性引用文件

下列文件对于本文件的应用是必不可少的。凡是注日期的引用文件，仅注日期的版本适用于本文件。凡是不注日期的引用文件，其最新版本（包括所有的修改单）适用于本文件。

GB 17167　用能单位能源计量器具配备和管理通则

3 术语和定义

下列术语和定义适用于本文件。

3.1

温室气体　greenhouse gas

大气层中自然存在的和由于人类活动产生的能够吸收和散发由地球表面、大气层和云层所产生的、波长在红外光谱内的辐射的气态成分。

［GB/T 32150—2015，定义 3.1］

注：本部分涉及的温室气体只包含二氧化碳（CO_2）。

3.2

报告主体　reporting entity

具有温室气体排放行为的法人企业或视同法人的独立核算单位。

［GB/T 32150—2015，定义 3.2］

3.3

燃料燃烧排放　fuel combustion emission

燃料在氧化燃烧过程中产生的温室气体排放。

［GB/T 32150—2015，定义 3.7］

3.4

过程排放　process emission

在生产、废弃物处理处置等过程中除燃料燃烧之外的物理或化学变化造成的温室气体排放，如原料碳酸盐分解产生的排放。

注：改写 GB/T 32150—2015，定义 3.8。

3.5

购入的电力、热力产生的排放　emission from purchased electricity and heat

企业消费的购入电力、热力所对应的电力、热力生产环节产生的二氧化碳排放。

注：热力包括蒸汽、热水。

［GB/T 32150—2015，定义 3.9］

3.6

输出的电力、热力产生的排放　emission from exported of electricity and heat

企业输出的电力、热力所对应的电力、热力生产环节产生的二氧化碳排放。

［GB/T 32150—2015，定义 3.10］

注：热力包括蒸汽、热水。

3.7

活动数据　activity data

导致温室气体排放的生产或消费活动量的表征值。

注：如各种燃料的消耗量、原材料的使用量、购入的电量、购入的热量等。

［GB/T 32150—2015，定义 3.12］

3.8

排放因子 emission factor

表征单位生产或消费活动量的温室气体排放的系数。

[GB/T 32150—2015，定义 3.13]

注：例如每单位燃料消耗所对应的二氧化碳排放量、购入的每千瓦时电量所对应的二氧化碳排放量等。

3.9

碳氧化率 carbon oxidation rate

燃料中的碳在燃烧过程中被完全氧化的百分比。

[GB/T 32150—2015，定义 3.14]

4 核算边界

4.1 概述

报告主体应以企业法人或视同法人的独立核算单位为边界，核算和报告其生产系统产生的温室气体排放。生产系统包括主要生产系统、辅助生产系统及直接为生产服务的附属生产系统，其中辅助生产系统包括动力、供电、供水、化验、机修、库房、运输等，附属生产系统包括生产指挥系统（厂部）和厂区内为生产服务的部门和单位（如职工食堂、车间浴室、保健站等）。

如果平板玻璃生产企业还生产其他产品，且生产活动存在温室气体排放，则应按照相关行业的企业温室气体排放核算和报告进行核算并汇总报告（参见附录 A）。

平板玻璃的生产主要包括五个过程：原料配合料的制备、玻璃液熔制、玻璃板成型、玻璃板退火，玻璃切裁。主要耗能设备有熔窑、锡槽和退火窑。平板玻璃生产企业温室气体核算边界示意图如图 1 所示。

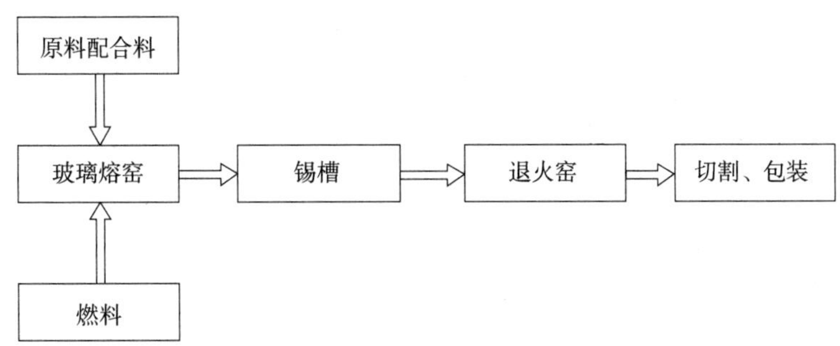

图 1 平板玻璃生产企业温室气体核算边界示意图

4.2 核算和报告范围

4.2.1 燃料燃烧排放

平板玻璃生产企业燃料燃烧产生的二氧化碳排放包括三部分：

a） 玻璃液熔制过程中使用煤、重油或天然气等燃料燃烧产生的排放。

b） 生产辅助设施使用燃料燃烧产生的排放。生产辅助设施包括用于厂内搬运和运输的叉车、铲车、吊车等厂内机动车辆，以及厂内机修、锅炉、氮氢站等设施。

c） 厂内自有车辆外部运输过程中燃料消耗产生的排放。

4.2.2 原料配料中碳粉氧化产生的排放

平板玻璃生产过程中在原料配料中掺加一定量的碳粉作为还原剂，以降低芒硝的分解温度，促使硫酸钠在低于其熔点温度下快速分解还原，有助于原料的快速升温和熔融，而碳粉中的碳则被氧化为二氧化碳。

4.2.3 原料碳酸盐分解产生的排放

平板玻璃生产所使用的原料中含有的碳酸盐如石灰石、白云石、纯碱等在高温状态下分解产生二氧化碳排放。

4.2.4 购入的电力、热力产生的排放

平板玻璃生产企业购入的电力、热力所对应的二氧化碳排放。

4.2.5 输出的电力、热力产生的排放

平板玻璃生产企业输出的电力、热力所对应的二氧化碳排放。

5 核算步骤与核算方法

5.1 核算步骤

报告主体进行企业温室气体排放核算和报告的工作流程包括以下步骤：

a） 识别排放源；

b） 收集活动数据；

c） 选择和获取排放因子数据；

d） 分别计算燃料燃烧排放量、原料配料中碳粉氧化产生的排放、原料碳酸盐分解产生的排放、购入和输出的电力及热力所对应的排放量；

e） 汇总计算企业温室气体排放量。

5.2 核算方法

5.2.1 概述

平板玻璃生产企业的温室气体排放总量等于企业边界内的燃料燃烧排放量、原

料配料中碳粉氧化产生的排放量、原料碳酸盐分解产生的排放量、购入电力及热力产生的排放量之和，扣除输出的电力及热力产生的排放量，按式（1）计算：

$$E=E_{燃烧}+E_{碳粉}+E_{分解}+E_{购入电}+E_{购入热}-E_{输出电}-E_{输出热} \tag{1}$$

式中：E——报告主体温室气体排放总量，单位为吨二氧化碳（tCO_2）；

$E_{燃烧}$——报告主体燃料燃烧排放量，单位为吨二氧化碳（tCO_2）；

$E_{碳粉}$——报告主体原料配料中碳粉氧化产生的排放量，单位为吨二氧化碳（tCO_2）；

$E_{分解}$——报告主体原料碳酸盐分解产生的排放，单位为吨二氧化碳（tCO_2）；

$E_{购入电}$——报告主体购入的电力所产生的二氧化碳排放量，单位为吨二氧化碳（tCO_2）；

$E_{购入热}$——报告主体购入的热力所产生的二氧化碳排放量，单位为吨二氧化碳（tCO_2）；

$E_{输出电}$——报告主体输出的电力所产生的二氧化碳排放量，单位为吨二氧化碳（tCO_2）；

$E_{输出热}$——报告主体输出的热力所产生的二氧化碳排放量，单位为吨二氧化碳（tCO_2）。

5.2.2 燃料燃烧排放

5.2.2.1 计算公式

燃料燃烧导致的二氧化碳排放量是企业核算和报告年度内各种燃料燃烧产生的二氧化碳排放量的加总，按式（2）计算：

$$E_{燃烧}=\sum_{i=1}^{n}(AD_i \times EF_i) \tag{2}$$

式中：$E_{燃烧}$——核算和报告年度内燃料燃烧产生的二氧化碳排放量，单位为吨二氧化碳（tCO_2）；

AD_i——核算和报告年度内第 i 种燃料的活动数据，单位为吉焦（GJ）；

EF_i——第 i 种燃料的二氧化碳排放因子，单位为吨二氧化碳每吉焦（tCO_2/GJ）；

i——燃料的类型代号。

5.2.2.2 活动数据获取

燃料燃烧的活动数据是核算和报告年度内各种燃料的消耗量与平均低位发热量的乘积，按式（3）计算：

$$AD_i=NCV_i \times FC_i \tag{3}$$

式中：AD_i——核算和报告年度内第 i 种燃料的活动数据，单位为吉焦（GJ）；

NCV_i——核算和报告年度内第 i 种燃料的平均低位发热量，采用附录 B 所提供的推荐值；对固体或液体燃料，单位为吉焦每吨（GJ/t）；对气体燃料，单位为吉焦每万标立方米（$GJ/10^4\ Nm^3$）；

FC_i——核算和报告年度内第 i 种燃料的净消耗量，采用企业计量数据，相关计量器具应符合 GB 17167 要求；对固体或液体燃料，单位为吨（t）；对气体燃料，单位为万标立方米（$10^4\ Nm^3$）。

5.2.2.3 排放因子数据获取

燃料燃烧的二氧化碳排放因子按式（4）计算：

$$EF_i = CC_i \times OF_i \times \frac{44}{12} \tag{4}$$

式中：EF_i——第 i 种燃料的二氧化碳排放因子，单位为吨二氧化碳每吉焦（tCO_2/GJ）；

CC_i——第 i 种燃料的单位热值含碳量，单位为吨碳每吉焦（tC/GJ），采用附录 B 所提供的推荐值；

OF_i——第 i 种燃料的碳氧化率，以 % 表示，采用附录 B 所提供的推荐值；

$\frac{44}{12}$——二氧化碳与碳的相对分子质量之比。

5.2.3 原料配料中碳粉氧化的排放

活动数据是核算和报告期内碳粉的投入量和碳粉的含碳量。碳粉的投入量，取企业计量的数据，单位为吨（t）。碳粉的含碳量，取百分比（%）。碳粉氧化产生的二氧化碳排放量，按式（5）计算：

$$E_{碳粉}=Q_c \times C_c \times \frac{44}{12} \tag{5}$$

式中：$E_{碳粉}$——核算和报告期内碳粉氧化产生的二氧化碳排放量，单位为吨二氧化碳（tCO_2）；

Q_c——原料配料中碳粉消耗量，单位为吨（t）；

C_c——碳粉含碳量的加权平均值，以 % 表示，如缺少测量数据，可按照 100% 计算；

$\frac{44}{12}$——二氧化碳与碳的相对分子质量之比。

5.2.4　原料分解产生的排放

平板玻璃生产过程中，原材料中的石灰石、白云石、纯碱等碳酸盐在高温熔融状态将分解产生二氧化碳。其分解产生的二氧化碳，按式（6）计算：

$$E_{分解} = \sum_i (MF_i \times M_i \times EF_i \times F_i) \tag{6}$$

式中：$E_{分解}$——核算和报告期内，原料碳酸盐分解产生的二氧化碳（CO_2）排放量，单位为吨二氧化碳（tCO_2）；

MF_i——碳酸盐 i 的质量含量，以 % 表示；

M_i——碳酸盐矿石 i 的质量，单位为吨（t）；

EF_i——第 i 种碳酸盐排放因子，单位为吨二氧化碳每吨（tCO_2/t）；

F_i——第 i 种碳酸盐的煅烧比例，以 % 表示，如缺少测量数据，可按照 100% 计算；

i——表示碳酸盐的种类。

平板玻璃生产企业原材料的消耗量，按照生产操作记录的数据；碳酸盐的煅烧比例，可采用企业测量的数据，也可以取 100%；排放因子可采用本部分提供的数值，见表 B.2。

5.2.5　购入和输出的电力及热力产生的排放

5.2.5.1　计算公式

a）购入电力产生的二氧化碳排故量按式（7）计算。

$$E_{购入电} = AD_{购入电} \times EF_{电} \tag{7}$$

式中：$E_{购入电}$——购入电力所产生的二氧化碳排放量，单位为吨二氧化碳（tCO_2）；

$AD_{购入电}$——核算和报告期内购入的电量，单位为兆瓦时（MW · h）；

$EF_{电}$——电力的二氧化碳排放因子，单位为吨二氧化碳每兆瓦时［tCO_2/（MW · h）］。

b）购入热力产生的二氧化碳排放量按式（8）计算。

$$E_{购入热} = AD_{购入热} \times EF_{热} \tag{8}$$

式中：$E_{购入热}$——购入热力所产生的二氧化碳排放量，单位为吨二氧化碳（tCO_2）；

$AD_{购入热}$——核算和报告期内购入的热量，单位为吉焦（GJ）；

$EF_{热}$——热力的二氧化碳排放因子，单位为吨二氧化碳每吉焦（tCO_2/GJ）。

c）输出电力产生的二氧化碳排放量按式（9）计算。

$$E_{输出电} = AD_{输出电} \times EF_{电} \tag{9}$$

式中：$E_{输出电}$——输出电力所产生的二氧化碳排效量，单位为吨二氧化碳（tCO_2）；

$AD_{输出电}$——核算和报告期内输出的电量，单位为兆瓦时（MW · h）；

$EF_{电}$——电力的二氧化碳排放因子，单位为吨二氧化碳每兆瓦时［tCO_2/（MW · h）］。

d） 输出热力产生的二氧化碳排放量按式（10）计算。

$$E_{输出热}=AD_{输出热}\times EF_{热} \tag{10}$$

式中：$E_{输出热}$——输出热力所产生的二氧化碳排放量，单位为吨二氧化碳（tCO_2）；

$AD_{输出热}$——核算和报告期内输出的热量，单位为吉焦（GJ）；

$EF_{热}$——热力的二氧化碳排放因子，单位为吨二氧化碳每吉焦（tCO_2/GJ）。

5.2.5.2 活动数据获取

活动数据以企业电表、热力表记录的读数为准，也可采用供应商提供的发票或者结算单等结算凭证上的数据。

5.2.5.3 排放因子数据获取

包括：

a） 电力消费的排放因子应根据企业生产地及目前的东北、华北、华东、华中、西北、南方电网划分，选用国家主管部门最近年份公布的相应区域电网排放因子。

b） 热力消费的排放因子可取推荐值 0.11 tCO_2/GJ，也可采用政府主管部门发布的官方数据。

6 数据质量管理

报告主体宜加强温室气体数据质量管理工作，包括但不限于：

a） 建立企业温室气体排放核算和报告的规章制度，包括负责机构和人员、工作流程和内容、工作周期和时间节点等；指定专职人员负责企业温室气体排放核算和报告工作；

b） 根据各种类型的温室气体排放源的重要程度对其进行等级划分，并建立企业温室气体排放源一览表，对于不同等级的排放源的活动数据和排放因子数据的获取提出相应的要求；

c） 对现有监测条件进行评估，不断提高自身监测能力，并制订相应的监测计划，包括对活动数据的监测和对燃料低位发热量等参数的监测；定期对计量器具、检测设备和在线监测仪表进行维护管理，并记录存档；

d） 建立健全温室气体数据记录管理体系，包括数据来源、数据获取时间及相关责任人等信息的记录管理；

e） 建立企业温室气体排放报告内部审核制度。定期对温室气体排放数据进行交叉校验，对可能产生的数据误差风险进行识别，并提出相应的解决方案。

7 报告内容和格式

7.1 概述

报告主体应参照附录 A 的格式报告进行报告。

7.2 报告主体基本信息

报告主体基本信息应包括报告主体名称、单位性质、报告年度、所属行业、统一社会信用代码、法定代表人、填报负责人和联系人信息等。

7.3 温室气体排放量

报告主体应报告年度温室气体排放总量，并分别报告燃料燃烧排放量、原料配料中碳粉氧化产生的排放量、原料碳酸盐分解产生的排放量、购入和输出的电力及热力产生的排放量。

7.4 活动数据及来源

报告主体应报告企业在报告年度内用于工业生产的各种燃料的消耗量和相应的低位发热量、生产原料的消耗量、购入的电量等，并说明这些数据的来源（采用本部分的推荐值或实测值）。

报告主体如果还从事平板玻璃生产以外的产品生产活动，并存在本部分未涵盖的温室气体排放环节，则应参考其他相关行业的企业温室气体排放核算和报告标准，报告其活动数据及来源。

7.5 排放因子数据及来源

报告主体应报告企业在报告年度内用于工业生产的各种燃料的单位热值含碳量和碳氧化率数据、煅烧碳酸盐的二氧化碳排放因子、报告主体生产地的电力消费排放因子等数据，并说明这些数据的来源。

报告主体如果还从事平板玻璃生产以外的产品生产活动，并存在本部分未涵盖的温室气体排放环节，则应参考其他相关行业的企业温室气体排放核算和报告标准，报告其排放因子数据及来源。

附　录 A

（资料性附录）

报告格式模板

平板玻璃生产企业温室气体排放报告

报告主体（盖章）：

报告年度：

编制日期：　　　　年　　月　　日

本报告主体核算了　　　年度温室气体排放量，并填写了相关数据表格。现将有关情况报告如下：

一、企业基本情况

二、温室气体排放

三、活动数据及来源说明

四、排放因子数据及来源说明

本企业承诺对本报告的真实性负责。

法人（签字）：

年　　月　　日

表 A.1 报告主体______年温室气体排放量汇总表

排放源类别	总计
燃料燃烧排放量 /tCO_2	
原料配料中碳粉氧化的排放量 /tCO_2	
原料碳酸盐分解的排放量 /tCO_2	
购入电力产生的排放量 /tCO_2	
购入热力产生的排放量 /tCO_2	
输出电力产生的排放量 /tCO_2	
输出热力产生的排放量 /tCO_2	

表 A.2 活动数据表[a]

排放源类别	燃料品种	计量单位	消耗量 /（t 或 10^4 Nm^3）	低位发热量 /（GJ/t 或 GJ/10^4 Nm^3）
燃料燃烧[b]	无烟煤	t		
	烟煤	t		
	褐煤	t		
	洗精煤	t		
	其他洗煤	t		
	其他煤制品	t		
	焦炭	t		
	原油	t		
	燃料油	t		
	汽油	t		
	柴油	t		
	一般煤油	t		
	液化天然气	t		
	液化石油气	t		
	焦油	t		
	粗苯	t		
	石油焦	t		
	焦炉煤气	10^4 Nm^3		
	高炉煤气	10^4 Nm^3		
	转炉煤气	10^4 Nm^3		
	其他煤气	10^4 Nm^3		
	天然气	10^4 Nm^3		
	炼厂干气	t		

续表

排放源类别	燃料品种	计量单位	消耗量 /（t 或 10^4 Nm^3）	低位发热量 /（GJ/t 或 GJ/10^4 Nm^3）
生产过程[c]	参数名称	数据		单位
	配料中碳粉的消耗量			t
	配料中碳粉的含碳量			%
	石灰石的消耗量			t
	白云石的消耗量			t
	纯碱的消耗量			t
电力、热力	参数名称	数据		单位
	电力购入量			MW·h
	电力输出量			MW·h
	热力购入量			GJ
	热力输出量			GJ

[a] 报告主体如果还从事平板玻璃以外的产品生产活动，并存在本部分未涵盖的温室气体排放环节，应自行加行报告。

[b] 报告主体应自行添加未在表中列出但企业实际消耗的其他能源品种。

[c] 报告主体应自行添加未在表中列出但企业实际消耗的其他碳酸盐原料品种。

表 A.3 报告主体排放因子相关数据一览表[a]

排放源类别	燃料品种	单位热值含碳量 /（tC/GJ）	碳氧化率 /%
燃料燃烧[b]	无烟煤		
	烟煤		
	褐煤		
	洗精煤		
	其他洗煤		
	其他煤制品		
	焦炭		
	石油焦		
	原油		
	燃料油		
	汽油		
	柴油		
	一般煤油		

续表

排放源类别	燃料品种	单位热值含碳量 /（tC/GJ）	碳氧化率 /%
燃料燃烧[b]	液化天然气		
	液化石油气		
	焦油		
	粗苯		
	焦炉煤气		
	高炉煤气		
	转炉煤气		
	其他煤气		
	天然气		
	炼厂干气		
生产过程[c]	参数名称	数据	单位
	石灰石的排放因子		tCO_2/t
	石灰石的煅烧比例		%
	白云石的排放因子		tCO_2/t
	白云石的煅烧比例		%
	纯碱的排放因子		tCO_2/t
	纯碱的煅烧比例		%
电力、热力	参数名称	数据	单位
	电力排放因子		tCO_2/（MW·h）
	热力排放因子		tCO_2/GJ

[a] 报告主体如果还从事平板玻璃以外的产品生产活动，并存在本部分未涵盖的温室气体排放环节，应自行加行报告。

[b] 报告主体应自行添加未在表中列出但企业实际消耗的其他能源品种。

[c] 报告主体应自行添加未在表中列出但企业实际消耗的其他碳酸盐原料品种。

附　录　B
（资料性附录）
相关参数推荐值

相关参数推荐值见表 B.1、表 B.2、表 B.3。

表 B.1　常用燃料相关参数的推荐值

燃料品种		计量单位	低位发热量 /（GJ/t 或 GJ/10^4 Nm^3）	单位热值含碳量 /（tC/GJ）	燃料碳氧化率
固体燃料	无烟煤	t	26.7[c]	27.4×10^{-3}[b]	98%（窑炉） 95%（工业锅炉） 91%（其他燃烧设备）
	烟煤	t	19.570[d]	26.1×10^{-3}[d]	
	褐煤	t	11.9[c]	28×10^{-3}[b]	
	洗精煤	t	26.334[a]	25.40×10^{-3}[d]	
	其他煤制品	t	17.460[d]	33.60×10^{-3}[d]	
	石油焦	t	32.5[c]	27.5×10^{-3}[b]	100%
	焦炭	t	28.435[a]	29.5×10^{-3}[b]	98%
液体燃料	原油	t	41.816[a]	20.1×10^{-3}[b]	99%
	燃料油	t	41.816[a]	21.1×10^{-3}[b]	99%
	汽油	t	43.070[a]	18.9×10^{-3}[b]	99%
	柴油	t	42.652[a]	20.2×10^{-3}[b]	99%
	煤油	t	43.070[a]	19.6×10^{-3}[b]	99%
	液化天然气	t	44.2[c]	17.2×10^{-3}[b]	98%
	液化石油气	t	50.179[a]	17.2×10^{-3}[b]	99.5%
	焦油	t	33.453[a]	22.0×10^{-3}[c]	99.5%
气体燃料	焦炉煤气	10^4 Nm^3	179.81[a]	12.1×10^{-3}[c]	99.5%
	高炉煤气（鼓风炉煤气）	10^4 Nm^3	33.000[d]	70.8×10^{-3}[c]	99.5%
	转炉煤气	10^4 Nm^3	84.000[d]	49.60×10^{-3}[d]	99.5%
	其他煤气	10^4 Nm^3	52.270[a]	12.20×10^{-3}[d]	99.5%
	天然气	10^4 Nm^3	389.31[a]	15.3×10^{-3}[b]	99.5%

[a] 数据取值来源为《中国能源统计年鉴 2013》。

[b] 数据取值来源为《省级温室气体清单指南（试行）》。

[c] 数据取值来源为《2006 年 IPCC 国家温室气体清单指南》。

[d] 数据取值来源为行业经验数据。

表 B.2　常见碳酸盐原料的排放因子

碳酸盐	矿石名称	相对分子质量	排放因子 /（tCO_2/t 碳酸盐）
$CaCO_3$	方解石、文石或石灰石	100.086 9	0.439 71
$MgCO_3$	菱镁石	84.313 9	0.521 97
$CaMg(CO_3)_2$	白云石	184.400 8	0.477 32
$FeCO_3$	菱铁矿	115.853 9	0.379 87
$Ca(Fe, Mg, Mn)(CO_3)_2$	铁白云石	185.022 5～215.616 0	0.408 22～0.475 72
$MnCO_3$	菱锰矿	114.947 0	0.382 86
Na_2CO_3	碳酸钠或纯碱	106.068 5	0.414 92
注：数据来源为 CRC 化学物理手册（2004）和《2006 年 IPCC 国家温室气体清单指南》。			

表 B.3　其他排放因子推荐值

参数名称	单位	CO_2 排放因子
电力消费的排放因子	tCO_2/（MW·h）	采用国家最新发布值
热力消费的排放因子	tCO_2/GJ	0.11

参 考 文 献

[1] GB/T 32150—2015 工业企业温室气体排放核算和报告通则 .

[2] IPCC 国家温室气体清单指南（2006），政府间气候变化专门委员会（IPCC）.

[3] IPCC 国家温室气体清单指南（1996），政府间气候变化专门委员会（IPCC）.

[4] 省级温室气体清单编制指南（试行），国家发展和改革委员会办公厅 .

[5] 中国能源统计年鉴 2013，中国统计出版社 .

[6] 化学物理手册（Handbook of Chemistry and physics），CRC 出版社（CRC Press）.

附录 2.6

温室气体排放核算与报告要求 第 8 部分：水泥生产企业

（GB/T 3215.8—2015）

2015-11-19 发布　　2016-06-01 实施

1 范围

GB/T 32151 的本部分规定了水泥生产企业温室气体排放量的核算和报告相关的术语、核算边界、核算步骤与核算方法、数据质量管理、报告内容和格式等内容。

本部分适用于水泥生产企业温室气体排放量的核算和报告，以水泥生产为主营业务的企业可按照本部分提供的方法核算温室气体排放量，并编制企业温室气体排放报告。如水泥企业除水泥生产以外还存在其他产品生产活动且存在温室气体排放，则应按照相关行业的企业温室气体排放核算与报告要求进行核算并汇总报告。

2 规范性引用文件

下列文件对于本文件的应用是必不可少的。凡是注日期的引用文件，仅注日期的版本适用于本文件。凡是不注日期的引用文件，其最新版本（包括所有的修改单）适用于本文件。

GB/T 213　煤的发热量测定方法

GB/T 384　石油产品热值测定法

GB/T 12960　水泥组分的定量测定

GB/T 22723　天然气能量的测定

HJ 2519—2012　环境标志产品技术要求　水泥

3 术语和定义

下列术语和定义适用于本文件。

3.1

温室气体 greenhouse gas

大气层中自然存在的和由于人类活动产生的能够吸收和散发由地球表面、大气层和云层所产生的、波长在红外光谱内的辐射的气态成分。

[GB/T 32150—2015，定义 3.1]

注：本部分涉及的温室气体只包含二氧化碳（CO_2）。

3.2

报告主体 reporting entity

具有温室气体排放行为的法人企业或视同法人的独立核算单位。

[GB/T 32150—2015，定义 3.2]

3.3

水泥生产企业 cement enterprise

以水泥生产为主营业务的独立核算单位。

3.4

燃料燃烧排放 fuel combustion emission

燃料在氧化燃烧过程中产生的温室气体排放。

[GB/T 32150—2015，定义 3.7]

注：替代燃料或协同处置的废弃物中所含的非生物质碳燃烧等产生的二氧化碳排放，本部分暂不考虑。

3.5

过程排放 process emission

在生产、废弃物处理处置过程中除燃料燃烧之外的物理或化学变化造成的温室气体排放，包括原料碳酸盐分解产生的排放和生料中非燃料碳煅烧产生的排放等。

注：改写 GB/T 32150—2015，定义 3.8。

3.6

购入的电力、热力产生的排放 emission from purchased electricity and heat

企业消费的购入电力、热力所对应的电力、热力生产环节产生的二氧化碳排放。

注：热力包括蒸汽、热水。

[GB/T 32150—2015，定义 3.9]

3.7

输出的电力、热力产生的排放 emission from exported of electricity and heat

企业输出的电力、热力所对应的电力、热力生产环节产生的二氧化碳排放。

注：热力包括蒸汽、热水。

［GB/T 32150—2015，定义 3.10］

3.8

活动数据　activity data

导致温室气体排放的生产或消费活动量的表征值。

注：例如各种燃料的消耗量、原材料的使用量、购入的电量、购入的热量等。

［GB/T 32150—2015，定义 3.12］

3.9

排放因子　emission factor

表征单位生产或消费活动量的温室气体排放的系数。

［GB/T 32150—2015，定义 3.13］

注：例如每单位燃料消耗所对应的二氧化碳排放量、购入的每千瓦时电量所对应的二氧化碳排放量等。

3.10

碳氧化率　carbon oxidtion rate

燃料中的碳在燃烧过程中被完全氧化的百分比。

［GB/T 32150—2015，定义 3.14］

4　核算边界

4.1　概述

报告主体应以企业法人或视同法人的独立核算单位为边界，核算和报告其生产系统产生的温室气体排放。生产系统包括主要生产系统、辅助生产系统及直接为生产服务的附属生产系统，其中辅助生产系统包括动力、供电、供水、化验、机修、库房、运输等，附属生产系统包括生产指挥系统（厂部）和厂区内为生产服务的部门和单位（如职工食堂、车间浴室、保健站等）。

如果报告主体除水泥生产外还存在其他产品生产活动，并存在本部分未涵盖的温室气体排放环节，则应参考其他相关行业的企业温室气体排放核算与报告进行核算并汇总报告（参见附录 A）。

水泥生产企业在生产过程中，其温室气体排放主要包括燃料燃烧排放、过程排放、购入和输出的电力及热力产生的排放。水泥生产企业温室气体核算边界如图 1 所示。

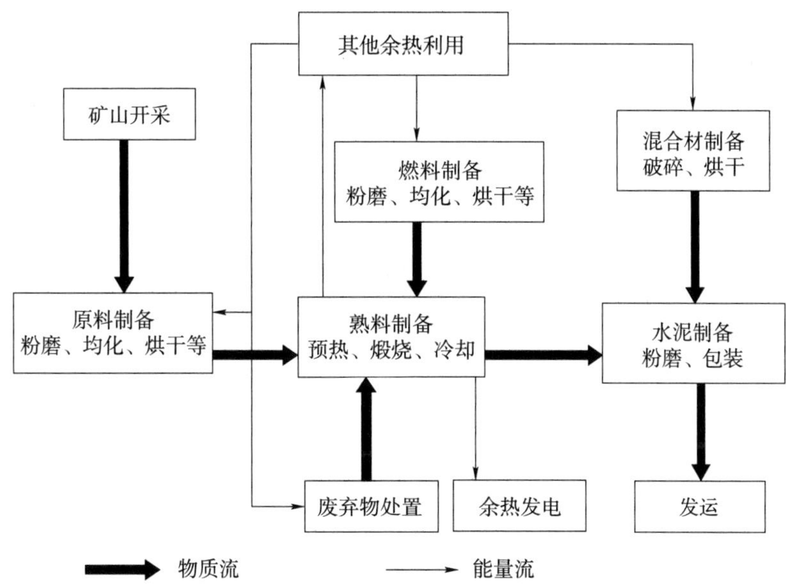

图 1　水泥生产企业温室气体核算边界示意图

4.2　核算和报告范围

4.2.1　燃料燃烧排放

水泥生产过程中使用的实物煤、热处理和厂内运输等设备使用的燃油等发生氧化燃烧过程产生的排放。

4.2.2　过程排放

水泥生产过程中，原材料碳酸盐分解产生的二氧化碳排放，包括熟料对应的碳酸盐分解排放。

4.2.3　购入的电力、热力产生的排放

水泥企业购入的电力、热力对应的生产活动的二氧化碳排放。

4.2.4　输出的电力、热力产生的排放

水泥企业输出的电力、热力对应的生产活动的二氧化碳排放。

5　核算步骤与核算方法

5.1　核算步骤

报告主体进行企业温室气体排放核算和报告的工作流程包括以下步骤：

a）识别排放源；

b）收集活动数据；

c）选择和获取排放因子数据；

d）分别计算燃料燃烧排放量、过程排放量、购入和输出的电力及热力所对应的排放量；

e）汇总计算企业温室气体排放量。

5.2 核算方法

5.2.1 概述

水泥生产企业的二氧化碳排放总量等于企业边界内所有的燃料燃烧排放量、过程排放量、企业购入电力和热力产生的排放量之和，扣除输出的电力和热力对应的排放量，按式（1）计算：

$$E=E_{燃烧}+E_{过程}+E_{购入电}+E_{购入热}-E_{输出电}-E_{输出热} \quad (1)$$

式中：E——报告主体二氧化碳排放总量，单位为吨二氧化碳（tCO_2）；

$E_{燃烧}$——报告主体的燃料燃烧二氧化碳排放量，单位为吨二氧化碳（tCO_2）；

$E_{过程}$——报告主体在生产过程中原料碳酸盐分解产生的二氧化碳排放量，单位为吨二氧化碳（tCO_2）；

$E_{购入电}$——报告主体购入的电力所产生的二氧化碳排放量，单位为吨二氧化碳（tCO_2）；

$E_{购入热}$——报告主体购入的热力所产生的二氧化碳排放量，单位为吨二氧化碳（tCO_2）；

$E_{输出电}$——报告主体输出的电力所产生的二氧化碳排放量，单位为吨二氧化碳（tCO_2）；

$E_{输出热}$——报告主体输出的热力所产生的二氧化碳排放量，单位为吨二氧化碳（tCO_2）。

5.2.2 燃料燃烧排放

5.2.2.1 计算公式

在水泥生产中，使用燃料，如实物煤、燃油等。燃料燃烧产生的二氧化碳排放，按式（2）～式（4）计算：

$$E_{燃烧}=\sum_{i=1}^{n}\left(AD_i \times EF_i\right) \quad (2)$$

式中：$E_{燃烧}$——核算和报告期内消耗的燃料燃烧产生的二氧化碳排放，单位为吨二氧化碳（tCO_2）；

AD_i——核算和报告期内消耗的第 i 种燃料的活动水平，单位为吉焦（GJ）；

EF_i——第 i 种燃料的二氧化碳排放因子，单位为吨二氧化碳每吉焦

（tCO_2/GJ）；

i——燃料类型代号。

核算和报告期内消耗的第 i 种燃料的活动水平 AD_i 按式（3）计算：

$$AD_i = NCV_i \times FC_i \tag{3}$$

式中：NCV_i——核算和报告期内第 i 种燃料的平均低位发热量。对固体或液体燃料，单位为吉焦每吨（GJ/t）；对气体燃料，单位为吉焦每万标立方米（$GJ/10^4\ Nm^3$）；

FC_i——核算和报告期内第 i 种燃料的净消耗量。对固体或液体燃料，单位为吨（t）；对气体燃料，单位为万标立方米（$10^4\ Nm^3$）。

燃料的二氧化碳排放因子按式（4）计算：

$$EF_i = CC_i \times OF_i \times \frac{44}{12} \tag{4}$$

式中：CC_i——第 i 种燃料的单位热值含碳量，单位为吨碳每吉焦（tC/GJ）；

OF_i——第 i 种燃料的碳氧化率，以 % 表示。

5.2.2.2　活动数据获取

根据核算和报告期内各种燃料消耗的计量数据来确定各种燃料的消耗量。

企业可选择采用本部分提供的燃料平均低位发热量数据（见表 B.1）。具备条件的企业可开展实测，或委托有资质的专业机构进行检测，也可采用与相关方结算凭证中提供的检测值。如选择实测，燃料低位发热量检测应遵循 GB/T 213、GB/T 384、GB/T 22723 等相关标准。

5.2.2.3　排放因子数据获取

企业可采用本部分提供的单位热值含碳量和碳氧化率数据（见表 B.1）。

5.2.3　过程排放

水泥生产过程排放主要指原料碳酸盐分解产生的二氧化碳排放量，可按式（5）计算：

$$E_{工艺} = Q \times \left[\left(FR_1 - FR_{10} \right) \times \frac{44}{56} + \left(FR_2 - FR_{20} \right) \times \frac{44}{40} \right] \tag{5}$$

式中：$E_{工艺}$——核算和报告期内，原料碳酸盐分解产生的二氧化碳排放量，单位为吨二氧化碳（tCO_2）；

Q——生产的水泥熟料产量，单位为吨（t）；

FR_1——熟料中氧化钙（CaO）的含量，以 % 表示；

FR_{10}——熟料中不是来源于碳酸盐分解的氧化钙（CaO）的含量，以%表示；

FR_2——熟料中氧化镁（MgO）的含量，以%表示；

FR_{20}——熟料中不是来源于碳酸盐分解的氧化镁（MgO）的含量，以%表示；

$\frac{44}{56}$——二氧化碳与氧化钙之间的相对分子质量换算；

$\frac{44}{40}$——二氧化碳与氧化镁之间的相对分子质量换算。

水泥企业生产的水泥熟料产量，采用核算和报告期内企业的生产记录数据。

熟料中氧化钙和氧化镁的含量，采用企业测量的数据。熟料中不是来源于碳酸盐分解的氧化钙和氧化镁的含量，采用企业测量的数据计算，计算采用式（6）和式（7）：

$$FR_{10}=\frac{FS_{10}}{(1-L)\times F_c} \tag{6}$$

$$FR_{20}=\frac{FS_{20}}{(1-L)\times F_c} \tag{7}$$

式中：L——生料烧失量，以%表示；

F_c——熟料中燃煤灰分掺入量换算因子，取值为1.04；

注：数据引自HJ 2519—2012。

FS_{10}——生料中不是以碳酸盐形式存在的氧化钙（CaO）的含量，以%表示；

FS_{20}——生料中不是以碳酸盐形式存在的氧化镁（MgO）的含量，以%表示。

5.2.4 购入和输出的电力、热力产生的排放

5.2.4.1 计算公式

a）购入电力产生的二氧化碳排放量按式（8）计算：

$$E_{购入电}=AD_{购入电}\times EF_{电} \tag{8}$$

式中：$E_{购入电}$——购入电力所产生的二氧化碳排放量，单位为吨二氧化碳（tCO_2）；

$AD_{购入电}$——核算和报告期内购入的电量，单位为兆瓦时（MW·h）；

$EF_{电}$——电力的二氧化碳排放因子，单位为吨二氧化碳每兆瓦时［tCO_2/（MW·h）］。

b）购入热力产生的二氧化碳排放量按式（9）计算：

$$E_{购入热}=AD_{购入热}\times EF_{热} \tag{9}$$

式中：$E_{购入热}$——购入热力所产生的二氧化碳排放量，单位为吨二氧化碳（tCO_2）；

$AD_{购入热}$——核算和报告期内购入的热量，单位为吉焦（GJ）；

$EF_{热}$——热力的二氧化碳排放因子，单位为吨二氧化碳每吉焦（tCO_2/GJ）。

c）输出电力产生的二氧化碳排放量按式（10）计算：

$$E_{输出电}=AD_{输出电}\times EF_{电} \tag{10}$$

式中：$E_{输出热}$——输出电力所产生的二氧化碳排放量，单位为吨二氧化碳（tCO_2）；

$AD_{输出热}$——核算和报告期内输出的电量，单位为兆瓦时（MW·h）；

$EF_{电}$——电力的二氧化碳排放因子，单位为吨二氧化碳每兆瓦时［tCO_2/（MW·h）］。

d）输出热力产生的二氧化碳排放量按式（11）计算：

$$E_{输出热}=AD_{输出热}\times EF_{热} \tag{11}$$

式中：$E_{输出热}$——输出热力所产生的二氧化碳排放量，单位为吨二氧化碳（tCO_2）；

$AD_{输出热}$——核算和报告期内输出的热量，单位为吉焦（GJ）；

$EF_{热}$——热力的二氧化碳排放因子，单位为吨二氧化碳每吉焦（tCO_2/GJ）。

5.2.4.2 活动数据获取

活动数据以企业电表、热力表记录的读数为准，也可采用供应商提供的发票或者结算单等结算凭证上的数据。

5.2.4.3 排放因子数据获取

包括：

a）电力消费的排放因子应根据企业生产地及目前的东北、华北、华东、华中、西北、南方电网划分，选用国家主管部门最近年份公布的相应区域电网排放因子；

b）热力消费的排放因子可取推荐值 0.11 tCO_2/GJ，也可采用政府主管部门发布的官方数据。

6 数据质量管理

报告主体宜加强温室气体数据质量管理工作，包括但不限于：

a）建立企业温室气体排放核算和报告的规章制度，包括负责机构和人员、工作流程和内容、工作周期和时间节点等；指定专职人员负责企业温室气体排放核算和报告工作；

b）根据各种类型的温室气体排放源的重要程度对其进行等级划分，并建立企业温室气体排放源一览表，对于不同等级的排放源的活动水平数据和排放因子数据的获取提出相应的要求；

c）对现有监测条件进行评估，不断提高自身监测能力，并制订相应的监测计划，包括对活动水平数据的监测和对燃料低位发热量等参数的监测；定期对计量器具、检测设备和在线监测仪表进行维护管理，并记录存档；

d）建立健全温室气体数据记录管理体系，包括数据来源、数据获取时间及相关责任人等信息的记录管理；

e）建立企业温室气体排放报告内部审核制度。定期对温室气体排放数据进行交叉校验，对可能产生的数据误差风险进行识别，并提出相应的解决方案。

7 报告内容和格式

7.1 概述

报告主体应参照附录 A 的格式报告进行报告。

7.2 报告主体基本信息

报告主体基本信息应包括报告主体名称、单位性质、报告年度、所属行业、统一社会信用代码、法定代表人、填报负责人和联系人信息等。

7.3 温室气体排放量

报告主体应报告在核算和报告期内温室气体排放总量，并分别报告燃料燃烧排放量、生产过程排放量、购入和输出的电力及热力产生的排放量。

7.4 活动数据及来源

活动数据包括，报告主体在报告期内生产所使用的各种燃料的消耗量和相应的低位发热量、水泥熟料产量、生料的重量、购入的电量和热量、输出的电量和热量。

报告主体如果除水泥外还生产其他产品，并存在本部分未涵盖的温室气体排放环节，则应参考其他相关行业的企业温室气体排放报告标准的要求，报告其活动数据及来源。

7.5 排放因子数据及来源

报告主体在报告期内生产所使用的各种燃料的单位热值含碳量和碳氧化率数据；熟料中氧化钙的含量和非来源于碳酸盐分解的氧化钙的含量、氧化镁的含量和非来源于碳酸盐分解的氧化镁的含量；生料烧失量；生料中不是以碳酸盐形式存在的氧化钙（CaO）和氧化镁（MgO）的含量采用企业实测值，可见 GB/T 12960；电力排放因子可参考附录 B 的推荐值。

报告主体如果除水泥外还生产其他产品，并存在本部分未涵盖的温室气体排放环节，则应参考其他相关行业的企业温室气体排放报告的要求，报告其排放因子数据及来源。

附 录 A

（资料性附录）

报告格式模板

水泥生产企业温室气体排放报告

报告主体（盖章）：

报告年度：

编制日期：　　　　年　　月　　日

本报告主体核算了 年度温室气体排放量，并填写了相关数据表格。现将有关情况报告如下：

一、企业基本情况

二、温室气体排放

三、活动数据及来源说明

四、排放因子数据及来源说明

本企业承诺对本报告的真实性负责。

法人（签字）：

年 月 日

表 A.1 报告主体____年温室气体排放量报告

排放源的类别	总计
燃料燃烧排放量 /tCO_2	
原料碳酸盐分解的排放量 /tCO_2	
购入电力产生的排放量 /tCO_2	
购入热力产生的排放量 /tCO_2	
输出电力产生的排放量 /tCO_2	
输出热力产生的排放量 /tCO_2	

表 A.2 活动数据表[a]

排放源类别	燃料品种	计量单位	消耗量 /（t 或 10^4 Nm^3）	低位发热量 /（GJ/t 或 GJ/10^4 Nm^3）
燃料燃烧[b]	无烟煤	t		
	烟煤	t		
	褐煤	t		
	洗精煤	t		
	其他洗煤	t		
	其他煤制品	t		
	焦炭	t		
	原油	t		
	燃料油	t		
	汽油	t		
	柴油	t		
	一般煤油	t		
	液化天然气	t		
	液化石油气	t		
	焦油	t		
	粗苯	t		
	焦炉煤气	10^4 Nm^3		
	高炉煤气	10^4 Nm^3		
	转炉煤气	10^4 Nm^3		
	其他煤气	10^4 Nm^3		
	天然气	10^4 Nm^3		
	炼厂干气	t		

续表

排放源类别	燃料品种	计量单位	消耗量 /（t 或 10^4 Nm^3）	低位发热量 /（GJ/t 或 GJ/10^4 Nm^3）
生产过程	参数名称	数据		单位
	熟料产量			t
	生料的重量			t
电力、热力	参数名称	数据		单位
	购入的电力			MW · h
	购入的热力			GJ
	输出的电力			MW · h
	输出的热力			GJ

[a] 报告主体如果还从事水泥以外的产品生产活动，并存在本部分未涵盖的温室气体排放环节，应自行加行报告。

[b] 报告主体应自行添加未在表中列出但企业实际消耗的其他能源品种。

表 A3　排放因子和计算系数

排放源类别	燃料品种	单位热值含碳量 /（tC/GJ）	碳氧化率 /%
燃料燃烧[a]	无烟煤		
	烟煤		
	褐煤		
	洗精煤		
	其他洗煤		
	其他煤制品		
	焦炭		
	原油		
	燃料油		
	汽油		
	柴油		
	一般煤油		
	液化天然气		
	液化石油气		
	焦油		
	粗苯		

续表

排放源类别	燃料品种	单位热值含碳量 /（tC/GJ）	碳氧化率 /%
燃料燃烧[a]	焦炉煤气		
	高炉煤气		
	转炉煤气		
	其他煤气		
	天然气		
	炼厂干气		
生产过程	参数名称	数据	单位
	熟料中 CaO 含量		%
	非碳酸盐 CaO 含量		%
	熟料中 MgO 含量		%
	非碳酸盐 MgO 含量		%
	生料烧失量		%
	生料中不是以碳酸盐形式存在的氧化钙的含量		%
	生料中不是以碳酸盐形式存在的氧化镁的含量		%
电力、热力	参数名称	数据	排放因子
	购入电力		tCO_2/（MW·h）
	购入热力		tCO_2/GJ
	输出电力		tCO_2/（MW·h）
	输出热力		tCO_2/GJ

[a] 企业应自行添加未在表中列出但企业实际消耗的其他能源品种。

附 录 B
（资料性附录）
相关参数推荐值

相关参数推荐值见表 B.1、表 B.2。

表 B.1 常用燃料相关参数的推荐值

燃料品种		计量单位	低位发热量 /（GJ/t 或 GJ/10^4 Nm^3）	单位热值含碳量 /（tC/GJ）	燃料碳氧化率
固体燃料	无烟煤	t	26.7[c]	27.4×10^{-3} [b]	98%（窑炉） 95%（工业锅炉） 91%（其他燃烧设备）
	烟煤	t	19.570[d]	26.1×10^{-3} [b]	
	褐煤	t	11.9[c]	28×10^{-3} [b]	
	洗精煤	t	26.334[a]	25.40×10^{-3} [d]	
	其他煤制品	t	17.460[d]	33.60×10^{-3} [d]	
	石油焦	t	32.5[c]	27.5×10^{-3} [b]	100%
	焦炭	t	28.435[a]	29.5×10^{-3} [b]	98%
液体燃料	原油	t	41.816[a]	20.1×10^{-3} [b]	99%
	燃料油	t	41.816[a]	21.1×10^{-3} [b]	99%
	汽油	t	43.070[a]	18.9×10^{-3} [b]	99%
	柴油	t	42.652[a]	20.2×10^{-3} [b]	99%
	煤油	t	43.070[a]	19.6×10^{-3} [b]	99%
	液化天然气	t	44.2[c]	17.2×10^{-3} [b]	98%
	液化石油气	t	50.179[a]	17.2×10^{-3} [b]	99.5%
	焦油	t	33.453[a]	22.0×10^{-3} [c]	99.5%
气体燃料	焦炉煤气	10^4 Nm^3	179.81[a]	12.1×10^{-3} [c]	99.5%
	高炉煤气（鼓风炉煤气）	10^4 Nm^3	33.000[d]	70.8×10^{-3} [c]	99.5%
	转炉煤气	10^4 Nm^3	84.000[d]	49.60×10^{-3} [d]	99.5%
	其他煤气	10^4 Nm^3	52.270[a]	12.20×10^{-3} [d]	99.5%
	天然气	10^4 Nm^3	389.31[a]	15.3×10^{-3} [b]	99.5%

[a] 数据取值来源为《中国能源统计年鉴 2013》。
[b] 数据取值来源为《省级温室气体清单指南（试行）》。
[c] 数据取值来源为《2006 年 IPCC 国家温室气体清单指南》。
[d] 数据取值来源为行业经验数值。

表 B.2 其他排放因子和参数推荐值

名称	单位	CO_2 排放因子
电力消费的排放因子	tCO_2/（MW·h）	采用国家最新发布值
热力消费的排放因子	tCO_2/GJ	0.11

参 考 文 献

[1] GB/T 32150—2015 工业企业温室气体排放核算和报告通则 .

[2] 省级温室气体清单编制指南（试行），国家发展和改革委员会办公厅 .

[3] 中国能源统计年鉴 2013，中国统计出版社 .

[4] IPCC 国家温室气体清单指南（2006），政府间气候变化专门委员会（IPCC）.

[5] 水泥行业二氧化碳减排议定书 水泥行业二氧化碳排放统计与报告标准（2011），世界可持续发展工商理事会（WBCSD）.

附录 2.7

中国发电企业
温室气体排放核算方法与报告指南
（试行）

编制说明

一、编制的目的和意义

根据“十二五”规划《纲要》提出的“建立完善温室气体统计核算制度，逐步建立碳排放交易市场”和《“十二五”控制温室气排放工作方案》（国发〔2011〕41 号）提出的“加快构建国家、地方、企业三级温室气体排放核算工作体系，实行重点企业直接报送温室气体排放和能源消费数据制度”的要求，为保证实现 2020 年单位国内生产总值二氧化碳排放比 2005 年下降 40%～45% 的目标，国家发展改革委组织编制了《中国发电企业温室气体排放核算方法与报告指南（试行）》，以帮助企业科学核算和规范报告自身的温室气体排放，制订企业温室气体排放控制计划，积极参与碳排放交易，强化企业社会责任。同时也为主管部门建立并实施重点企业温室气体报告制度奠定基础，为掌握重点企业温室气体排放情况，制定相关政策提供支撑。

二、编制过程

本指南由国家发展改革委委托北京中创碳投科技有限公司专家编制。编制组借鉴了国内外有关企业温室气体核算报告研究成果和实践经验，参考了国家发展改革委办公厅印发的《省级温室气体清单编制指南（试行）》，经过实地调研、深入研究和案例试算，编制完成了《中国发电企业温室气体排放核算方法与报告指南（试行）》。本指南在方法上力求科学性、完整性、规范性和可操作性。编制过程中得到了中国电力企业联合会、北京能源投资（集团）有限公司等单位专家的大力支持。

三、主要内容

《中国发电企业温室气体排放核算方法与报告指南（试行）》包括正文的七个部

分以及附录，分别明确了本指南的适用范围、相关引用文件和参考文献、所用术语、核算边界、核算方法、质量保证和文件存档要求以及报告内容和格式。核算的温室气体为二氧化碳（不核算其他温室气体排放），排放源包括化石燃料燃烧排放、脱硫过程排放以及净购入使用电力排放。适用范围为从事电力生产的具有法人资格的生产企业和视同法人的独立核算单位。

四、需要说明的问题

燃煤发电企业温室气体排放核算是本指南的重点和难点。由于我国普遍存在煤种掺烧的问题，针对燃煤的排放因子很难给出缺省值。因此，为准确评估企业由于煤炭燃烧引起的温室气体排放，本指南要求企业实际测量入炉煤的元素碳含量，为避免给企业带来较大的负担，本指南提出企业每天采集缩分样品，每月的最后一天将该月每天获得的缩分样品混合，测量月入炉煤的元素碳含量。对于燃煤机组的碳氧化率给出两种选择，使用实测值或者缺省值。此外，脱硫过程产生的排放只占燃煤发电企业排放总量的1%左右，因此规定碳酸盐含量以及转化率使用缺省值以简化计算。

鉴于企业温室气体核算和报告是一项全新的复杂工作，本指南在实际运用中可能存在不足之处，希望相关使用单位能及时予以反馈，以便今后做出进一步的修改。

本指南由国家发展和改革委员会提出并负责解释和修订。

一、适用范围

本指南适用于中国发电企业温室气体排放量的核算和报告。中国境内从事电力生产的企业可按照本指南提供的方法，核算企业的温室气体排放量并编制企业温室气体排放报告。如果发电企业除电力生产外还存在其他产品生产活动且存在温室气体排放的，则应参照相关行业企业的温室气体排放核算和报告指南核算并报告。

二、引用文件和参考文献

本指南引用的文件主要包括：

《省级温室气体清单编制指南（试行）》

《中国能源统计年鉴 2012》

《中国温室气体清单研究》

下列文件在本指南编制过程中作为参考和借鉴：

《2006 年 IPCC 国家温室气体清单指南》

《温室气体议定书——企业核算与报告准则 2004 年》

《欧盟针对 EU ETS 设施的温室气体监测和报告指南》

三、术语和定义

（1）温室气体

大气中那些吸收和重新放出红外辐射的自然的和人为的气态成分。本指南的温室气体是指《京都议定书》中所规定的六种温室气体，分别为二氧化碳（CO_2）、甲烷（CH_4）、氧化亚氮（N_2O）、氢氟碳化物（HFCs）、全氟化碳（PFCs）和六氟化硫（SF_6）。

（2）报告主体

具有温室气体排放行为并应核算和报告的法人企业或视同法人的独立核算单位。

（3）燃料燃烧排放

化石燃料与氧气进行燃烧反应产生的温室气体排放。

（4）净购入使用电力产生的二氧化碳排放

企业消费的净购入电力所对应的电力生产环节产生的温室气体排放。

（5）活动水平

量化导致温室气体排放的生产或消费活动的活动量，例如各种化石燃料的消耗量、原材料的使用量、购入的电量等。

（6）排放因子

量化每单位活动水平的温室气体排放量的系数。排放因子通常基于抽样测量或统计分析获得，表示在给定操作条件下某一活动水平的代表性排放率。

（7）碳氧化率

燃料中的碳在燃烧过程中被氧化成二氧化碳的比率。

四、核算边界

报告主体应以企业法人为界，识别、核算和报告企业边界内所有生产设施产生的温室气体排放，同时应避免重复计算或漏算。如报告主体除电力生产外还存在其他产品生产活动且存在温室气体排放的，则应参照相关行业企业的温室气体排放核算和报告指南核算并报告。

发电企业的温室气体核算和报告范围包括：化石燃料燃烧产生的二氧化碳排放、脱硫过程的二氧化碳排放、企业净购入使用电力产生的二氧化碳排放。

企业厂界内生活耗能导致的排放原则上不在核算范围内。

五、核算方法

发电企业的全部排放包括化石燃料燃烧的二氧化碳排放、燃煤发电企业脱硫过程的二氧化碳排放、企业净购入使用电力产生的二氧化碳排放。对于生物质混合燃料燃烧发电的二氧化碳排放，仅统计混合燃料中化石燃料（如燃煤）的二氧化碳排放；对于垃圾焚烧发电引起的二氧化碳排放，仅统计发电中使用化石燃料（如燃煤）的二氧化碳排放。

发电企业的温室气体排放总量等于企业边界内化石燃料燃烧排放量、脱硫过程的排放量和净购入使用电力产生的排放量之和，按式（1）计算：

$$E=E_{燃烧}+E_{脱硫}+E_{电} \tag{1}$$

式中：E——二氧化碳排放总量（吨）；

$E_{热烧}$——燃烧化石燃料（包括发电及其他排放源使用化石燃料）产生的二氧化碳排放量（吨）；

$E_{脱碱}$——脱硫过程产生的二氧化碳排放量（吨）；

$E_{电}$——净购入使用电力产生的二氧化碳排放量（吨）。

（一）化石燃料燃烧排放

化石燃料燃烧产生的二氧化碳排放，按公式（2）计算：

$$E_{燃烧}=\sum_{i}(AD_i \times EF_i) \tag{2}$$

式中：$E_{燃烧}$——化石燃料燃烧的二氧化碳排放量（吨）；

AD_i——第 i 种化石燃料活动水平（太焦），以热值表示；

EF_i——第 i 种燃料的排放因子（吨二氧化碳 / 太焦）；

i——化石燃料的种类。

1. 活动水平数据及来源

第 i 种化石燃料的活动水平 AD_i 按公式（3）计算。

$$AD_i=FC_i \times NCV_i \times 10^{-6} \tag{3}$$

式中：AD_i——第 i 种化石燃料的活动水平（太焦）；

FC_i——第 i 种化石燃料的消耗量（吨 /10^3 标准立方米）；

NCV_i——第 i 种化石燃料的平均低位发热值（千焦 / 千克，千焦 / 标准立方米）；

i——化石燃料的种类。

（1）燃料消耗量

化石燃料的消耗量应根据企业能源消费台账或统计报表来确定。燃料消耗量具体测量仪器的标准应符合 GB 17167—2006《用能单位能源计量器具配备和管理通则》的相关规定。

（2）低位发热值

燃煤低位发热值的具体测量方法和实验室及设备仪器标准应遵循 GB/T 213—2008《煤的发热量测定方法》的相关规定，频率为每天至少一次。燃煤年平均低位发热值由日平均低位热值加权平均计算得到，其权重是燃煤日消耗量。

燃油低位发热值的测量方法和实验室及设备仪器标准应遵循 DL/T 567.8—95《燃油发热量的测定》的相关规定。燃油的低位发热值按每批次测量，或采用与供应商交易结算合同中的年度平均低位发热值。燃油年平均低位发热值由每批次燃油平均低位热值加权平均计算得到，其权重为每批次燃油消耗量。企业使用柴油或汽油作为燃料的低位发热值可采用附录二表 2-1 的推荐值。

天然气低位发热值测量方法和实验室及设备仪器标准应遵循 GB/T 11062—1998《天然气发热量、密度、相对密度和沃泊指数的计算方法》的相关规定。天然气的低位发热值企业可以自行测量，也可由燃料供应商提供，每月至少一次。天然气年平均低位发热值由月平均低位热值加权平均计算得到，其权重为天然气月消耗量。

生物质混合燃料发电机组以及垃圾焚烧发电机组中化石燃料的低位发热值应参考上述燃煤、燃油、燃气机组的低位发热值测量和计算方法。

2. 排放因子数据及来源

第 i 种化石燃料排放因子 EF_i 按式（4）计算。

$$EF_i = CC_i \times OF_i \times \frac{44}{12} \tag{4}$$

式中：EF_i——第 i 种化石燃料的排放因子（吨二氧化碳 / 太焦）；

CC_i——第 i 种化石燃料的单位热值含碳量（吨碳 / 太焦）；

OF_i——第 i 种化石燃料的碳氧化率（%）；

44/12——二氧化碳与碳的分子量之比。

（1）单位热值含碳量

对于燃煤的单位热值含碳量，企业应每天采集缩分样品，每月的最后一天将该月的每天获得的缩分样品混合，测量其元素碳含量。具体测量标准应符合 GB/T 476—2008《煤中碳和氢的测定方法》。燃煤月平均单位热值含碳量按下式计算。

$$CC_{煤} = \frac{C_{煤} \times 10^6}{NCV_{煤}} \tag{5}$$

式中：$CC_{煤}$——燃煤的月平均单位热值含碳量（吨碳 / 太焦）；

$NCV_{煤}$——燃煤的月平均低位发热值（千焦 / 千克）；

$C_{煤}$——燃煤的月平均元素碳含量（%）。

其中燃煤月平均低位发热值由每天低位发热值加权平均得出，其权重为燃煤日消耗量。燃煤年平均单位热值含碳量通过燃煤每月的单位热值含碳量加权平均计算得出，其权重为入炉煤月消费量。

燃油和燃气的单位热值含碳量采用附录二表 2-1 的推荐值。

对于生物质混合燃料发电机组以及垃圾焚烧发电机组中化石燃料的单位热值含碳量，应参考上述单位热值含碳量的测量和计算方法。

（2）氧化率

燃煤机组的碳氧化率按式（6）计算。

$$OF_{煤} = 1 - \frac{(G_{渣} \times C_{渣} + G_{灰} \times C_{灰} / \eta_{除尘}) \times 10^6}{FC_{煤} \times NCV_{煤} \times CC_{煤}} \tag{6}$$

式中：$OF_{煤}$——燃煤的碳氧化率（%）；

$G_{渣}$——全年的炉渣产量（吨）；

$C_{渣}$——炉渣的平均含碳量（%）；

$G_{灰}$——全年的飞灰产量（吨）；

$C_{灰}$——飞灰的平均含碳量（%）；

$\eta_{除尘}$——除尘系统平均除尘效率（%）；

$FC_{煤}$——燃煤的消耗量（吨）；

$NCV_{煤}$——燃煤的平均低位发热值（千焦 / 千克）；

$CC_{煤}$——燃煤单位热值含碳量（吨碳 / 太焦）。

炉渣产量和飞灰产量应采用实际称量值，按月记录。如果不能获取称量值时，可采用 DL/T 5142—2002《火力发电厂除灰设计规程》中的估算方法进行估算。其中，燃煤收到基灰分 $A_{ar,m}$ 的测量标准应符合 GB/T 212—2001《煤的工业分析方法》。锅炉固体未完全燃烧的热损失 q_4 值应按锅炉厂提供的数据进行计算，在锅炉厂未提供数据时，可采用附录二表 2-4 的推荐值。锅炉各部分排放的灰渣量应按锅炉厂提供的灰渣分配比例进行计算，在未提供数据时，采用附录二表 2-5 的推荐值。电除尘器的效率应采用制造厂提供的数据，在未提供数据时，除尘效率取 100%。炉渣和飞灰的含碳量根据该月中每次样本检测值取算术平均值，且每月的检测次数不低于 1 次。飞灰和炉渣样本的检测需遵循 DL/T 567.6—95《飞灰和炉渣可燃物测定方法》的要求。如果上述方法中某些量无法获得，燃煤碳氧化率可采用附录二表 2-1 的推荐值。

燃油和燃气的碳氧化率采用附录二表 2-1 的推荐值。

对于生物质混合燃料发电机组以及垃圾焚烧发电机组中化石燃料的碳氧化率，应参考上述碳氧化率的测量和计算方法。

（二）脱硫过程排放

对于燃煤机组，应考虑脱硫过程的二氧化碳排放，通过碳酸盐的消耗量 × 排放因子得出。按公式（7）计算：

$$E_{脱硫}=\sum_{k} CAL_k \times EF_k \tag{7}$$

式中：$E_{脱硫}$——脱硫过程的二氧化碳排放量（吨）；

CAL_k——第 k 种脱硫剂中碳酸盐消耗量（吨）；

EF_k——第 k 种脱硫剂中碳酸盐的排放因子（吨二氧化碳 / 吨）；

k——脱硫剂类型。

1. 活动水平数据及来源

脱硫剂中碳酸盐年消耗量的计算按式（8）：

$$CAL_{k,y}=\sum_{m}B_{k,m}\times I_k \tag{8}$$

式中：$CAL_{k,y}$——脱硫剂中碳酸盐在全年的消耗量（吨）；

$B_{k,m}$——脱硫剂在全年某月的消耗量（吨）；

I_k——脱硫剂中碳酸盐含量；

y——核算和报告年；

k——脱硫剂类型；

m——核算和报告年中的某月。

脱硫过程所使用的脱硫剂（如石灰石等）的消耗量可通过每批次或每天测量值加和得到，记录每个月的消耗量。若企业没有进行测量或者测量值不可得时可使用结算发票替代。

脱硫剂中碳酸盐含量取缺省值 90%。

2. 排放因子数据及来源

脱硫过程的排放因子按公式（9）计算

$$EF_k=EF_{k,t}\times TR \tag{9}$$

式中：EF_k——脱硫过程的排放因子（吨二氧化碳 / 吨）；

$EF_{k,t}$——完全转化时脱硫过程的排放因子（吨二氧化碳 / 吨）；

TR——转化率（%）。

完全转化时脱硫过程的排放因子参见附录二表 2-2。

脱硫过程的转化率取 100%。

（三）净购入使用电力产生的排放

对于净购入使用电力产生的二氧化碳排放，用净购入电量乘以该区域电网平均供电排放因子得出，按公式（10）计算。

$$E_{电}=AD_{电}\times EF_{电} \tag{10}$$

式中：$E_{电}$——净购入使用电力产生的二氧化碳排放量（吨）；

$AD_{电}$——企业的净购入电量（兆瓦时）；

$EF_{电}$——区域电网年平均供电排放因子（吨二氧化碳 / 兆瓦时）。

1. 活动水平数据及来源

净购入电力的活动水平数据以发电企业电表记录的读数为准，如果没有，可采用供应商提供的电费发票或者结算单等结算凭证上的数据。

2. 排放因子数据及来源

电力排放因子应根据企业生产地址及目前的东北、华北、华东、华中、西北、南方电网划分，选用国家主管部门最近年份公布的相应区域电网排放因子进行计算。

六、质量保证和文件存档

报告主体应建立企业温室气体排放报告的质量保证和文件存档制度，包括以下内容：

指定专门人员负责企业温室气体排放核算和报告工作。

建立健全企业温室气体排放监测计划。具备条件的企业，还应定期监测主要化石燃料的低位发热值和元素碳含量以及重点燃烧设备的碳氧化率。

建立健全企业温室气体排放和能源消耗台账记录。

建立企业温室气体数据文件保存和归档管理数据。

建立企业温室气体排放报告内部审核制度。

七、报告内容和格式规范

报告主体应按照附件一的格式对以下内容进行报告：

（一）报告主体基本信息

报告主体基本信息应包括企业名称、单位性质、报告年度、所属行业、组织机构代码、法定代表人、填报负责人和联系人信息。

（二）温室气体排放量

报告主体应报告在核算和报告期内温室气体排放总量，并分别报告化石燃料燃烧排放量、脱硫过程排放量、净购入使用的电力产生的排放量。

（三）活动水平及其来源

报告主体应报告企业所有产品生产所使用的不同品种化石燃料的净消耗量和相应的低位发热值，脱硫剂消耗量，净购入的电量。

如果企业生产其他产品，则应按照相关行业的企业温室气体排放核算和报告指南的要求报告其活动水平数据及来源。

（四）排放因子及其来源

报告主体应报告消耗的各种化石燃料的单位热值含碳量和碳氧化率，脱硫剂的排放因子，净购入使用电力的排放因子。

如果企业生产其他产品，则应按照相关行业的企业温室气体排放核算和报告指南的要求报告其排放因子数据及来源。

附录一：报告格式模板

中国发电企业温室气体排放报告

报告主体（盖章）：

报告年度：

编制日期：　　　　年　　月　　日

根据国家发展和改革委员会发布的《中国发电企业温室气体排放核算方法与报告指南（试行）》，本报告主体核算了________年度温室气体排放量，并填写了相关数据表格。现将有关情况报告如下：

一、企业基本情况

二、温室气体排放

三、活动水平数据及来源说明

四、排放因子数据及来源说明

本报告真实、可靠，如报告中的信息与实际情况不符，本企业将承担相应的法律责任。

法人（签字）：

年　　月　　日

附表 1　报告主体二氧化碳排放量报告

附表 2　报告主体活动水平数据

附表 3　报告主体排放因子和计算系数

附表 1 报告主体________年二氧化碳排放量报告

企业二氧化碳排放总量 /tCO_2	
化石燃料燃烧排放量 /tCO_2	
脱硫过程排放量 /tCO_2	
净购入使用的电力排放量 /tCO_2	

附表 2 报告主体排放活动水平数据

		净消耗量 /（t，万 Nm^3）	低位发热量 /（GJ/t，GJ/ 万 Nm^3）
化石燃料燃烧 *	燃煤		
	原油		
	燃料油		
	汽油		
	柴油		
	炼厂干气		
	其他石油制品		
	天然气		
	焦炉煤气		
	其他煤气		
脱硫过程 **		数据	单位
	脱硫剂消耗量		t
净购入电力		数据	单位
	电力净购入量		MW · h

* 企业应自行添加未在表中列出但企业实际消耗的其他能源品种。

** 企业如使用多种脱硫剂，请自行添加。

附表 3　报告主体排放因子和计算系数

		单位热值含碳量 / （tC/GJ）	碳氧化率 / %
化石燃料燃烧*	燃煤		
	原油		
	燃料油		
	汽油		
	柴油		
	炼厂干气		
	其他石油制品		
	天然气		
	焦炉煤气		
	其他煤气		
脱硫过程*		数据	单位
	脱硫剂消耗量		tCO_2/t
净购入电力		数据	单位
	电力净购入量		tCO_2/（MW·h）

*　企业应自行添加未在表中列出但企业实际消耗的其他能源品种。

*　企业如使用多种脱硫剂，请自行添加。

附录二：相关参数缺省值

表 2-1 常用化石燃料相关参数缺省值

能源名称	平均低位发热值 /（千焦 / 千克）	单位热值含碳量 /（吨碳 / 太焦）	碳氧化率 / %
燃煤			98②
原油	41 816③	20.08②	98②
燃料油	41 816③	21.1②	
汽油	43 070③	18.9②	
柴油	42 652③	20.2②	
炼厂干气	45 998③	18.2②	
天然气	38 931③	15.32②	99②
焦炉煤气	12 726～17 981③	13.58②	
其他煤气	52 270①	12.2②	

注：上述数据取值来源①《中国温室气体清单研究（2007）》；②《省级温室气体清单编制指南（试行）》；③《中国能源统计年鉴（2011）》。

表 2-2 碳酸盐排放因子缺省值

碳酸盐	排放因子 /（吨二氧化碳 / 吨碳酸盐）
$CaCO_3$	0.440
$MaCO_3$	0.552
Na_2CO_3	0.415
$BaCO_3$	0.223
Li_2CO_3	0.596
K_2CO_3	0.318
$SrCO_3$	0.298
$NaHCO_3$	0.524
$FeCO_3$	0.380

表 2-3 其他排放因子和参数缺省值

名称	单位	CO_2 排放因子
净购入电力	吨 CO_2/（MW·h）	采用国家最新发布值

表 2-4　固体未完全燃烧热损失（q_4）值

锅炉型式	燃料种类	q_4/%
固态排渣煤粉炉	无烟煤	4
	贫煤	2
	烟煤（V_{daf}≤25%）	2
	烟煤（V_{daf}>25%）	1.5
	褐 煤	0.5
	洗煤（V_{daf}≤25%）	3
	洗煤（V_{daf}>25%）	2.5
液态排渣炉	烟 煤	1
	无烟煤	3
循环流化床炉	烟 煤	2.5
	无烟煤	3

表 2-5　不同类型锅炉的灰渣分配录

锅炉形式	单位	煤粉炉	W 型火焰炉	液态排渣炉	循环流化床炉
渣	%	10	15	40	40
灰	%	90	85	60	60
注：当设有省煤器灰斗时，其灰量可为灰渣量的 5%；当磨煤机采用中速磨时，石子煤可在锅炉最大连续蒸发量时燃煤量的 0.5%～1% 范围内选取。					

附录 2.8

中国钢铁生产企业
温室气体排放核算方法与报告指南
（试行）

编制说明

一、编制的目的和意义

根据“十二五”规划纲要提出的“建立完善温室气体统计核算制度，逐步建立碳排放交易市场”和《“十二五”控制温室气排放工作方案》（国发〔2011〕41 号）提出的“加快构建国家、地方、企业三级温室气体排放核算工作体系，实行重点企业直接报送温室气体排放和能源消费数据制度”的要求，为保证实现 2020 年单位国内生产总值二氧化碳排放比 2005 年下降 40%～45% 的目标，国家发展改革委组织编制了《中国钢铁生产企业温室气体排放核算方法与报告指南（试行）》，以帮助企业科学核算和规范报告自身的温室气体排放，制订企业温室气体排放控制计划，积极参与碳排放交易，强化企业社会责任。同时也为主管部门建立并实施重点企业温室气体报告制度奠定基础，为掌握重点企业温室气体排放情况，制定相关政策提供支撑。

二、编制过程

本指南由国家发展改革委委托国家应对气候变化战略研究和国际合作中心专家编制。编制组借鉴了国内外有关企业温室气体核算报告研究成果和实践经验，参考了国家发展改革委办公厅印发的《省级温室气体清单编制指南（试行）》，经过实地调研、深入研究和案例试算，编制完成了《中国钢铁生产企业温室气体排放核算方法与报告指南（试行）》。本指南在方法上力求科学性、完整性、规范性和可操作性。编制过程中得到了中国钢铁工业协会、钢铁研究总院、冶金工业规划研究院等相关行业协会和研究院所专家的大力支持。

三、主要内容

《中国钢铁生产企业温室气体排放核算方法与报告指南（试行）》包括正文的七个部分以及附录，分别明确了本指南的适用范围、相关引用文件和参考文献、所用术语、核算边界、核算方法、质量保证和文件存档要求以及报告内容和格式规范。核算的温室气体种类为二氧化碳（钢铁生产企业甲烷和氧化亚氮排放量占排放总量比重 1% 以下，暂不纳入核算），排放源包括燃料燃烧排放、工业生产过程排放、电力、热力调入调出产生的排放和固碳产品隐含的二氧化碳排放。适用范围为从事钢铁类产品生产的具有法人资格的生产企业和视同法人的独立核算单位。

四、需要说明的问题

参考《省级温室气体清单指南（试行）》《中国能源统计年鉴》和《国际钢铁协会二氧化碳排放数据收集指南》等国内外相关权威材料，《中国钢铁生产企业温室气体排放核算方法与报告指南（试行）》提供了核算所需的参数和排放因子的推荐值，具备条件的企业可以采用实测的数据。

鉴于企业温室气体核算和报告是一项全新的复杂工作，本指南在实际运用中可能存在不足之处，希望相关使用单位能及时予以反馈，以便今后做出进一步的修改。

本指南由国家发展和改革委员会提出并负责解释和修订。

一、适用范围

本指南适用于中国钢铁生产企业温室气体排放量的核算和报告。中国境内从事钢铁生产的企业可按照本指南提供的方法核算企业的温室气体排放量，并编制企业温室气体排放报告。如钢铁生产企业生产其他产品，且生产活动存在温室气体排放，则应按照相关行业的企业温室气体排放核算和报告指南核算，一并报告。

二、引用文件和参考文献

本指南引用的文件主要包括：

《省级温室气体清单编制指南（试行）》；

《中国能源统计年鉴 2012》；

《中国温室气体清单研究》；

《国际钢铁协会二氧化碳排放数据收集指南（第六版）》。

下列文件在本指南编制过程中作为参考和借鉴：

《2006 年 IPCC 国家温室气体清单指南》；

《温室气体议定书—企业核算与报告准则（2004 年修订版）》；

《ISO 14404-1 钢铁生产二氧化碳排放强度计算方法（转炉炼钢）》；

《ISO 14404-2 钢铁生产二氧化碳排放强度计算方法（电炉炼钢）》；

《工业企业温室气体排放量化方法和报告指南》。

三、术语和定义

下列术语和定义适用于本指南。

（1）温室气体

大气中那些吸收和重新放出红外辐射的自然的和人为的气态成分。本指南的温室气体是指《京都议定书》中所规定的六种温室气体，分别为二氧化碳（CO_2）、甲烷（CH_4）、氧化亚氮（N_2O）、氢氟碳化物（HFCs）、全氟化碳（PFCs）和六氟化硫（SF_6）。

（2）报告主体

具有温室气体排放行为并应核算的法人企业或视同法人的独立核算单位。

（3）钢铁生产企业

钢铁生产企业主要是针对从事黑色金属冶炼、压延加工及制品生产的企业。按产品生产可分为钢铁产品生产企业、钢铁制品生产企业；按生产流程又可分为钢铁生产联合企业、电炉短流程企业、炼铁企业、炼钢企业和钢材加工企业。

（4）燃料燃烧排放

化石燃料与氧气进行充分燃烧产生的温室气体排放。

（5）工业生产过程排放

原材料在工业生产过程中除燃料燃烧之外的物理或化学变化造成的温室气体排放。

（6）净购入使用的电力、热力产生的排放

企业消费的净购入电力和净购入热力（如蒸汽）所对应的电力或热力生产环节产生的二氧化碳排放。

（7）固碳产品隐含的排放

固化在粗钢、甲醇等外销产品中的碳所对应的二氧化碳排放。

（8）活动水平

量化导致温室气体排放或清除的生产或消费活动的活动量，例如每种燃料的消耗量、电极消耗量、购入的电量、购入的蒸汽量等。

（9）排放因子

与活动水平数据相对应的系数，用于量化单位活动水平的温室气体排放量。

（10）碳氧化率

燃料中的碳在燃烧过程中被氧化的百分比。

四、核算边界

报告主体应核算和报告其所有设施和业务产生的温室气体排放。设施和业务范围包括直接生产系统、辅助生产系统，以及直接为生产服务的附属生产系统，其中辅助生产系统包括动力、供电、供水、化验、机修、库房、运输等，附属生产系统包括生产指挥系统（厂部）和厂区内为生产服务的部门和单位（如职工食堂、车间浴室、保健站等）。钢铁生产企业温室气体排放及核算边界见图 1。

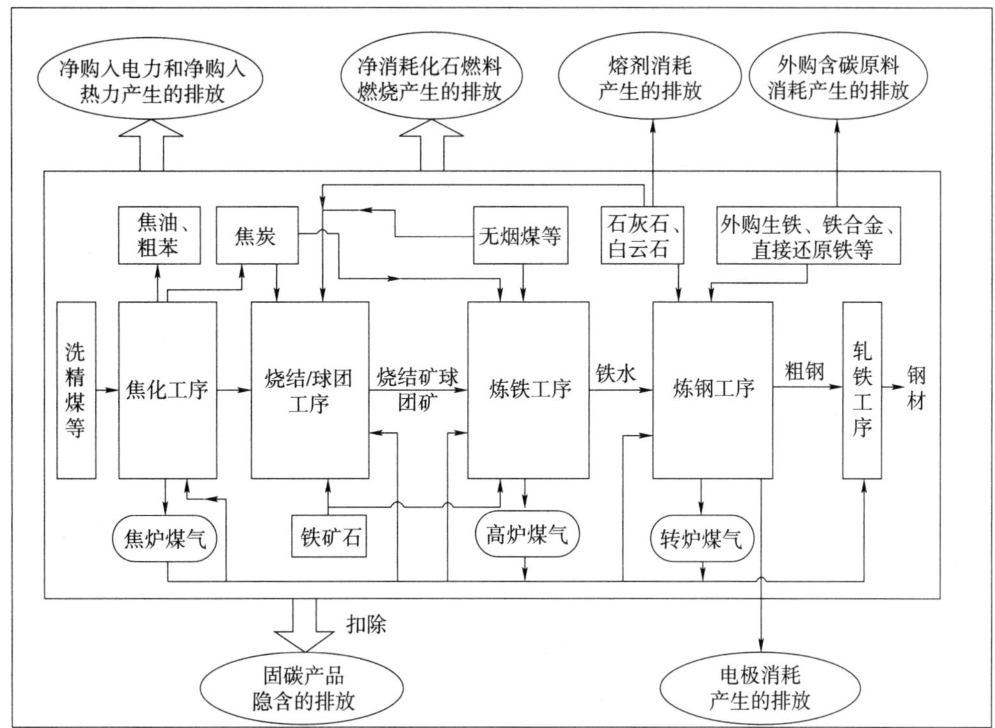

图 1 钢铁生产企业温室气体排放及核算边界

具体而言，钢铁生产企业的温室气体排放核算和报告范围包括：

（1）燃料燃烧排放

净消耗的化石燃料燃烧产生的 CO_2 排放，包括钢铁生产企业内固定源排放（如焦炉、烧结机、高炉、工业锅炉等固定燃烧设备），以及用于生产的移动源排放（如运输用车辆及厂内搬运设备等）。

（2）工业生产过程排放

钢铁生产企业在烧结、炼铁、炼钢等工序中由于其他外购含碳原料（如电极、生铁、铁合金、直接还原铁等）和熔剂的分解和氧化产生的 CO_2 排放。

（3）净购入使用的电力、热力产生的排放

企业净购入电力和净购入热力（如蒸汽）隐含产生的 CO_2 排放。该部分排放实际发生在电力、热力生产企业。

（4）固碳产品隐含的排放

钢铁生产过程中有少部分碳固化在企业生产的生铁、粗钢等外销产品中，还有一小部分碳固化在以副产煤气为原料生产的甲醇等固碳产品中。这部分固化在产品中的碳所对应的二氧化碳排放应予扣除。

五、核算方法

报告主体进行企业温室气体排放核算和报告的完整工作流程基本包括：

（1）确定核算边界；

（2）识别排放源；

（3）收集活动水平数据；

（4）选择和获取排放因子数据；

（5）分别计算燃料燃烧排放、工业生产过程排放、净购入使用的电力、热力产生的排放以及固碳产品隐含的排放；

（6）汇总计算企业温室气体排放总量。

钢铁生产企业的 CO_2 排放总量等于企业边界内所有的化石燃料燃烧排放量、工业生产过程排放量及企业净购入电力和净购入热力隐含产生的 CO_2 排放量之和，还应扣除固碳产品隐含的排放量，按公式（1）计算。

$$E_{CO_2}=E_{燃烧}+E_{过程}+E_{电和热}-R_{固碳} \tag{1}$$

式中：E_{CO_2}——企业 CO_2 排放总量，单位为吨（tCO_2）；

$E_{燃烧}$——企业所有净消耗化石燃料燃烧活动产生的 CO_2 排放量，单位为吨（tCO_2）；

$E_{过程}$——企业工业生产过程产生的 CO_2 排放量，单位为吨（tCO_2）；

$E_{电和热}$——企业净购入电力和净购入热力产生的 CO_2 排放量，单位为吨（tCO_2）；

$R_{固碳}$——企业固碳产品隐含的 CO_2 排放量，单位为吨（tCO_2）。

（一）燃料燃烧排放

1. 计算公式

燃料燃烧活动产生的 CO_2 排放量是企业核算和报告期内各种燃料燃烧产生的 CO_2 排放量的加总，按公式（2）计算。

$$E_{燃烧}=\sum_{i=1}^{n} AD_i \times EF_i \tag{2}$$

式中：$E_{燃烧}$——核算和报告期内净消耗化石燃料燃烧产生的 CO_2 排放量，单位为吨（tCO_2）；

AD_i——核算和报告期内第 i 种化石燃料的活动水平，单位为百万千焦（GJ）；

EF_i——第 i 种化石燃料的二氧化碳排放因子，单位为 tCO_2/GJ；

i——净消耗化石燃料的类型。

核算和报告期内第 i 种化石燃料的活动水平 AD_i 按公式（3）计算。

$$AD_i=NCV_i \times FC_i \tag{3}$$

式中：NCV_i——核算和报告期第 i 种化石燃料的平均低位发热量，对固体或液体燃料，单位为百万千焦 / 吨（GJ/t）；对气体燃料，单位为百万千焦 / 万立方米（GJ/ 万 Nm^3）；

FC_i——核算和报告期内第 i 种化石燃料的净消耗量，对固体或液体燃料，单位为吨（t）；对气体燃料，单位为万立方米（万 Nm^3）。

化石燃料的二氧化碳排放因子按公式（4）计算。

$$EF_i = CC_i \times OF_i \times \frac{44}{12} \tag{4}$$

式中：CC_i——第 i 种化石燃料的单位热值含碳量，单位为吨碳 / 百万千焦（tC/GJ）；

OF_i——第 i 种化石燃料的碳氧化率，单位为 %。

2. 活动水平数据获取

根据核算和报告期内各种化石燃料购入量、外销量、库存变化量以及除钢铁生产之外的其他消耗量来确定各自的净消耗量。化石燃料购入量、外销量采用采购单或销售单等结算凭证上的数据，库存变化量采用计量工具读数或其他符合要求的方法来确定，钢铁生产之外的其他消耗量依据企业能源平衡表获取，采用公式（5）计算。

净消耗量 = 购入量 +（期初库存量 − 期末库存量）− 钢铁生产之外的其他消耗量 − 外销量　（5）

企业可选择采用本指南提供的化石燃料平均低位发热量缺省值，如附录二表 2.1 所示。具备条件的企业可开展实测，或委托有资质的专业机构进行检测，也可采用与相关方结算凭证中提供的检测值。如采用实测，化石燃料低位发热量检测应遵循 GB/T 213《煤的发热量测定方法》、GB/T 384《石油产品热值测定法》、GB/T 22723《天然气能量的测定》等相关标准。

3. 排放因子数据获取

企业可采用本指南提供的单位热值含碳量和碳氧化率缺省值，如附录二表 2.1 所示。

（二）工业生产过程排放

1. 计算公式

工业生产过程中产生的 CO_2 排放量按公式（6）～式（9）计算。

$$E_{过程}=E_{熔剂}+E_{电极}+E_{原料} \quad (6)$$

1）熔剂消耗产生的 CO_2 排放

$$E_{熔剂}=\sum_{i=1}^{n} P_i \times EF_i \quad (7)$$

式中：$E_{熔剂}$——熔剂消耗产生的 CO_2 排放量，单位为吨（tCO_2）；

P_i——核算和报告期内第 i 种熔剂的净消耗量，单位为吨（t）；

EF_i——第 i 种熔剂的 CO_2 排放因子，单位为 tCO_2/t 熔剂；

i——消耗熔剂的种类（白云石、石灰石等）。

2）电极消耗产生的 CO_2 排放

$$E_{电极}=P_{电极} \times EF_{电极} \quad (8)$$

式中：$E_{电极}$——电极消耗产生的 CO_2 排放量，单位为吨（tCO_2）；

$P_{电极}$——核算和报告期内电炉炼钢及精炼炉等消耗的电极量，单位为吨（t）；

$EF_{电极}$——电炉炼钢及精炼炉等所消耗电极的 CO_2 排放因子，单位为 tCO_2/t 电极。

3）外购生铁等含碳原料消耗而产生的 CO_2 排放

$$E_{原料}=\sum_{i=1}^{n} M_i \times EF_i \quad (9)$$

式中：$E_{原料}$——外购生铁、铁合金、直接还原铁等其他含碳原料消耗而产生的 CO_2 排放量，单位为吨（tCO_2）；

M_i——核算和报告期内第 i 种含碳原料的购入量，单位为吨（t）；

EF_i——第 i 种购入含碳原料的 CO_2 排放因子，单位为 tCO_2/t 原料；

i——外购含碳原料类型（如生铁、铁合金、直接还原铁等）。

2. 活动水平数据获取

熔剂和电极的净消耗量采用公式（5）计算，含碳原料的购入量采用采购单等结算凭证上的数据。

3. 排放因子数据获取

采用《国际钢铁协会二氧化碳排放数据收集指南（第六版）》中的相关缺省值作为熔剂、电极、生铁、直接还原铁和部分铁合金的 CO_2 排放因子，如附录二表 2.2 所示。具备条件的企业也可委托有资质的专业机构进行检测或采用与相关方结算凭证中提供的检测值。石灰石、白云石排放因子检测应遵循《石灰石、白云石化学分析方法二氧化碳量的测定》标准进行；含铁物质排放因子可由相对应的含碳量换算而得，含铁物质含碳量检测应遵循 GB/T 223.6《钢铁及合金　碳含量的测定　管式炉内燃烧后气体容量法》、GB/T 223.86《钢铁及合金　总碳含量的测定　感应炉燃烧后红外吸收法》、GB/T 4699.4《铬铁和硅铬合金　碳含量的测定　红外线吸收法和重量法》、GB/T4333.10《硅铁　化学分析方法红外线吸收法测定碳量》、GB/T 7731.10《钨铁　化学分析方法红外线吸收法测定碳量》、GB/T 8704.1《钒铁　碳含量的测定红外线吸收法及气体容量法》、YB/T 5339《磷铁　化学分析方法红外线吸收法测定碳量》、YB/T 5340《磷铁　化学分析方法气体容量法测定碳量》等相关标准。

（三）净购入使用的电力、热力产生的排放

1. 计算公式

净购入的生产用电力、热力（如蒸汽）隐含产生的 CO_2 排放量按公式（10）计算。

$$E_{电和热}=AD_{电力}\times EF_{电力}+\mathrm{AD}_{热力}\times EF_{热力} \quad (10)$$

式中：$E_{电和热}$——净购入生产用电力、热力隐含产生的 CO_2 排放量，单位为吨（tCO_2）；

$AD_{电力}$、$AD_{热力}$——核算和报告期内净购入电量和热力量（如蒸汽量），单位分别为兆瓦时（MW·h）和百万千焦（GJ）；

$EF_{电力}$、$EF_{热力}$——电力和热力（如蒸汽）的 CO_2 排放因子，单位分别为吨 CO_2/兆瓦时［tCO_2/（MW·h）］和吨 CO_2/百万千焦（tCO_2/GJ）。

2. 活动水平数据获取

根据核算和报告期内电力（或热力）供应商、钢铁生产企业存档的购售结算凭证以及企业能源平衡表，采用公式（11）计算。

净购入电量（热力量）= 购入量 − 钢铁生产之外的其他用电量（热力量）− 外销量　（11）

3. 排放因子数据获取

电力排放因子应根据企业生产地址及目前的东北、华北、华东、华中、西北、南方电网划分，选用国家主管部门最近年份公布的相应区域电网排放因子进行计算。供热排放因子暂按 0.11 tCO_2/GJ 计，待政府主管部门发布官方数据后应采用官方发布数据并保持更新。

（四）固碳产品隐含的排放

1. 计算公式

固碳产品所隐含的 CO_2 排放量按公式（12）计算

$$R_{固碳}=\sum_{i=1}^{n}AD_{固碳}\times EF_{固碳} \quad (12)$$

式中：$R_{固碳}$——固碳产品所隐含的 CO_2 排放量，单位为吨（tCO_2）；

$AD_{固碳}$——第 i 种固碳产品的产量，单位为吨（t）；

$EF_{固碳}$——第 i 种固碳产品的 CO_2 排放因子，单位为 tCO_2/t；

i——固碳产品的种类（如粗钢、甲醇等）。

2. 活动水平数据获取

根据核算和报告期内固碳产品外销量、库存变化量来确定各自的产量。外销量采用销售单等结算凭证上的数据，库存变化量采用计量工具读数或其他符合要求的方法来确定，采用公式（13）计算获得。

$$产量 = 销售量 +（期末库存量 - 期初库存量） \quad (13)$$

3. 排放因子数据获取

企业可采用《国际钢铁协会二氧化碳排放数据收集指南（第六版）》中的缺省值作为生铁的 CO_2 排放因子，如附录二表 2.2 所示。粗钢的 CO_2 排放因子可采用表 2.3 中的缺省值。固碳产品的排放因子采用理论摩尔质量比计算得出，如甲醇的 CO_2 排放因子为 1.375 tCO_2/t 甲醇。

六、质量保证和文件存档

报告主体应建立企业温室气体排放报告的质量保证和文件存档制度，包括以下内容：

指定专门人员负责企业温室气体排放核算和报告工作。

建立健全企业温室气体排放监测计划。具备条件的企业，还应定期监测主要化石燃料的低位发热量和含碳量以及重点燃烧设备（如炼焦炉、烧结机、高炉等）的碳氧化率。

建立健全企业温室气体排放和能源消耗台账记录。

建立企业温室气体数据和文件保存和归档管理数据。

建立企业温室气体排放报告内部审核制度。

七、报告内容和格式

报告主体应按照附件一的格式对以下内容进行报告：

（一）报告主体基本信息

报告主体基本信息应包括报告主体名称、单位性质、报告年度、所属行业、组织机构代码、法定代表人、填报负责人和联系人信息。

（二）温室气体排放量

报告主体应报告在核算和报告期内温室气体排放总量，并分别报告化石燃料燃烧排放量，工业生产过程排放量，净购入使用的电力、热力产生的排放量，需要扣除的固碳产品隐含的排放量。

（三）活动水平及其来源

报告主体应报告企业所有产品生产所使用的不同品种化石燃料的净消耗量和相应的低位发热量，消耗的熔剂、电极的净消耗量，含碳原料的外购量，净购入的电量和净购入的热力量，粗钢、甲醇等固碳产品的产量。

如果企业生产其他产品，则应按照相关行业的企业温室气体排放核算和报告指南的要求报告其活动水平数据及来源。

（四）排放因子及其来源

报告主体应报告消耗的各种化石燃料单位热值含碳量和碳氧化率数据，消耗的熔剂、电极和含碳原料的排放因子，报告采用的电力排放因子和热力排放因子，粗钢、甲醇等固碳产品的排放因子。

如果企业生产其他产品，则应按照相关行业的企业温室气体排放核算和报告指南的要求报告其排放因子数据及来源。

附录一：报告格式模板

中国钢铁生产企业温室气体排放报告

报告主体（盖章）：

报告年度：

编制日期：　　年　　月　　日

根据国家发展和改革委员会发布的《中国钢铁生产企业温室气体排放核算方法与报告指南（试行）》，本企业核算了________年度温室气体排放量，并填写了相关数据表格。现将有关情况报告如下：

一、企业基本情况

二、温室气体排放

三、活动水平数据及来源说明

四、排放因子数据及来源说明

本报告真实、可靠，如报告中的信息与实际情况不符，本企业将承担相应的法律责任。

法人（签字）：

年　　月　　日

附表 1　报告主体二氧化碳排放量报告

附表 2　报告主体活动水平数据

附表 3　报告主体排放因子和计算系数

附表 1　报告主体 20____年二氧化碳排放量报告

企业二氧化碳排放总量 /tCO_2	
化石燃料燃烧排放量 /tCO_2	
工业生产过程排放量 /tCO_2	
净购入使用的电力、热力产生的排放量 /tCO_2	
固碳产品隐含的排放量 /tCO_2	

附表 2　排放活动水平数据

		净消耗量 /（t，万 Nm^3）	低位发热量 /（GJ/t，GJ/ 万 Nm^3）
化石燃料燃烧*	无烟煤		
	烟煤		
	褐煤		
	洗精煤		
	其他洗煤		
	其他煤制品		
	焦炭		
	原油		
	燃料油		
	汽油		
	柴油		
	一般煤油		
	液化天然气		
	液化石油气		
	焦油		
	粗苯		
	焦炉煤气		
	高炉煤气		
	转炉煤气		
	其他煤气		
	天然气		
	炼厂干气		

续表

		净消耗量 /（t，万 Nm^3）	低位发热量 /（GJ/t，GJ/ 万 Nm^3）
工业生产过程		数据	单位
	石灰石净消耗量		t
	白云石净消耗量		t
	电极净消耗量		t
	生铁外购量		t
	直接还原铁外购量		t
	镍铁合金外购量		t
	铬铁合金外购量		t
	钼铁合金外购量		t
净购入电力、热力		数据	单位
	电力净购入量		MW・h
	热力净购入量		GJ
固碳		数据	单位
	生铁产量		t
	粗钢产量		t
	甲醇产量		t
	其他固碳产品或副产品产量		t

* 企业应自行添加未在表中列出但企业实际消耗的其他能源品种。

附表 3 排放因子和计算系数

		单位热值含碳量 /（tC/GJ）	碳氧化率 /%
化石燃料燃烧 *	无烟煤		
	烟煤		
	褐煤		
	洗精煤		
	其他洗煤		
	其他煤制品		
	焦炭		
	原油		
	燃料油		
	汽油		

续表

		单位热值含碳量 /（tC/GJ）	碳氧化率 /%
化石燃料燃烧*	柴油		
	一般煤油		
	液化天然气		
	液化石油气		
	焦油		
	粗苯		
	焦炉煤气		
	高炉煤气		
	转炉煤气		
	其他煤气		
	天然气		
	炼厂干气		
工业生产过程		数据	单位
	石灰石		tCO_2/t
	白云石		tCO_2/t
	电极		tCO_2/t
	生铁		tCO_2/t
	直接还原铁		tCO_2/t
	镍铁合金		tCO_2/t
	铬铁合金		tCO_2/t
	钼铁合金		tCO_2/t
净购入电力、热力		数据	单位
	电力		tCO_2/（MW·h）
	热力		tCO_2/GJ
固碳		数据	单位
	生铁		tCO_2/t
	粗钢		tCO_2/t
	甲醇		tCO_2/t
	其他固碳产品或副产品		tCO_2/t

* 企业应自行添加未在表中列出但企业实际消耗的其他能源品种。

附录二：相关参数缺省值

表 2.1 常用化石燃料相关参数缺省值

燃料品种		计量单位	低位发热量 /（GJ/t，GJ/ 万 Nm^3）	单位热值含碳量 /（tC/TJ）	燃料碳氧化率
固体燃料	无烟煤	t	20.304	27.49	94%
	烟煤	t	19.570	26.18	93%
	褐煤	t	14.080	28.00	96%
	洗精煤	t	26.344	25.40	90%
	其他洗煤	t	8.363	25.40	90%
	其他煤制品	t	17.460	33.60	90%
	焦炭	t	28.447	29.50	93%
液体燃料	原油	t	41.816	20.10	98%
	燃料油	t	41.816	21.10	98%
	汽油	t	43.070	18.90	98%
	柴油	t	42.652	20.20	98%
	一般煤油	t	44.750	19.60	98%
	液化天然气	t	41.868	17.20	98%
	液化石油气	t	50.179	17.20	98%
	焦油	t	33.453	22.00	98%
	粗苯	t	41.816	22.70	98%
气体燃料	焦炉煤气	万 m^3	173.540	12.10	99%
	高炉煤气	万 m^3	33.000	70.80	99%
	转炉煤气	万 m^3	84.000	49.60	99%
	其他煤气	万 m^3	52.270	12.20	99%
	天然气	万 m^3	389. 31	15.30	99%
	炼厂干气	万 m^3	45.998	18.20	99%

注：1. 若企业直接购入炼焦煤、动力煤应将其购入量按表中所列煤种拆分。

2. 洗精煤、原油、燃料油、汽油、柴油、液化石油气、天然气、炼厂干气、粗苯和焦油的低位发热量来源于《中国能源统计年鉴 2012》，其他燃料的低位发热量来源 于《中国温室气体清单研究》。

3. 粗苯的单位热值含碳量来源于国际钢协数据，焦油、焦炉煤气、高炉煤气和转炉煤气的单位热值含碳量来源于《2006 年 IPCC 国家温室气体清单指南》，其他燃料 的单位热值含碳量来源于《省级温室气体清单编制指南（试行）》。

4. 碳氧化率来源于《省级温室气体清单编制指南（试行）》。

表 2.2　工业生产过程排放因子缺省值

名称	计量单位	CO_2 排放因子 /（tCO_2/t）
石灰石	t	0.440
白云石	t	0.471
电极	t	3.663
生铁	t	0.172
直接还原铁	t	0.073
镍铁合金	t	0.037
铬铁合金	t	0.275
钼铁合金	t	0.018

数据来源：《国际钢铁协会二氧化碳排放数据收集指南（第六版）》。

表 2.3　其他排放因子和参数缺省值

名称	单位	CO_2 排放因子
电力	tCO_2/（MW·h）	采用国家最新发布值
热力	tCO_2/GJ	0.11
粗钢	tCO_2/t	0.015 4
甲醇	tCO_2/t	1.375

附录 2.9

中国平板玻璃生产企业
温室气体排放核算方法与报告指南
（试行）

编制说明

一、编制的目的和意义

根据“十二五”规划纲要提出的“建立完善温室气体统计核算制度，逐步建立碳排放交易市场”和《“十二五”控制温室气排放工作方案》（国发〔2011〕41 号）提出的“加快构建国家、地方、企业三级温室气体排放核算工作体系，实行重点企业直接报送温室气体排放和能源消费数据制度”的要求，为保证实现 2020 年单位国内生产总值二氧化碳排放比 2005 年下降 40%～45% 的目标，国家发展改革委组织编制了《中国平板玻璃生产企业温室气体排放核算方法与报告指南（试行）》，以帮助企业科学核算和规范报告自身的温室气体排放，更好地制订企业温室气体排放控制计划或碳排放权交易战略，积极参与碳排放交易，强化企业社会责任。同时也为主管部门建立并实施重点企业温室气体报告制度奠定了基础，为掌握重点企业温室气体排放情况，制定相关政策提供支撑。

二、编制过程

本指南由国家发展改革委委托清华大学能源环境经济研究所专家编制。编制组借鉴了国内外有关企业温室气体排放核算与报告的研究成果和实践经验，参考了国家发展改革委办公厅印发的《省级温室气体清单编制指南（试行）》，经过实地调研、深入研究和案例试算，编制完成了《中国平板玻璃生产企业温室气体排放核算方法与报告指南（试行）》。本指南在方法上力求科学性、完整性、规范性和可操作性。编制过程中得到了中国建筑材料科学研究总院、中国建材检验认证集团有限公司等相关行业协会和研究院所专家的大力支持。

三、主要内容

《中国平板玻璃生产企业温室气体排放核算方法与报告指南（试行）》包括正文的七个部分以及附录，分别阐述了本指南的适用范围、引用文件和参考文献、术语和定义、核算边界、核算方法、质量保证和文件存档、报告内容和格式，以及常用参数推荐值。本指南核算的温室气体为二氧化碳（不涉及其他温室气体），考虑的排放源包括燃料燃烧排放、工业生产过程排放、净调入使用的电力和热力相应的生产环节的排放等。适用范围为从事平板玻璃产品生产的具有法人资格的生产企业和视同法人的独立核算单位。

四、需要说明的问题

运用本指南的平板玻璃生产企业以企业为边界，核算和报告边界内发生的温室气体排放，需要获取有关的活动水平和排放因子数据。本指南参考了《省级温室气体清单指南（试行）》《中国能源统计年鉴 2012》《IPCC 国家温室气体清单指南》等国内外相关文献资料，提供了一些常见化石燃料和原材料的排放因子默认值，供企业参考使用。

鉴于企业温室气体核算和报告是一项全新的复杂工作，本指南在实际运用中可能存在不足之处，希望相关使用单位能及时予以反馈，以便今后做出进一步的修改。

本指南由国家发展和改革委员会提出并负责解释和修订。

一、适用范围

本指南适用于我国平板玻璃生产企业温室气体排放量的核算和报告。中国境内从事平板玻璃生产的企业应按照本指南提供的方法核算企业的温室气体排放量，并编制企业温室气体排放报告。

二、引用文件和参考文献

本指南引用的文件主要包括：

《省级温室气体清单编制指南（试行）》

《中国能源统计年鉴 2012》

下列文件在本指南编制过程中作为参考：

《IPCC 国家温室气体清单指南》（1996）

《美国温室气体排放和汇的清单指南》(EPA 2008)

《欧盟排放贸易体系（EU-ETS）（第 1、2 期）监测指南》

三、术语和定义

下列术语和定义适用于本指南。

（1）温室气体

大气层中那些吸收和重新放出红外辐射的自然和人为的气态成分。本指南的温室气体是指《京都议定书》附件 A 所规定的六种温室气体，分别为二氧化碳（CO_2）、甲烷（CH_4）、氧化亚氮（N_2O）、氢氟碳化物（HFCs）、全氟化碳（PFCs）和六氟化硫（SF_6）。

（2）报告主体

具有温室气体排放行为并应定期核算和报告的法人企业或视同法人的独立单位。

（3）化石燃料燃烧排放

化石燃料燃烧排放，是指企业生产过程中化石燃料与氧气进行充分燃烧产生的温室气体排放，如实物煤、燃油等化石燃料的燃烧产生的排放。

（4）工业生产过程排放

工业生产过程排放，是指原材料在生产过程中发生的除燃料燃烧之外的物理或化学变化产生的温室气体排放，如原料碳酸盐分解产生的排放。

（5）净购入使用的电力和热力对应的排放

企业净购入使用的电力和热力（蒸汽、热水）所对应的电力和热力生产活动的 CO_2 排放。

（6）活动水平

产生温室气体排放或清除的生产或消费活动的活动数据，包括平板玻璃生产过程中各种化石燃料的消耗量、原材料的使用量、购入或外销的电量或蒸汽量等。

（7）排放因子

量化单位活动水平所产生的温室气体排放量的系数。如每吨石灰石原料分解所产生的二氧化碳排放量、每千瓦时发电上网所产生的二氧化碳排放量等。

（8）碳氧化率

燃料中的碳在燃烧过程中被氧化的百分比。

四、核算边界

本指南的温室气体排放核算，是以平板玻璃生产为主营业务的独立法人企业或视同法人单位为边界。

报告主体应以企业为边界，核算和报告边界内所有生产设施产生的温室气体排放。生产设施范围包括直接生产系统、辅助生产系统，以及直接为生产服务的附属生产系统，其中辅助生产系统包括动力、供电、供水、检验、机修、库房、运输等，附属生产系统包括生产指挥系统（厂部）和厂区内为生产服务的部门和单位（如职工食堂、车间浴室、保健站等）。

如果平板玻璃生产企业还生产其他产品，且生产活动存在温室气体排放，则应按照相关行业的企业温室气体排放核算和报告指南，一并核算和报告。如果没有相关的核算方法，就只核算这些产品生产活动中化石燃料燃烧引起的排放。

具体而言，平板玻璃生产企业核算边界内的关键排放源包括：

（1）化石燃料的燃烧

平板玻璃企业化石燃料燃烧产生的 CO_2 排放包括三部分：一是玻璃液熔制过程中使用煤、重油或天然气等化石燃料燃烧产生的排放。二是生产辅助设施使用化石燃料燃烧产生的排放。生产辅助设施包括用于厂内搬运和运输的叉车、铲车、吊车等厂内机动车辆，以及厂内机修、锅炉、氮氢站等设施。三是厂内自有车辆外部运输过程中燃料消耗产生的排放。

（2）原料配料中碳粉氧化

平板玻璃生产过程中在原料配料中掺加一定量的碳粉作为还原剂，以降低芒硝的分解温度，促使硫酸钠在低于其熔点温度下快速分解还原，有助于原料的快速升温和熔融，而碳粉中的碳则被氧化为 CO_2。

（3）原料碳酸盐分解

平板玻璃生产所使用的原料中含有的碳酸盐如石灰石、白云石、纯碱等在高温状态下分解产生 CO_2 排放。

（4）净购入使用的电力和热力

平板玻璃企业净购入使用的电力和热力（如蒸汽）所对应的电力和热力生产活动的 CO_2 排放。

（5）其他产品生产的排放

如果平板玻璃生产企业还生产其他产品，且生产活动存在温室气体排放，则这些产品的生产活动应纳入企业温室气体排放核算。

五、核算方法

报告主体进行企业温室气体排放核算和报告的完整工作流程包括以下步骤：

（1）确定核算边界；

（2）识别排放源；

（3）收集活动水平数据；

（4）选择和获取排放因子数据；

（5）分别计算化石燃料燃烧排放、工业生产过程排放、净购入使用的电力和热力对应的排放；

（6）汇总企业温室气体排放量。

平板玻璃生产企业的 CO_2 排放总量等于企业边界内所有的化石燃料燃烧排放量、工业生产过程排放量及企业净购入电力和热力对应的 CO_2 排放量之和，按公式（1）计算。

$$E_{CO_2}=E_{燃烧}+E_{过程}+E_{电和热} \qquad (1)$$

式中：E_{CO_2}——企业 CO_2 排放总量，单位为吨（tCO_2）；

$E_{燃烧}$——企业所消耗的化石燃料燃烧活动产生的 CO_2 排放量，单位为吨（tCO_2）；

$E_{过程}$——企业在工业生产过程中产生的 CO_2 排放量，单位为吨（tCO_2）；

$E_{电和热}$——企业净购入的电力和热力所对应的 CO_2 排放量，单位为吨（tCO_2）。

（一）化石燃料燃烧排放

1. 计算公式

在平板玻璃生产中，用于玻璃熔窑的燃料品种，主要有实物煤（煤粉）、天然气、重油、煤焦油、焦炉煤气、发生炉煤气、石油焦等。在辅助生产过程中化石燃料主要有柴油和汽油。化石燃料燃烧产生的二氧化碳排放，按照公式（2）、公式（3）、公式（4）计算。

$$E_{燃烧}=\sum_{i=1}^{n}(AD_i \times EF_i) \quad (2)$$

式中：$E_{燃烧}$——核算和报告期内净消耗的化石燃料燃烧产生的 CO_2 排放，单位为吨（tCO_2）；

AD_i——核算和报告期内消耗的第 i 种化石燃料的活动水平，单位为百万千焦（GJ）；

EF_i——第 i 种化石燃料的二氧化碳排放因子，单位：tCO_2/GJ；

i——净消耗的化石燃料的类型。

核算和报告期内消耗的第 i 种化石燃料的活动水平 AD_i 按公式（3）计算。

$$AD_i=NCV_i \times FC_i \quad (3)$$

式中：NCV_i——核算和报告期内第 i 种化石燃料的平均低位发热量，对固体或液体燃料，单位为百万千焦 / 吨（GJ/t），对气体燃料，单位为百万千焦 / 万立方米（GJ/ 万 Nm^3）；

FC_i——核算和报告期内第 i 种化石燃料的净消耗量，对固体或液体燃料，单位为吨（t），对气体燃料，单位为万立方米（万 Nm^3）。

化石燃料的二氧化碳排放因子按公式（4）计算。

$$EF_i=CCi \times OF_i \times \frac{44}{12} \quad (4)$$

式中：CC_i——第 i 种化石燃料的单位热值含碳量，单位为吨碳 / 百万千焦（tC/GJ）；

OF_i——第 i 种化石燃料的碳氧化率，单位为 %。

2. *活动水平数据获取*

根据核算和报告期内各种化石燃料消耗的计量数据来确定各种化石燃料的净消耗量。

企业可选择采用本指南提供的化石燃料平均低位发热量数据，如附录表 1 所示。具备条件的企业可开展实测，或委托有资质的专业机构进行检测，也可采用与相关方结算凭证中提供的检测值。如选择实测，化石燃料低位发热量检测应遵循 GB/T 213《煤的发热量测定方法》、GB/T 384《石油产品热值测定法》、GB/T 22723

《天然气能量的测定》等相关标准。

3. 排放因子数据获取

企业可采用本指南提供的单位热值含碳量和碳氧化率数据，如附录一附表 2 和附表 3 所示。

（二）原料配料中碳粉氧化的排放

配料中所加入的碳粉全部氧化生成 CO_2。活动水平数据是核算和报告期内碳粉的投入量和碳粉的含碳量，取企业计量的数据，单位为吨（t）。碳粉燃烧产生的 CO_2 排放量，按公式（5）计算。

$$E_{工艺1}=Q_c \times C_c \times \frac{44}{12} \tag{5}$$

式中：$E_{工艺1}$——核算和报告期内碳粉燃烧产生的 CO_2 排放量，单位为吨（tCO_2）；

Q_c——原料配料中碳粉消耗量，单位为吨（t）；

C_c——碳粉含碳量的加权平均值，单位为 %，如缺少测量数据，可按照 100% 计算；

$\frac{44}{12}$——二氧化碳与碳的数量换算。

（三）原料分解产生的排放

平板玻璃生产过程中，原材料中的石灰石、白云石、纯碱等碳酸盐在高温熔融状态分解产生二氧化碳。碳酸盐分解产生的二氧化碳，按公式（6）计算。

$$E_{工艺2}=\sum_i (M_i \times EF_i \times F_i) \tag{6}$$

式中：$E_{工艺2}$——核算和报告期内，原料碳酸盐分解产生的二氧化碳（CO_2）排放量，单位为吨（tCO_2）；

M_i——消耗的碳酸盐 i 的重量，单位为吨（t）；

EF_i——第 i 种碳酸盐特定的排放因子，单位为吨 CO_2/ 吨（tCO_2/t）；

F_i——第 i 种碳酸盐的煅烧比例，单位为 %；如缺少测量数据，可按照 100% 计算；

i——表示碳酸盐的种类。

平板玻璃生产企业原材料的消耗量，按照生产操作记录的数据；碳酸盐的煅烧比例，可采用企业测量的数据，也可以取 100%；排放因子可采用本指南提供的数值，见附录一附表 4。

（四）净购入使用的电力和热力对应的排放

1. 计算公式

净购入使用的电力、热力（如蒸汽）所对应的生产活动的 CO_2 排放量按公式（7）计算。

$$E_{电和热}=AD_{电力}\times EF_{电力}+AD_{热力}\times EF_{热力} \tag{7}$$

式中：$E_{电和热}$——净购入使用的电力、热力所对应的生产活动的 CO_2 排放量，单位为吨（tCO_2）；

$AD_{电力}$、$AD_{热力}$——核算和报告期内净购入电量和热力量（如蒸汽量），单位分别为兆瓦时（MW·h）和百万千焦（GJ）；

$EF_{电力}$、$EF_{热力}$——电力和热力（如蒸汽）的 CO_2 排放因子，单位分别为吨 CO_2/兆瓦时［tCO_2/（MW·h）］和吨 CO_2/百万千焦（tCO_2/GJ）。

2. 活动水平数据获取

根据核算和报告期内电力（或热力）供应商、平板玻璃生产企业存档的购售结算凭证以及企业能源平衡表，采用公式（8）计算。

净购入电量（热力量）= 购入量 - 平板玻璃之外的其他产品生产的用电量（热力量）- 外销量　　（8）

3. 排放因子数据获取

电力排放因子应根据企业生产所在地及目前的东北、华北、华东、华中、西北、南方电网划分，选用国家主管部门最近年份公布的相应区域电网排放因子。供热排放因子暂按 0.11 tCO_2/GJ 计，并根据政府主管部门发布的官方数据保持更新。

六、质量保证和文件存档

报告主体应建立企业温室气体排放年度核算和报告的质量保证和文件存档制度，主要包括以下方面的工作：

建立企业温室气体排放核算和报告的规章制度，包括负责机构和人员、工作流程和内容、工作周期和时间节点等；指定专职人员负责企业温室气体排放核算和报告工作。

建立企业温室气体排放源一览表，分别选定合适的核算方法，形成文件并存档；

建立健全的温室气体排放和能源消耗的台账记录。

建立健全的企业温室气体排放参数的监测计划。具备条件的企业，对企业温室气体排放量影响较大的参数，如化石燃料的低位发热量，应定期监测，原则上每批燃料进企业，都应监测低位发热量。

建立企业温室气体排放报告内部审核制度。

建立文档的管理规范，保存、维护温室气体排放核算和报告的文件和有关的数据资料。

七、报告内容和格式

报告主体应按照附件一的格式对以下内容进行报告：

（一）报告主体基本信息

报告主体基本信息应包括报告主体名称、单位性质、报告年度、所属行业、组织机构代码、法定代表人、填报负责人和联系人信息等。

（二）温室气体排放量

报告主体应报告在核算和报告期内温室气体排放总量，并分别报告燃料燃烧排放量、工业生产过程排放量、净购入电力和热力对应的排放量。

（三）活动水平及其来源

报告主体应报告企业在报告期内生产所使用的各种化石燃料的净消耗量和相应的低位发热量；原料配料中碳粉的重量及其含碳量；各种碳酸盐的消耗量；净购入的电量和净购入的热力量；并说明这些数据的来源（采用本指南的推荐值或实测值）。

如果企业除平板玻璃外还生产其他产品，则应按照相关行业的企业温室气体排放核算和报告指南报告其活动水平及来源。

（四）排放因子及其来源

报告主体应报告企业在报告期内生产所使用的各种化石燃料的单位热值含碳量和碳氧化率数据；各种碳酸盐的排放因子及煅烧比例；核算采用的电力排放因子和热力排放因子等数据及其来源（采用本指南的推荐值或实测值）。

如果企业除平板玻璃外还生产其他产品，则应按照相关行业的企业温室气体排放核算和报告指南报告其排放因子及来源。

附录一：报告格式模板

中国平板玻璃生产企业温室气体排放报告

报告主体（盖章）：

报告年度：

编制日期：　　　　年　　月　　日

根据国家发展和改革委员会发布的《中国平板玻璃生产企业温室气体排放核算方法与报告指南（试行）》，本企业核算了________年度温室气体排放量，并填写了相关数据表格。现将有关情况报告如下：

一、企业基本情况

二、温室气体排放

三、活动水平数据及来源说明

四、排放因子数据及来源说明

本报告真实、可靠，如报告中的信息与实际情况不符，本企业将承担相应的法律责任。

法人（签字）：

年　　月　　日

附表 1　报告主体二氧化碳排放量报告

附表 2　报告主体活动水平数据

附表 3　报告主体排放因子和计算系数

附表 1　报告主体 20____年二氧化碳排放量报告

企业二氧化碳排放总量 /tCO_2	
化石燃料燃烧排放量 /tCO_2	
原料配料中碳粉氧化的排放量 /tCO_2	
原料碳酸盐分解的排放量 /tCO_2	
净购入使用的电力对应的排放量 /tCO_2	
净购入使用的热力对应的排放量 /tCO_2	

附表 2　活动水平数据表

		净消耗量 /（t，万 Nm^3）	低位发热量 /（GJ/t，GJ/ 万 Nm^3）
化石燃料燃烧*	无烟煤		
	烟煤		
	褐煤		
	洗精煤		
	其他洗煤		
	其他煤制品		
	焦炭		
	原油		
	燃料油		
	汽油		
	柴油		
	一般煤油		
	液化天然气		
	液化石油气		
	焦油		
	粗苯		
	焦炉煤气		
	高炉煤气		
	转炉煤气		
	其他煤气		
	天然气		
	炼厂干气		

续表

		净消耗量 /（t，万 Nm^3）	低位发热量 /（GJ/t，GJ/ 万 Nm^3）
工业生产过程 **		数据	单位
	配料中碳粉的消耗量		t
	配料中碳粉的含碳量		%
	石灰石的消耗量		t
	白云石的消耗量		t
	纯碱的消耗量		t
净购入电力、热力		数据	单位
	电力净购入量		MW · h
	热力净购入量		GJ

* 企业应自行添加未在表中列出但企业实际消耗的其他能源品种。

** 企业应自行添加未在表中列出但企业实际消耗的其他碳酸盐原料品种。

附表 3 排放因子和计算系数

		单位热值含碳量 /（tC/GJ）	碳氧化率 /%
化石燃料燃烧 *	无烟煤		
	烟煤		
	褐煤		
	洗精煤		
	其他洗煤		
	其他煤制品		
	焦炭		
	原油		
	燃料油		
	汽油		
	柴油		
	一般煤油		
	液化天然气		
	液化石油气		
	焦油		
	粗苯		

续表

		单位热值含碳量 /（tC/GJ）	碳氧化率 /%
化石燃料燃烧 *	焦炉煤气		
	高炉煤气		
	转炉煤气		
	其他煤气		
	天然气		
	炼厂干气		
工业生产过程 **		数据	单位
	石灰石的排放因子		tCO_2/t
	石灰石的煅烧比例		%
	白云石的排放因子		tCO_2/t
	白云石的煅烧比例		%
	纯碱的排放因子		tCO_2/t
	纯碱的煅烧比例		%
净购入电力、热力		数据	单位
	电力		tCO_2/（MW · h）
	热力		tCO_2/GJ

* 企业应自行添加未在表中列出但企业实际消耗的其他能源品种。

** 企业应自行添加未在表中列出但企业实际消耗的其他碳酸盐原料品种。

附录二：相关参数缺省值

表 2.1　中国平板玻璃行业化石燃料热值

燃料名称	平均低位热值	单位
原煤	20 908	MJ/t
洗精煤	26 344	MJ/t
洗中煤	8 363	MJ/t
煤泥	10 454	MJ/t
焦炭	28 435	MJ/t
原油	41 816	MJ/t
燃料油	41 816	MJ/t
汽油	43 070	MJ/t
煤油	43 070	MJ/t
柴油	42 652	MJ/t
液化石油气	50 179	MJ/t
炼厂干气	45 998	MJ/t
天然气	38.931	MJ/m^3
焦炉煤气	17.354	MJ/m^3
发生炉煤气	5.227	MJ/m^3
重油催化裂解煤气	19.235	MJ/m^3
重油热裂解煤气	35.544	MJ/m^3
焦炭制气	16.308	MJ/m^3
压力气化煤气	15.054	MJ/m^3
水煤气	10.454	MJ/m^3
煤焦油	33 453	MJ/t

数据来源：1.《中国能源统计年鉴 2012》； 2. 行业调研数据。

表 2.2　中国平板玻璃行业化石燃料含碳量

燃料名称	含碳量 /（tC/TJ）
原煤	26.37
无烟煤	27.49
一般烟煤	26.18
褐煤	27.97
洗煤	25.41
型煤	33.56
焦炭	29.42
原油	20.08
燃料油	21.10
汽油	18.90
柴油	20.20
煤油	19.41
LPG	16.96
炼厂干气	18.20
其他石油制品	20.00
天然气	15.32
焦炉煤气	13.58
其他	11.96

数据来源：1.《省级温室气体清单编制指南（试行）》；2. 行业调研数据。

表 2.3　中国平板玻璃行业化石燃料燃烧氧化率

燃料名称	氧化率
煤（窑炉）	98%
煤（工业锅炉）	95%
煤（其他燃烧设备）	91%
焦炭	98%
原油	99%
燃料油	99%
汽油	99%
煤油	99%
柴油	99%

续表

燃料名称	氧化率
液化石油气	99.5%
炼厂干气	99.5%
天然气	99.5%
焦炉煤气	99.5%
发生炉煤气	99.5%
重油催化裂解煤气	99.5%
重油热裂解煤气	99.5%
焦炭制气	99.5%
压力气化煤气	99.5%
水煤气	99.5%
煤焦油	99%

数据来源：1.《省级温室气体清单编制指南（试行）》；2. 典型企业调研数据。

表 2.4　常见碳酸盐原料的排放因子

碳酸盐	矿石名称	分子量	排放因子 /（tCO_2/t 碳酸盐）
$CaCO_3$	方解石或文石	100.086 9	0.439 71
$MgCO_3$	菱镁石	84.313 9	0.521 97
$CaMg(CO_3)_2$	白云石	184.400 8	0.477 32
$FeCO_3$	菱铁矿	115.853 9	0.379 87
$Ca(Fe, Mg, Mn)(CO_3)_2$	铁白云石	185.022 5～215.616 0	0.408 22～0.475 72
$MnCO_3$	菱锰矿	114.947 0	0.382 86
Na_2CO_3	碳酸钠或纯碱	106.068 5	0.414 92

来源：1. CRC 化学物理手册（2004）；2.《2006 年 IPCC 国家温室气体清单指南》。

表 2.5　其他排放因子推荐值

参数名称	单位	CO_2 排放因子
电力消费的排放因子	tCO_2/（MW·h）	采用国家最新发布值
热力消费的排放因子	tCO_2/GJ	0.11

附录 2.10

中国水泥生产企业
温室气体排放核算方法与报告指南
（试行）

编制说明

一、编制的目的和意义

根据“十二五”规划纲要提出的“建立完善温室气体统计核算制度，逐步建立碳排放交易市场”和《“十二五”控制温室气排放工作方案》（国发〔2011〕41 号）提出的“加快构建国家、地方、企业三级温室气体排放核算工作体系，实行重点企业直接报送温室气体排放和能源消费数据制度”的要求，为保证实现 2020 年单位国内生产总值二氧化碳排放比 2005 年下降 40%～45% 的目标，国家发展改革委组织编制了《中国水泥生产企业温室气体排放核算方法与报告指南（试行）》，以帮助企业科学核算和规范报告自身的温室气体排放，更好地制订企业温室气体排放控制计划或碳排放权交易战略，积极参与碳排放交易，强化企业社会责任。同时也为主管部门建立并实施重点企业温室气体报告制度奠定了基础，为掌握重点企业温室气体排放情况，制定相关政策提供支撑。

二、编制过程

本指南由国家发展改革委委托清华大学能源环境经济研究所专家编制。编制组借鉴了国内外有关企业温室气体排放核算与报告的研究成果和实践经验，参考了国家发展改革委办公厅印发的《省级温室气体清单编制指南（试行）》，经过实地调研、深入研究和案例试算，编制完成了《中国水泥生产企业温室气体排放核算方法与报告指南（试行）》。本指南在方法上力求科学性、完整性、规范性和可操作性。编制过程中得到了中国建筑材料科学研究总院、中国建材检验认证集团有限公司等相关行业协会和研究院所专家的大力支持。

三、主要内容

《中国水泥生产企业温室气体排放核算方法与报告指南（试行）》包括正文的七个部分以及附录，分别阐述了本指南的适用范围、引用文件和参考文献、术语和定义、核算边界、核算方法、质量保证和文件存档、报告内容和格式，以及常用参数推荐值。本指南核算的温室气体为二氧化碳（不涉及其他温室气体），考虑的排放源包括燃料燃烧排放、工业生产过程排放、净调入使用的电力和热力相应的生产环节的排放等。适用范围为从事水泥熟料和水泥产品生产的具有法人资格的生产企业和视同法人的独立核算单位。

四、需要说明的问题

运用本指南的水泥生产企业以企业为边界，核算和报告边界内发生的温室气体排放，需要获取有关的活动水平和排放因子数据。本指南参考了《省级温室气体清单指南（试行）》《中国能源统计年鉴 2012》《IPCC 国家温室气体清单指南》《水泥行业二氧化碳减排议定书》等国内外相关文献资料，提供了一些常见化石燃料和替代燃料品种的缺省值，供企业参考使用。

水泥企业生产过程中，使用的燃油、替代燃料或协同处置的废物中可能含有生物质燃料。这些生物质燃料燃烧所产生的二氧化碳被视为无气候影响，不需进行核算和报告。

鉴于企业温室气体核算和报告是一项全新的复杂工作，本指南在实际运用中可能存在不足之处，希望相关使用单位能及时予以反馈，以便今后做出进一步的修改。

本指南由国家发展和改革委员会提出并负责解释和修订。

一、适用范围

本指南适用于中国水泥生产企业温室气体排放量的核算和报告。中国境内从事水泥生产的企业可按照本指南提供的方法，核算企业的温室气体排放量，并编制企业温室气体排放报告。

二、引用文件和参考文献

本指南引用的文件主要包括：

《省级温室气体清单编制指南（试行）》

《中国能源统计年鉴 2012》

下列文件在本指南编制过程中作为参考：

《IPCC 国家温室气体清单指南》（1996）

《水泥行业二氧化碳减排议定书　水泥行业二氧化碳排放统计与报告标准》（2005）

《美国温室气体排放和汇的清单》（EPA 2008）

《欧盟排放贸易体系（EU-ETS）》（第一、第二报告期）

三、术语和定义

下列术语和定义适用于本指南。

（1）温室气体

大气层中那些吸收和重新放出红外辐射的自然和人为的气态成分。本指南的温室气体是指《京都议定书》附件 A 所规定的六种温室气体，分别为二氧化碳（CO_2）、甲烷（CH_4）、氧化亚氮（N_2O）、氢氟碳化物（HFCs）、全氟化碳（PFCs）和六氟化硫（SF_6）。

（2）报告主体

具有温室气体排放行为并应定期核算和报告的法人企业或视同法人的独立单位。

（3）燃料燃烧排放

燃料燃烧排放，是指企业生产过程中燃料与氧气进行充分燃烧产生的温室气体排放，包括实物煤、燃油等化石燃料的燃烧、替代燃料和协同处置的废弃物中所含的非生物质碳的燃烧等产生的排放。

（4）工业生产过程排放

工业生产过程排放，是指原材料在生产过程中发生的除燃料燃烧之外的物理或化学变化产生的温室气体排放，包括原料碳酸盐分解产生的排放和生料中非燃料碳煅烧产生的排放等。

（5）净购入使用的电力和热力对应的排放

企业净购入使用的电力和热力（蒸汽、热水）所对应的电力或热力生产活动产生的 CO_2 排放。

（6）活动水平

产生温室气体排放或清除的生产或消费活动的活动数据，包括水泥生产过程中各种化石燃料的消耗量、原材料的使用量、购入或外销的电量或蒸汽量等。

（7）排放因子

量化单位活动水平所产生的温室气体排放量的系数。如生产每吨水泥熟料所产生的二氧化碳排放量、每千瓦时发电上网所产生的二氧化碳排放量等。

（8）碳氧化率

燃料中的碳在燃烧过程中被氧化的百分比。

四、核算边界

本指南的温室气体排放核算，是以水泥生产为主营业务的独立法人企业或视同法人单位为边界。

报告主体应以企业为边界，核算和报告边界内所有生产设施产生的温室气体排放。生产设施范围包括直接生产系统、辅助生产系统，以及直接为生产服务的附属生产系统，其中辅助生产系统包括动力、供电、供水、检验、机修、库房、运输等，附属生产系统包括生产指挥系统（厂部）和厂区内为生产服务的部门和单位（如职工食堂、车间浴室、保健站等）。

如果水泥生产企业还生产其他产品，且生产活动存在温室气体排放，则应按照相关行业的企业温室气体排放核算和报告指南，一并核算和报告。如果没有相关的核算方法，就只核算这些产品生产活动中化石燃料燃烧引起的排放。

具体而言，水泥生产企业核算边界内的关键排放源包括：

（1）化石燃料的燃烧

水泥窑中使用的实物煤、热处理和运输等设备使用的燃油等产生的排放。

（2）替代燃料和协同处置的废弃物中非生物质碳的燃烧

废轮胎、废油和废塑料等替代燃料，污水污泥等废弃物里所含有的非生物质碳的燃烧产生的排放。

（3）料碳酸盐分解

水泥生产过程中，原材料碳酸盐分解产生的二氧化碳排放，包括熟料对应的碳酸盐分解排放、窑炉排气筒（窑头）粉尘对应的排放和旁路放风粉尘对应的排放。

（4）料中非燃料碳煅烧

生料中采用的配料，如钢渣、煤矸石、高碳粉煤灰等，含有可燃的非燃料碳，这些碳在生料高温煅烧过程中都转化为二氧化碳。

（5）购入使用的电力和热力

水泥企业净购入使用的电力和热力（如蒸汽）对应的电力和热力生产活动的 CO_2 排放。

（6）其他产品生产的排放

如果水泥生产企业还生产其他产品，且生产活动存在温室气体排放，则这些产品的生产活动应纳入企业温室气体排放核算。

五、核算方法

报告主体进行企业温室气体排放核算和报告的完整工作流程包括以下步骤：

（1）核算边界；

（2）排放源；

（3）活动水平数据；

（4）排放因子数据；

（5）计算燃料燃烧排放、工业生产过程排放、净购入使用的电力和热力对应的排放；

（6）企业温室气体排放量。

水泥生产企业的 CO_2 排放总量等于企业边界内所有的燃料燃烧排放量、工业生产过程排放量及企业净购入电力和热力对应的 CO_2 排放量之和，按式（1）计算。

$$E_{CO_2}=E_{燃烧}+E_{过程}+E_{电和热}=E_{燃烧1}+E_{燃烧2}+E_{过程1}+E_{过程2}+E_{电和热} \quad (1)$$

式中：E_{CO_2}——企业 CO_2 排放总量，单位为吨（tCO_2）；

$E_{燃烧}$——企业所消耗的燃料燃烧活动产生的 CO_2 排放量，单位为吨（tCO_2）；

$E_{燃烧1}$——企业所消耗的化石燃料燃烧活动产生的 CO_2 排放量，单位为吨（tCO_2）；

$E_{燃烧2}$——企业所消耗的替代燃料或废弃物燃烧产生的 CO_2 排放量，单位为吨（tCO_2）；

$E_{过程}$——企业在工业生产过程中产生的 CO_2 排放量，单位为吨（tCO_2）；

$E_{过程1}$——企业在生产过程中原料碳酸盐分解产生的 CO_2 排放量，单位为吨（tCO_2）；

$E_{过程2}$——企业在生产过程中生料中的非燃料碳煅烧产生的 CO_2 排放量，单位为吨（tCO_2）；

$E_{电和热}$——企业净购入的电力和热力所对应的 CO_2 排放量，单位为吨（tCO_2）。

（一）化石燃料燃烧排放

1. 计算公式

在水泥生产中，使用化石燃料，如实物煤、燃油等。化石燃料燃烧产生的二氧化碳排放，按照公式（2）、公式（3）、公式（4）计算。

$$E_{燃烧1}=\sum_{i=1}^{n}(AD_i \times EF_i) \tag{2}$$

式中：$E_{燃烧1}$——核算和报告期内消耗的化石燃料燃烧产生的 CO_2 排放，单位为吨（tCO_2）；

AD_i——核算和报告期内消耗的第 i 种化石燃料的活动水平，单位为百万千焦（GJ）；

EF_i——第 i 种化石燃料的二氧化碳排放因子，单位：tCO_2/GJ；

i——净消耗的化石燃料的类型。

核算和报告期内消耗的第 i 种化石燃料的活动水平 AD_i 按公式（3）计算。

$$AD_i=NCV_i \times FC_i \tag{3}$$

式中：NCV_i——核算和报告期内第 i 种化石燃料的平均低位发热量，对固体或液体燃料，单位为百万千焦/吨（GJ/t）；对气体燃料，单位为百万千焦/万立方米（GJ/万 Nm^3）；

FC_i——核算和报告期内第 i 种化石燃料的净消耗量，对固体或液体燃料，单位为吨（t）；对气体燃料，单位为万立方米（万 Nm^3）。

化石燃料的二氧化碳排放因子按公式（4）计算。

$$EF_i = CC_i \times OF_i \times \frac{44}{12} \tag{4}$$

式中：CC_i——第 i 种化石燃料的单位热值含碳量，单位为吨碳/百万千焦（tC/GJ）；

OF_i——第 i 种化石燃料的碳氧化率，单位为 %。

2. 活动水平数据获取

根据核算和报告期内各种化石燃料消耗的计量数据来确定各种化石燃料的净消耗量。

企业可选择采用本指南提供的化石燃料平均低位发热量数据，如附录一附表 1 所示。具备条件的企业可开展实测，或委托有资质的专业机构进行检测，也可采用与相关方结算凭证中提供的检测值。如选择实测，化石燃料低位发热量检测应遵循 GB/T 213《煤的发热量测定方法》、GB/T 384《石油产品热值测定法》、GB/T 22723《天然气能量的测定》等相关标准。

3. 排放因子数据获取

企业可采用本指南提供的单位热值含碳量和碳氧化率数据，如附录一附表 2 和附表 3 所示。

（二）替代燃料或废弃物中非生物质碳的燃烧排放

有的水泥企业在生产活动中，采用替代燃料或协同处理废弃物。这些替代燃料或废弃物中非生物质碳燃烧产生的 CO_2 排放量按公式（5）计算：

$$E_{燃烧2}=\sum_{i} Q_i \times HV_i \times EF_i \times \alpha_i \tag{5}$$

式中：$E_{燃烧2}$——核算和报告期内替代燃料或废弃物中非生物质碳燃烧所产生的 CO_2 排放量，单位为吨（tCO_2）；

Q_i——各种替代燃料或废弃物的用量，单位为吨（t）；

HV_i——各种替代燃料或废弃物的加权平均低位发热量，单位为百万千焦 / 吨（GJ/t）；

EF_i——各种替代燃料或废弃物燃烧的 CO_2 排放因子，单位为吨 CO_2/ 百万千焦（tCO_2/GJ）；

α_i——各种替代燃料或废弃物中非生物质碳的含量，单位为 %；

i——表示替代燃料或废弃物的种类。

各种替代燃料或废弃物的用量，采用核算和报告期内企业的生产记录数据，或者替代燃料或废弃物运进企业时的计量数据。

各种替代燃料或废弃物的平均低位发热量、CO_2 排放因子、非生物质碳的含量，可选择采用本指南提供的数据，如附录一附表 4 所示。

（三）原料分解产生的排放

原料碳酸盐分解产生的 CO_2 排放量，包括三部分：熟料对应的 CO_2 排放量；窑炉排气筒（窑头）粉尘对应的 CO_2 排放量；旁路放风粉尘对应的 CO_2 排放量。

原料碳酸盐分解产生的 CO_2 排放量，可按公式（6）计算：

$$E_{工艺1}=\left(\sum_i Q_i+Q_{ckd}+Q_{bpd}\right)\times\left[(FR_1-FR_{10})\times\frac{44}{56}+(FR_2-FR_{20})\times\frac{44}{40}\right] \quad (6)$$

式中：$E_{工艺1}$——核算和报告期内，原料碳酸盐分解产生的二氧化碳（CO_2）排放量，单位为吨（tCO_2）；

Q_i——生产的水泥熟料产量，单位为吨（t）；

Q_{ckd}——窑炉排气筒（窑头）粉尘的重量，单位为吨（t）；

Q_{bpd}——窑炉旁路放风粉尘的重量，单位为吨（t）；

FR_1——熟料中氧化钙（CaO）的含量，单位为 %；

FR_{10}——熟料中不是来源于碳酸盐分解的氧化钙（CaO）的含量，单位为 %；

FR_2——熟料中氧化镁（MgO）的含量，单位为 %；

FR_{20}——熟料中不是来源于碳酸盐分解的氧化镁（MgO）的含量，单位为 %；

$\frac{44}{56}$——二氧化碳与氧化钙之间的分子量换算；

$\frac{44}{40}$——二氧化碳与氧化镁之间的分子量换算。

水泥企业生产的水泥熟料产量，采用核算和报告期内企业的生产记录数据。窑炉排气筒（窑头）粉尘的重量、窑炉旁路放风粉尘的重量，可采用企业的生产记录，根据物料衡算的方法获取；也可以采用企业测量的数据。

熟料中氧化钙和氧化镁的含量、熟料中不是来源于碳酸盐分解的氧化钙和氧化镁的含量，采用企业测量的数据。

（四）生料中非燃料碳煅烧的排放

水泥生产的生料中非燃料碳煅烧产生的二氧化碳排放量，可用公式（7）计算。

$$E_{工艺2}=Q\times FR_0\times\frac{44}{12} \quad (7)$$

式中：$E_{工艺2}$——核算和报告期内生料中非燃料碳煅烧产生的 CO_2 排放量，单位为吨（tCO_2）；

Q——生料的数量，单位为吨（t），可采用核算和报告期内企业的生产记录数据；

FR_0——生料中非燃料碳含量，单位为 %；如缺少测量数据，可取

0.1%~0.3%（干基），生料采用煤矸石、高碳粉煤灰等配料时取高值，否则取低值；

$\frac{44}{12}$——二氧化碳与碳的数量换算。

（五）净购入使用的电力和热力对应的排放

1. 计算公式

净购入使用的电力、热力（如蒸汽）所对应的生产活动的 CO_2 排放量按公式（8）计算。

$$E_{电和热}=AD_{电力}\times EF_{电力}+AD_{热力}\times EF_{热力} \tag{8}$$

式中：$E_{电和热}$——净购入使用的电力、热力所对应的生产活动的 CO_2 排放量，单位为吨（tCO_2）；

$AD_{电力}$、$AD_{热力}$——核算和报告期内净购入的电量和热力量（如蒸汽量），单位分别为兆瓦时（MW·h）和百万千焦（GJ）；

$EF_{电力}$、$EF_{热力}$——电力和热力（如蒸汽）的 CO_2 排放因子，单位分别为吨 CO_2/兆瓦时［tCO_2/（MW·h）］和吨 CO_2/百万千焦（tCO_2/GJ）。

2. 活动水平数据获取

根据核算和报告期内电力（或热力）供应商、水泥生产企业存档的购售结算凭证以及企业能源平衡表，采用公式（9）计算。

净购入电量（热力量）= 购入量 − 水泥之外的其他产品生产的用电量（热力量）− 外销量　　（9）

3. 排放因子数据获取

电力排放因子应根据企业生产所在地及目前的东北、华北、华东、华中、西北、南方电网划分，选用国家主管部门最近年份公布的相应区域电网排放因子。供热排放因子暂按 0.11 tCO_2/GJ 计，并根据政府主管部门发布的官方数据保持更新。

六、质量保证和文件存档

报告主体应建立企业温室气体排放年度核算和报告的质量保证和文件存档制度，主要包括以下方面的工作：

建立企业温室气体排放核算和报告的规章制度，包括负责机构和人员、工作流程和内容、工作周期和时间节点等；指定专职人员负责企业温室气体排放核算和报告工作。

建立企业温室气体排放源一览表，分别选定合适的核算方法，形成文件并存档。

建立健全的温室气体排放和能源消耗的台账记录。

建立健全的企业温室气体排放参数的监测计划。具备条件的企业，对企业温室气体排放量影响较大的参数，如化石燃料和替代燃料的低位发热量，应定期监测，原则上每批燃料进企业，都应监测低位发热量。

建立企业温室气体排放报告内部审核制度。

建立文档的管理规范，保存、维护温室气体排放核算和报告的文件和有关的数据资料。

七、报告内容和格式

报告主体应按照附件一的格式对以下内容进行报告：

（一）报告主体基本信息

报告主体基本信息应包括报告主体名称、单位性质、报告年度、所属行业、组织机构代码、法定代表人、填报负责人和联系人信息等。

（二）温室气体排放量

报告主体应报告在核算和报告期内温室气体排放总量，并分别报告燃料燃烧排放量、工业生产过程排放量、净购入电力和热力对应的排放量。

（三）活动水平及其来源

报告主体应报告企业在报告期内生产所使用的各种化石燃料的净消耗量和相应的低位发热量；各种替代燃料或废弃物的用量和相应的低位发热量；水泥熟料产量、窑炉排气筒粉尘的重量和窑炉旁路放风粉尘的重量；生料的重量和生料中非燃料碳的含量；净购入的电量和净购入的热力量；并说明这些数据的来源（采用本指南的推荐值或实测值）。

如果企业除水泥外还生产其他产品，则应按照相关行业的企业温室气体排放核算和报告指南报告其活动水平及来源。

（四）排放因子及其来源

报告主体应报告企业在报告期内生产所使用的各种化石燃料的单位热值含碳量和碳氧化率数据；各种替代燃料或废弃物的二氧化碳排放因子和非生物质碳的比例；熟料中氧化钙的含量和非来源于碳酸盐分解的氧化钙的含量、氧化镁的含量和非来源于碳酸盐分解的氧化镁的含量；核算采用的电力排放因子和热力排放因子等数据及其来源（采用本指南的推荐值或实测值）。

如果企业除水泥外还生产其他产品，则应按照相关行业的企业温室气体排放核算和报告指南报告其排放因子及来源。

附录一：报告格式模板

中国水泥生产企业温室气体排放报告

报告主体（盖章）:

报告年度:

编制日期：　　年　　月　　日

根据国家发展和改革委员会发布的《中国水泥生产企业温室气体排放核算方法与报告指南（试行）》，本报告主体核算了________年度温室气体排放量，并填写了相关数据表格。现将有关情况报告如下：

一、企业基本情况

二、温室气体排放

三、活动水平数据及来源说明

四、排放因子数据及来源说明

本报告真实、可靠，如报告中的信息与实际情况不符，本企业将承担相应的法律责任。

法人（签字）：

年　　月　　日

附表 1　报告主体二氧化碳排放量报告

附表 2　报告主体活动水平数据

附表 3　报告主体排放因子和计算系数

附表 1　报告主体______年二氧化碳排放量报告

企业二氧化碳排放总量 /tCO_2	
化石燃料燃烧排放量 /tCO_2	
替代燃料和废弃物中非生物质碳燃烧排放量 /tCO_2	
原料碳酸盐分解排放量 /tCO_2	
生料中非燃料碳煅烧排放量 /tCO_2	
净购入使用的电力对应的排放量 /tCO_2	
净购入使用的热力对应的排放量 /tCO_2	

附表 2　活动水平数据表

		净消耗量 /（t，万 Nm^3）	低位发热量 /（GJ/t，GJ/ 万 Nm^3）
燃料燃烧*	无烟煤		
	烟煤		
	褐煤		
	洗精煤		
	其他洗煤		
	其他煤制品		
	焦炭		
	原油		
	燃料油		
	汽油		
	柴油		
	一般煤油		
	液化天然气		
	液化石油气		
	焦油		
	粗苯		
	焦炉煤气		
	高炉煤气		
	转炉煤气		
	其他煤气		
	天然气		
	炼厂干气		
	替代燃料或废弃物		

续表

		净消耗量 /（t，万 Nm^3）	低位发热量 /（GJ/t，GJ/ 万 Nm^3）
工业生产过程		数据	单位
	熟料产量		t
	窑头粉尘重量		t
	旁路放风粉尘重量		t
	生料的重量		t
	生料中非燃料碳含量		%
净购入电力、热力		数据	单位
	电力净购入量		MWh
	热力净购入量		GJ

* 企业应自行添加未在表中列出但企业实际消耗的其他能源品种。

附表 3 排放因子和计算系数

		单位热值含碳量 /（tC/GJ）	碳氧化率 /%
燃料燃烧*	无烟煤		
	烟煤		
	褐煤		
	洗精煤		
	其他洗煤		
	其他煤制品		
	焦炭		
	原油		
	燃料油		
	汽油		
	柴油		
	一般煤油		
	液化天然气		
	液化石油气		
	焦油		
	粗苯		
	焦炉煤气		

续表

		单位热值含碳量 /（tC/GJ）	碳氧化率 / %
燃料燃烧 *	高炉煤气		
	转炉煤气		
	其他煤气		
	天然气		
	炼厂干气		
		数据	单位
	替代燃料或废弃物燃烧的排放因子		tCO_2/GJ
	替代燃料或废弃物中非生物质碳的含量		%
工业生产过程		数据	单位
	熟料中 CaO 含量		%
	非碳酸盐 CaO 含量		%
	熟料中 MgO 含量		%
	非碳酸盐 MgO 含量		%
净购入电力、热力		数据	单位
	电力		tCO_2/（MW · h）
	热力		tCO_2/ GJ

* 企业应自行添加未在表中列出但企业实际消耗的其他能源品种。

附录二：相关参数缺省值

表 2.1 中国水泥行业燃料热值

燃料名称	平均低位热值	单位
原煤	20 908	MJ/t
洗精煤	26 344	MJ/t
洗中煤	8 363	MJ/t
煤泥	10 454	MJ/t
焦炭	28 435	MJ/t
原油	41 816	MJ/t
燃料油	41 816	MJ/t
汽油	43 070	MJ/t
煤油	43 070	MJ/t
柴油	42 652	MJ/t
液化石油气	50 179	MJ/t
炼厂干气	45 998	MJ/t
天然气	38.931	MJ/m^3
焦炉煤气	17.354	MJ/m^3
发生炉煤气	5.227	MJ/m^3
重油催化裂解煤气	19.235	MJ/m^3
重油热裂解煤气	35.544	MJ/m^3
焦炭制气	16.308	MJ/m^3
压力气化煤气	15.054	MJ/m^3
水煤气	10.454	MJ/m^3
煤焦油	33 453	MJ/t

数据来源：1.《中国能源统计年鉴 2012》； 2. 行业调研数据。

表 2.2　中国水泥行业燃料含碳量

燃料名称	含碳量 /（tC/TJ）
原煤	26.37
无烟煤	27.49
一般烟煤	26.18
褐煤	27.97
洗煤	25.41
型煤	33.56
焦炭	29.42
原油	20.08
燃料油	21.10
汽油	18.90
柴油	20.20
煤油	19.41
LPG	16.96
炼厂干气	18.20
其他石油制品	20.00
天然气	15.32
焦炉煤气	13.58
其他	11.96

数据来源：1.《省级温室气体清单编制指南（试行）》；2. 行业调研数据。

表 2.3　中国水泥行业燃料燃烧氧化率

燃料名称	氧化率
煤（窑炉）	98%
煤（工业锅炉）	95%
煤（其他燃烧设备）	91%
焦炭	98%
原油	99%
燃料油	99%
汽油	99%
煤油	99%
柴油	99%

续表

燃料名称	氧化率
液化石油气	99.5%
炼厂干气	99.5%
天然气	99.5%
焦炉煤气	99.5%
发生炉煤气	99.5%
重油催化裂解煤气	99.5%
重油热裂解煤气	99.5%
焦炭制气	99.5%
压力气化煤气	99.5%
水煤气	99.5%
煤焦油	99%

数据来源：1.《省级温室气体清单编制指南（试行）》； 2. 典型企业调研数据。

表 2.4 中国水泥行业部分替代燃料 CO_2 排放因子

替代燃料种类	低位发热量 /（GJ/t）	排放因子 /（tCO_2/GJ）	化石碳的质量分数 / %	生物碳的质量分数 / %
废油	40.2	0.074	100	0
废轮胎	31.4	0.085	20	80
塑料	50.8	0.075	100	0
废溶剂	51.5	0.074	80	20
废皮革	29.0	0.11	20	80
废玻璃钢	32.6	0.083	100	0

数据来源：1.《2006 年 IPCC 国家温室气体清单指南》；2.《水泥行业二氧化碳减排议定书》，WBCSD，2005；3. 典型企业调研数据。

表 2.5 其他排放因子推荐值

参数名称	单位	CO_2 排放因子
电力消费的排放因子	tCO_2/（MW·h）	采用国家最新发布值
热力消费的排放因子	tCO_2/GJ	0.11

附录 2.11

中国独立焦化企业
温室气体排放核算方法与报告指南
(试行)

编制说明

一、编制的目的和意义

为贯彻落实“十二五”规划纲要提出的“建立完善温室气体统计核算制度,逐步建立碳排放交易市场”的任务,以及《“十二五”控制温室气排放工作方案》(国发〔2011〕41 号)提出的“构建国家、地方、企业三级温室气体排放核算工作体系,实行重点企业直接报送能源和温室气体排放数据制度”的要求,国家发展改革委发布了《关于组织开展重点企(事)业单位温室气体排放报告工作的通知》(发改气候〔2014〕63 号),并组织了对重点行业企业温室气体排放核算方法与报告指南的研究和编制工作。本次编制的《中国独立焦化企业温室气体排放核算方法与报告指南(试行)》,旨在帮助独立焦化企业准确核算和规范报告温室气体排放量,科学制定温室气体排放控制行动方案及对策,同时也为主管部门建立并实行重点企业温室气体报告制度奠定了基础。

二、编制过程

本指南由国家发展改革委委托国家应对气候变化战略研究和国际合作中心编制。编制组借鉴了国内外相关企业温室气体核算报告研究成果和实践经验,参考了国家发展改革委办公厅印发的《省级温室气体清单编制指南(试行)》,经过实地调研和深入研究,编制完成了《中国独立焦化企业温室气体排放核算方法与报告指南(试行)》。指南在方法上力求科学性、完整性、规范性和可操作性。编制过程中得到了中国炼焦行业协会、中国冶金工业规划研究院、山西省生态环境研究中心等单位的大力支持。

三、主要内容

《中国独立焦化企业温室气体排放核算方法与报告指南（试行）》包括正文及两个附录，其中正文分七个部分阐述了指南的适用范围、引用文件、术语和定义、核算边界、核算方法、质量保证和文件存档以及报告内容。本指南适用范围为在中国境内从事焦炭生产的具有法人资格的独立焦化企业或视同法人的独立核算单位，核算与报告的排放源类别和气体种类主要包括燃料燃烧二氧化碳（CO_2）排放、工业生产过程 CO_2 排放、CO_2 回收利用量以及净购入电力和热力隐含的 CO_2 排放。

四、其他需要说明的问题

使用本指南的焦化企业应以最低一级的独立法人企业或视同法人的独立核算单位为边界，核算和报告在运营上受其控制的所有生产设施产生的温室气体排放。报告主体如果除焦炭（含半焦）以及副产的煤焦油、粗（轻）苯、焦炉煤气等焦化产品外还存在其他产品生产活动且伴有温室气体排放的，还须参考其生产活动所属行业的企业温室气体排放核算方法与报告指南，核算和报告这些生产活动的温室气体排放量。

企业应为排放量的计算提供相应的活动水平和排放因子数据作为核查校验依据。企业应尽可能实测自己的活动水平和排放因子数据。为方便用户使用，本指南参考《2006 年 IPCC 国家温室气体清单指南》《IPCC 国家温室气体清单优良作法指南和不确定性管理》《省级温室气体清单编制指南（试行）》等文献资料，整理了一些常见化石燃料品种相关的参数和排放因子，供不具备实测条件的企业参考使用。

鉴于企业温室气体核算和报告是一项全新的工作，本指南在实际使用中可能存在不足之处，希望相关使用单位能及时予以反馈，以便今后不断修订完善。

本指南由国家发展和改革委员会发布并负责解释和修订。

一、适用范围

本指南适用于我国独立焦化企业温室气体排放量的核算和报告。在中国境内（台湾、香港、澳门地区除外）从事焦炭生产的独立焦化企业可按照本指南提供的方法核算企业的温室气体排放量，并编制企业温室气体排放报告。如独立焦化企业除焦炭（含半焦）以及副产的煤焦油、粗（轻）苯、焦炉煤气等焦化产品外，还存在其他产品生产活动且伴有温室气体排放的，还须参考其生产活动所属行业的企业温室气体排放核算方法与报告指南，核算和报告这些生产活动的温室气体排放量。

二、引用文件

本指南引用的文件主要包括：

《工业企业温室气体排放核算和报告通则》

ISO 14064-1《温室气体　第一部分：组织层次上对温室气体排放和清除的量化和报告的规范及指南》

《中国化工生产企业温室气体排放核算方法与报告指南（试行）》

《省级温室气体清单编制指南（试行）》

《2005 年中国温室气体清单研究》

《2006 年 IPCC 国家温室气体清单指南》

GB 21342《焦炭单位产品能源消耗限额》

GB 17167《用能单位能源计量器具配备和管理通则》

GB/T 213《煤的发热量测定方法》

GB/T 384《石油产品热值测定法》

GB/T 22723《天然气能量的测定》

GB/T 476《煤中碳和氢的测量方法》

SH/T 0656《石油产品及润滑剂中碳、氢、氮测定法（元素分析仪法）》

GB/T 13610《天然气的组成分析（气相色谱法）》

GB/T 8984《气体中一氧化碳、二氧化碳和碳氢化合物的测定（气相色谱法）》

三、术语和定义

下列术语和定义适用于本指南。

（1）温室气体

大气层中那些吸收和重新放出红外辐射的自然和人为的气态成分。《京都议定书》附件A所规定的六种温室气体分别为二氧化碳（CO_2）、甲 烷（CH_4）、氧化亚氮（N_2O）、氢氟碳化物（HFCs）、全氟化碳（PFCs）和六氟化硫（SF_6）。对焦化企业，如无特别说明，均只核算CO_2。

（2）报告主体

具有温室气体排放行为的独立法人企业或视同法人的独立核算单位。

（3）独立焦化企业

以生产焦炭（半焦）为主且非附属于钢铁联合企业的焦化企业，属于以煤炭为原料的能源加工转换企业。

（4）燃料燃烧排放

指化石燃料出于能源利用目的[①]的有意氧化过程产生的温室气体排放。

（5）工业生产过程排放

原材料在产品生产过程中除燃烧之外的物理或化学变化产生的温室气体排放。

（6）CO_2回收利用

由报告主体产生的、但又被回收作为生产原料自用或作为产品外供给其他单位从而免于排放到大气中的CO_2。

（7）净购入电力和热力隐含的CO_2排放

企业消费的净购入电力和净购入热力（蒸汽、热水）所对应的电力或热力生产环节产生的CO_2排放。

（8）活动水平

指报告主体在报告期内导致了某种温室气体排放或清除的人为活动量，例如每种化石燃料的燃烧量、化石燃料作为原材料使用的量、购入或外销的电量、购入或外销的蒸汽量等。

（9）排放因子

量化单位活动水平温室气体排放量或清除量的系数。排放因子通常基于抽样测量或统计分析获得，表示在给定操作条件下某一活动水平的代表性排放率或清除率。

（10）碳氧化率

燃料在燃烧过程中被氧化的碳的比率，表征燃料燃烧的充分性。

① 指燃料燃烧的目的是给某流程提供热量或机械功。

四、核算边界

（一）企业边界

报告主体应以独立法人企业或视同法人的独立核算单位为企业边界，核算和报告在运营上受其控制的所有生产设施产生的温室气体排放。设施范围包括基本生产系统、辅助生产系统，以及直接为生产服务的附属生产系统，其中辅助生产系统包括厂区内的动力、供电、供水、采暖、制冷、机修、化验、仪表、仓库（原料场）、运输等。附属生产系统包括生产指挥管理系统（厂部）以及厂区内为生产服务的部门和单位（如职工食堂、车间浴室等）。

（二）排放源和气体种类

报告主体应核算的排放源类别和气体种类包括：

（1）燃料燃烧 CO_2 排放

企业边界内各种类型的固定燃烧设备（如焦炉燃烧室、锅炉、窑炉、焚烧炉、加热炉、熔炉、发电内燃机等）以及生产用的移动燃烧设备（如厂内运输车辆及搬运设备等）燃烧化石燃料产生的 CO_2 排放。燃料品种除了外购的化石燃料外，还应包括这些燃烧设备所消耗的企业自产或回收的焦炭、焦炉煤气、其他燃气等。

（2）工业生产过程 CO_2 排放

常规机焦炉（半焦炉）在煤干馏过程产生的荒煤气，通过火炬系统将产生 CO_2 排放，小部分还将通过焦炉放散管以 CO_2、CO、CH_4 和其他碳氢化合物的形式排入大气。鉴于通常没有流量监测，且其中的非 CO_2 气体在大气中经历数日至 10 年左右的时间最终也氧化为 CO_2，因此炼焦过程的工业生产过程排放将通过碳质量平衡法统一核算和报告为 CO_2 排放。此外，报告主体如果对焦化产品进行延伸加工，如煤焦油加工、苯加工精制，或利用焦炉煤气进一步生产甲醇、合成氨、尿素、液化天然气或压缩天然气（LNG/CNG）等化工产品时，则还需要核算和报告这些工业生产过程的 CO_2 排放。

对热回收焦炉，鉴于煤气在炉内直接燃烧，只有在焦炉事故状态下才可能产生烟气暂短的外泄排放，由于概率极低，由此产生的少量排放，将通过碳质量平衡法一并计算在热回收焦炉内煤气的燃料燃烧 CO_2 排放中，故不再对炼焦过程计算工业生产过程排放。

（3）CO_2 回收利用量

包括企业回收燃料燃烧或工业生产过程产生的 CO_2 作为生产原料自用的部分，以及作为产品外供给其他单位的部分，CO_2 回收利用量可从企业总排放量中予以扣除。

（4）净购入电力、热力隐含的 CO_2 排放

企业净购入的电力和热力所对应的电力或热力生产环节产生的 CO_2 排放。该部分排放实际发生在电力、热力生产企业。

独立焦化企业温室气体排放的核算和报告边界如图 1 所示。

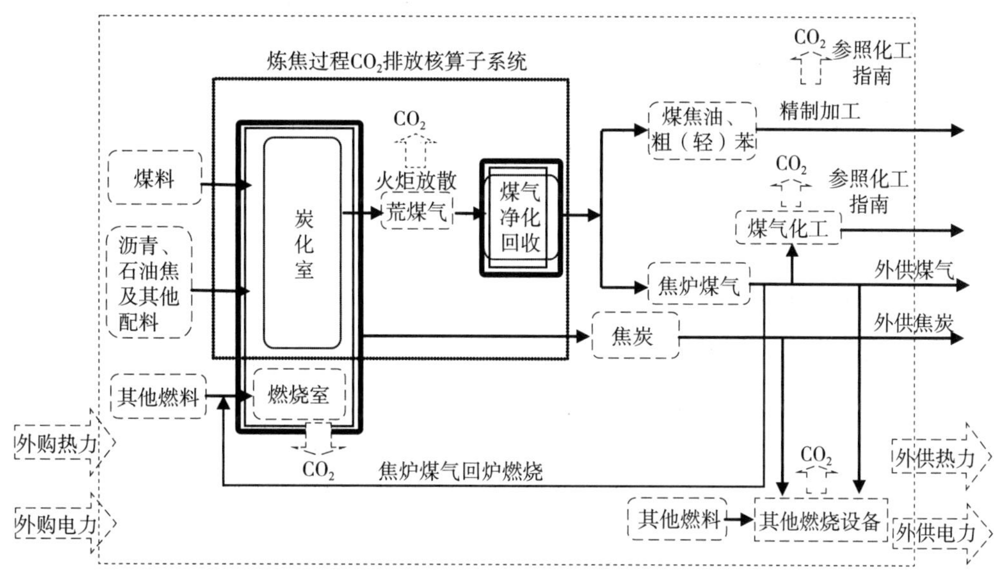

图 1　独立焦化企业温室气体排放核算边界示意图（以常规机焦炉为例）

注：图中未展示企业的辅助生产系统及附属生产系统，其中存在的各类燃烧设备也应纳入核算边界。

五、核算方法

报告主体进行企业温室气体排放核算和报告的完整工作流程基本包括：

（1）确定核算边界；

（2）识别并确定排放源和气体种类；

（3）明确计算公式；

（4）收集活动水平数据；

（5）选择和获取排放因子数据；

（6）依据相应的公式分别核算各个排放源的温室气体排放量；

（7）核算净购入电力和净购入热力隐含的 CO_2 排放量；

（8）汇总计算企业温室气体排放总量。

独立焦化企业的温室气体排放总量应等于燃料燃烧 CO_2 排放量，加上工业生产

过程 CO_2 排放量，减去企业 CO_2 回收利用量，再加上企业净购入电力和热力隐含的 CO_2 排放量：

$$E_{DHG}=E_{CO_2\_燃烧}+\sum E_{CO_2\_过程}-R_{CO_2\_回收}+E_{CO_2\_净电}+E_{CO_2\_净热} \quad (1)$$

式中：E_{GHG}——报告主体的温室气体排放总量，单位为 tCO_2；

$E_{CO_2\_燃烧}$——核算边界内各种燃烧设备燃烧化石燃料产生的 CO_2 排放量，单位为 tCO_2；

$E_{CO_2\_过程}$——核算边界内各种工业生产过程产生的 CO_2 排放量，单位为 tCO_2；

$R_{CO_2\_回收}$——企业的 CO_2 回收利用量，单位为 tCO_2；

$E_{CO_2\_净电}$——报告主体净购入电力隐含的 CO_2 排放量，单位为 tCO_2；

$E_{CO_2\_净热}$——报告主体净购入热力隐含的 CO_2 排放量，单位为 tCO_2。

（一）燃料燃烧 CO_2 排放

报告主体的化石燃料燃烧 CO_2 排放量等于其核算边界内各种焦炉（常规机焦炉、半焦炉、热回收焦炉）的燃料燃烧 CO_2 排放量以及其他燃烧设备燃料燃烧 CO_2 排放量之和。

1. 焦炉燃烧室燃料燃烧 CO_2 排放计算公式

对常规机焦炉（半焦炉），它们有独立的燃烧室，且煤气成分和流量可计量，其燃料燃烧 CO_2 排放可按下式进行计算：

$$E_{CO_2\_机焦炉}=\sum_i\left(AD_i\times CC_i\times OF_i\times\frac{44}{12}\right) \quad (2)$$

式中：　i——化石燃料的种类；

$E_{CO_2\_机焦炉}$——常规机焦炉（半焦炉）燃料燃烧产生的 CO_2 排放，单位为 tCO_2；

AD_i——进入常规机焦炉（半焦炉）燃烧室的各个燃气品种 i（包括焦炉煤气、高炉煤气、转炉煤气等）的燃烧量，以万 Nm^3 为单位；

CC_i——燃气品种 i 的含碳量，以 tC/ 万 Nm^3 为单位；

OF_i——燃气品种 i 的碳氧化率，无量纲，取值范围为 0～1。

对热回收焦炉，由于燃烧室与炭化室合一，其煤气燃烧量难以计量，故热回收焦炉内煤气燃烧（包括一部分焦炭的烧损）产生的 CO_2 按式（3）采用碳质量平衡法估算：

$$E_{CO_2\_热回收焦炉}=\left[\sum_r(PM_r\times CC_r)-COK\times CC_{COK}\right]\times\frac{44}{12} \quad (3)$$

式中：$E_{CO_2\_热回收焦炉}$——热回收焦炉内化石燃料燃烧的 CO_2 排放量，单位为 tCO_2；

PM_r——进入到焦炉炭化室的炼焦原料 r（包括炼焦洗精煤、沥青、石油焦、其他配料等）的质量，单位为 t；

CC_r——炼焦原料 r 的含碳量，单位为 tC/t；

COK——焦炉产出的焦炭量，单位为 t；

CC_{COK}——焦炭的含碳量，单位为 tC/t。

2. 其他燃烧设备燃料燃烧 CO_2 排放计算公式

报告主体除焦炉之外的其他燃烧设备燃料燃烧 CO_2 排放主要基于各个燃烧设备分品种的化石燃料燃烧量，乘以相应的燃料含碳量和碳氧化率，再逐层累加汇总得到，公式如下：

$$E_{CO_2\_其他燃烧设备}=\sum_j\sum_i\left(AD_{i,j}\times CC_{i,j}\times OF_{i,j}\times\frac{44}{12}\right) \qquad (4)$$

式中：i——化石燃料的种类；

j——各燃烧设备的序号；

$E_{CO_2\_其他燃烧设备}$——报告主体除炼焦炉之外的其他燃烧设备燃烧化石燃料产生的 CO_2 排放量，单位为 tCO_2；

$AD_{i,j}$——进入燃烧设备 j 的化石燃料品种 i 的燃烧量，对固体或液体燃料以 t 为单位，对气体燃料以万 Nm^3 为单位；

$CC_{i,j}$——进入燃烧设备 j 的化石燃料 i 的含碳量，对固体和液体燃料以吨碳 / 吨燃料为单位，对气体燃料以 tC/ 万 Nm^3 为单位；

$OF_{i,j}$——化石燃料 i 在燃烧设备 j 内的碳氧化率，无量纲，取值范围为 0～1。

3. 活动水平数据的获取

各燃烧设备分品种的化石燃料燃烧量应根据企业能源消费原始记录或统计台账确定，指明确送往各燃烧设备作为燃料燃烧的化石燃料部分，并应包括进入这些燃烧设备燃烧的自产焦炭、焦炉煤气、其他燃气等；对热回收焦炉，则应以入炉原料量及焦炭产出量为活动水平数据。相关的能源计量应符合 GB 17167《用能单位能源计量器具配备和管理通则》要求。

4. 排放因子数据的获取

1）化石燃料含碳量

有条件的企业可自行或委托有资质的专业机构定期检测燃料的含碳量，原

（燃）料含碳量的测定应遵循 GB/T 476《煤中碳和氢的测量方法》、SH/T 0656《石油产品及润滑剂中碳、氢、氮测定法（元素分析仪法）》、GB/T 13610《天然气的组成分析气相色谱法》或 GB/T 8984《气体中一氧化碳、二氧化碳和碳氢化合物的测定（气相色谱法）》等相关标准，其中对煤炭应在每批次燃料入厂时或每月至少进行一次检测，并根据燃料入厂量或月消费量加权平均作为该煤种的含碳量；对油品可在每批次燃料入厂时或每季度进行一次检测，取算术平均值作为该油品的含碳量；对天然气等气体燃料可在每批次燃料入厂时或每半年至少检测一次气体组分，然后根据每种气体组分的体积浓度及该组分化学分子式中碳原子的数目计算含碳量：

$$CC_g = \sum_n \left(\frac{12 \times CN_n \times V_n}{22.4} \times 10 \right) \tag{5}$$

式中：n——待测气体的各种气体组分；

CC_g——待测气体 g 的含碳量，单位为 tC/ 万 Nm^3；

V_n——待测气体每种气体组分 n 的体积浓度，取值范围 0～1，例如 95% 的体积浓度取值为 0.95；

CN_n——气体组分 n 化学分子式中碳原子的数目；

12——碳的摩尔质量，单位为 kg/kmol；

22.4——标准状况下理想气体摩尔体积，单位为 Nm^3/kmol。

对常见商品燃料也可定期检测燃料的低位发热量再按公式（6）估算燃料的含碳量。

$$CC_i = NCV_i \times EF_i \tag{6}$$

式中：CC_i——化石燃料品种 i 的含碳量，对固体和液体燃料以 tC/t 燃料为单位，对气体燃料以 tC/ 万 Nm^3 为单位；

NCV_i——化石燃料品种 i 的低位发热量，对固体和液体燃料以百万千焦（GJ）/t 为单位，对气体燃料以 GJ / 万 Nm^3 为单位；

EF_i——化石燃料品种 i 的单位热值含碳量，单位为吨碳 / GJ。常见商品能源的单位热值含碳量见附录二附表 2.1。

燃料低位发热量的测定应遵循 GB/T 213《煤的发热量测定方法》、GB/T 384《石油产品热值测定法》、GB/T 22723《天然气能量的测定》等相关标准，其中对煤炭应在每批次燃料入厂时或每月至少进行一次检测，以燃料入厂量或月消费量加权平均作为该燃料品种的低位发热量；对油品可在每批次燃料入厂时或每季度进行一次检测，取算术平均值作为该油品的低位发热量；对气体燃料可每半年或在每批次燃料入厂时进行一次检测，取算术平均值作为低位发热量。

没有条件实测的企业也可以参考本指南附录二表 2.1 或 GB 21342《焦炭单位产品能源消耗限额》，对一些常见化石燃料的低位发热量直接取缺省值。其中炼焦洗精煤或焦炭的低位发热量，企业可根据 GB 21342《焦炭单位产品能源消耗限额》的建议，即干洗精煤灰分以 10% 为基准，洗精煤灰分每增（减）1%，热值相应减少（增加）334 kJ/kg；焦炭（干全焦）以灰分 13.5% 为基准，焦炭灰分每增（减）1%，热值相应减少（增加）334 kJ/kg。

2）燃料碳氧化率

液体燃料的碳氧化率可取缺省值 0.98；气体燃料的碳氧化率可取缺省值 0.99；固体燃料可参考附录二表 2.1 按品种取缺省值。

（二）工业生产过程 CO_2 排放

1. 炼焦过程的 CO_2 排放

1）计算公式

常规机焦炉（半焦炉）放散管和火炬系统的荒煤气流量通常难以监测，故推荐用碳质量平衡法来核算炼焦过程的 CO_2 排放。以焦炉炭化室到煤气净化与化产品回收工段作为一个相对独立的子系统，根据输入该系统的炼焦原料与输出系统的焦炭、焦炉煤气、煤焦油、粗（轻）苯等进行碳质量平衡核算出子系统的碳损失，并假定损失的碳全部转化成 CO_2 被排放到大气中。公式如下：

$$E_{CO_2\_炼焦}=\left[\sum_r(PM_r\times CC_r)-COK\times CC_{COK}-COG\times CC_{COG}-\sum_p(BY_p\times CC_p)\right]\times\frac{44}{12} \qquad (7)$$

式中：$E_{CO_2\_炼焦}$——炼焦过程的 CO_2 排放量，单位为 tCO_2；

PM_r——进入焦炉炭化室的炼焦原料 r（包括炼焦洗精煤、沥青、石油焦、其他配料等）的质量，单位为 t；

CC_r——炼焦原料 r 的含碳量，单位为 tC/t；

COK——焦炉产出的焦炭量，单位为 t；

CC_{COK}——焦炭的含碳量，单位为 tC/t；

COG——净化回收的焦炉煤气量（包括其中回炉燃烧的焦炉煤气部分[①]），单位为万 Nm^3；

① 对常规机焦炉与半焦炉，焦炉煤气回炉燃烧产生的 CO_2 排放已经计算在化石燃料燃烧类别下，故采用碳平衡法计算炼焦过程的 CO_2 排放时，要考虑回炉燃烧的焦炉煤气所含的碳，以避免碳输出项的缺失。

CC_{COG}——焦炉煤气的含碳量，单位为 tC/ 万 Nm^3；

BY_p——煤气净化过程中回收的各类型副产品 p，如煤焦油、粗（轻）苯等的产量，单位为 t；

CC_p——副产品 p 的含碳量，单位为 tC/t。

2）活动水平数据的获取

报告主体应以企业台账或统计报表为依据，分别确定进入焦炉炭化室的炼焦洗精煤及配料的量，焦炭产出量，焦炉煤气产出量，以及煤气净化过程中回收的煤焦油、粗（轻）苯等副产品的量。

3）排放因子数据的获取

炼焦原料、焦炭、焦炉煤气、煤焦油、粗（轻）苯等可燃物质的含碳量获取方法参见上文“化石燃料含碳量”。

对其他配料或含碳物质的含碳量，有条件的企业可自行或委托有资质的专业机构定期检测含碳量；没有条件实测的企业可参考相关文献取缺省值。

2. 焦化产品延伸加工等其他生产过程的 CO_2 排放

报告主体如果还从事煤焦油加工、苯加工精制，或焦炉煤气制甲醇、合成氨、尿素、LNG/CNG 等化工产品，则还需要核算和报告这些工业生产过程的 CO_2 排放。计算公式和数据获取请参照《中国化工生产企业温室气体排放核算方法与报告指南（试行）》有关工业生产过程 CO_2 排放量的方法，其中作为生产原料的 CO_2 也应计入原料投入量，在此不再赘述。

（三）CO_2 回收利用量

1. 计算公式

报告主体的 CO_2 回收利用量按下式计算：

$$R_{CO_2\_回收}=(Q_{外供}\times PUR_{CO_2\_外供}+Q_{自用}\times PUR_{CO_2\_自用})\times 19.7 \quad (8)$$

式中：$R_{CO_2\_回收}$——报告主体的 CO_2 回收利用量，单位为 tCO_2；

$Q_{外供}$——报告主体回收且外供的 CO_2 气体体积，单位为万 Nm^3；

$Q_{自用}$——报告主体回收且自用作生产原料的 CO_2 气体体积，单位为万 Nm^3；

$PUR_{CO_2\_外供}$——CO_2 外供气体的纯度（CO_2 体积浓度），取值范围为 0～1；

$PUR_{CO_2\_自用}$——CO_2 原料气的纯度，取值范围为 0～1；

19.7——标况下 CO_2 气体的密度，单位为 tCO_2/ 万 Nm^3。

2. 活动水平数据的获取

CO_2 气体回收外供量以及回收作原料量应根据企业台账或统计报表来确定。

3. 排放因子数据的获取

气体的 CO_2 纯度应根据企业台账记录来确定。

（四）净购入电力和热力隐含的 CO_2 排放

1. 计算公式

报告主体净购入电力、热力隐含的 CO_2 排放量分别按式（9）和式（10）计算：

$$E_{CO_2\_净电} = AD_{电力} \times EF_{电力} \tag{9}$$

$$E_{CO_2\_净热} = AD_{热力} \times EF_{热力} \tag{10}$$

式中：$E_{CO_2\_净电}$——报告主体净购入电力隐含的 CO_2 排放量，单位为 tCO_2；

$E_{CO_2\_净热}$——报告主体净购入热力隐含的 CO_2 排放量，单位为 tCO_2；

$AD_{电力}$——企业净购入的电力消费量，单位为兆瓦时（MW · h）；

$AD_{热力}$——企业净购入的热力消费量，单位为 GJ；

$EF_{电力}$——电力供应的 CO_2 排放因子，单位为 tCO_2/（MW · h）；

$EF_{热力}$——热力供应的 CO_2 排放因子，单位为 tCO_2/GJ。

2. 活动水平数据的获取

企业净购入的电力消费量，以企业和电网公司结算的电表读数或企业能源消费台账或统计报表为据，等于购入电量与外供电量的净差。

企业净购入的热力消费量，以热力购售结算凭证或企业能源消费台账或统计报表为据，等于购入蒸汽、热水的总热量与外供蒸汽、热水的总热量之差。

以质量单位计量的热水可按公式（11）转换为热量单位：

$$AD_{热水} = Ma_w \times (T_w - 20) \times 4.1868 \times 10^{-3} \tag{11}$$

式中：$AD_{热水}$——热水的热量，单位为 GJ；

Ma_w——热水的质量，单位为 t 热水；

T_w——热水温度，单位为℃；

4.186 8——水在常温常压下的比热，单位为 kJ/（kg · ℃）。

以质量单位计量的蒸汽可按公式（12）转换为热量单位：

$$AD_{蒸汽} = Ma_{st} \times (En_{st} - 83.74) \times 10^{-3} \tag{12}$$

式中：$AD_{蒸汽}$——蒸汽的热量，单位为 GJ；

Ma_{st}——蒸汽的质量，单位为 t 蒸汽；

En_{st}——蒸汽所对应的温度、压力下每千克蒸汽的热焓，单位为 kJ/kg，饱和蒸汽和过热蒸汽的热焓可分别查阅附录二表 2.2 和表 2.3。

3. 排放因子数据的获取

电力供应的 CO_2 排放因子为企业生产场地所属区域电网的平均供电 CO_2 排放因子，应根据主管部门发布的最新数据进行取值。

热力供应的 CO_2 排放因子应优先采用供热单位提供的 CO_2 排放因子，不能提供则按 0.11 tCO_2/GJ 计。

六、质量保证和文件存档

报告主体应建立企业温室气体排放报告的质量保证和文件存档制度，包括以下内容：

（1）建立企业温室气体量化和报告的规章制度，包括组织方式、负责机构、工作流程等；

（2）建立企业主要温室气体排放源一览表，确定合适的温室气体排放量化方法，形成文件并存档；

（3）为计算过程涉及的每项参数制订可行的监测计划，监测计划的内容应包括：待测参数、采样点或计量设备的具体位置、采样方法和程序、监测方法和程序、监测频率或时间点、数据收集或交付流程、负责部门、质量保证和质量控制（QA/QC）程序等。企业应指定相关部门和专人负责数据的取样、监测、分析、记录、收集、存档工作。如果某些排放因子计算参数采用缺省值，则应说明缺省值的数据来源和定期检查更新的计划；

（4）制订计量设备的定期校准检定计划，按照相关规程对所有计量设备定期进行校验、校准。若发现设备性能未达到相关要求，企业应及时采取必要的纠正和矫正措施；

（5）制定数据缺失、生产活动或报告方法发生变化时的应对措施。若核算某项排放所需的活动水平或排放因子数据缺失，企业应采用适当的估算方法确定相应时期和缺失参数的保守替代数据；

（6）建立文档管理规范，保存、维护有关温室气体年度报告的文档和数据记录，确保相关文档在第三方核查以及向主管部门汇报时可用；

（7）建立数据的内部审核和验证程序，通过不同数据源的交叉验证、统计核算期内数据波动情况、与多年历史运行数据的比对等主要逻辑审核关系，确保活动水平数据的完整性和准确性；在企业层面根据碳流入流出情况采用碳质量平衡法检验报告中 CO_2 排放计算结果的准确性，如果存在显著差异必须进行原因分析和说明。

七、报告内容

报告主体应按照附录一的格式对以下内容进行报告。

（一）报告主体基本信息

报告主体基本信息应包括报告主体名称、报告年度、单位性质、所属行业、组织或分支机构、地理位置（包括注册地和生产地）、成立时间、发展演变、法定代表人、填报负责人及其联系方式等。

（二）温室气体排放量

应报告的温室气体排放信息包括本企业在整个报告期内的温室气体排放总量，以及分排放源类别的化石燃料燃烧 CO_2 排放、炼焦过程的 CO_2 排放、CO_2 回收利用量，以及企业净购入电力和热力隐含的 CO_2 排放。如果企业还有煤焦油加工、苯加工精制、焦炉煤气制化工产品等工业生产过程，还需报告这些工业生产过程的 CO_2 排放。

（三）活动水平数据及其来源

报告主体应结合核算边界和排放源的划分情况，分别报告所核算的各个排放源的活动水平数据，并详细阐述它们的监测计划及执行情况，包括数据来源或监测地点、监测方法、记录频率等。

（四）排放因子数据及其来源

报告主体应分别报告各项活动水平数据所对应的含碳量或其他排放因子计算参数，如实测则应介绍监测计划及执行情况，否则说明它们的数据来源、参考出处、相关假设及其理由等。

（五）其他希望说明的情况

分条阐述企业希望在报告中说明的其他问题或对指南的修改建议。

附录一：报告格式模板

中国独立焦化企业温室气体排放报告

报告主体（盖章）:

报告年度：

编制日期：　　年　　月　　日

根据国家发展和改革委员会发布的《中国独立焦化企业温室气体排放核算方法与报告指南（试行）》，本企业核算了________年度温室气体排放量，并填写了相关数据表格。现将有关情况报告如下：

一、报告主体基本信息

二、温室气体排放情况

三、活动水平数据及来源说明

四、排放因子数据及来源说明

五、其他希望说明的情况

本报告真实、可靠，如报告中的信息与实际情况不符，本企业将承担相应的法律责任。

法人（签字）：

年 月 日

附表 1 报告主体 20____年温室气体排放量汇总表

附表 2 常规机焦炉（半焦炉）燃料燃烧活动水平和排放因子数据一览表

附表 3 热回收焦炉燃料燃烧活动水平和排放因子数据一览表

附表 4 其他燃烧设施活动水平和排放因子数据一览表

附表 5 常规机焦炉（半焦炉）炼焦过程 CO_2 排放活动水平和排放因子数据一览表

附表 6 焦炉煤气制化工产品生产过程 CO_2 排放活动水平和排放因子数据一览表

附表 7 煤焦油加工生产过程 CO_2 排放活动水平和排放因子数据一览表

附表 8 苯加工精制生产过程 CO_2 排放活动水平和排放因子数据一览表

附表 9 企业 CO_2 回收利用量数据一览表

附表 10 企业净购入的电力和热力活动水平和排放因子数据一览表

附表 1　报告主体 20____年温室气体排放量汇总表

源类别		排放量 / tCO_2
燃料燃烧 CO_2 排放		
炼焦过程的 CO_2 排放		
焦炉煤气制化工产品生产过程的 CO_2 排放		
煤焦油加工生产过程的 CO_2 排放		
苯加工精制生产过程的 CO_2 排放		
CO_2 回收利用量		
净购入电力隐含的 CO_2 排放		
净购入热力隐含的 CO_2 排放		
企业温室气体排放总量	不包括净购入电力和热力隐含的 CO_2 排放	
	包括净购入电力和热力隐含的 CO_2 排放	

附表 2 常规机焦炉（半焦炉）燃料燃烧活动水平和排放因子数据一览表[1]

燃料品种	燃烧量 / 万 Nm^3	含碳量 /（tC/ 万 Nm^3）	数据来源	低位发热量[2]（GJ/ 万 Nm^3）	数据来源	单位热值含碳量[2]/（tC/GJ）	碳氧化率 / %	数据来源
焦炉煤气			□检测值 □计算值		□检测值 □缺省值			□检测值 □缺省值
高炉煤气			□检测值 □计算值		□检测值 □缺省值			□检测值 □缺省值
转炉煤气			□检测值 □计算值		□检测值 □缺省值			□检测值 □缺省值
其他燃气[3]			□检测值 □计算值		□检测值 □缺省值			□检测值 □缺省值

注：1 报告主体应为每个常规机焦炉（半焦炉）分别复制、填写本表。

2 对于通过燃料低位发热量及单位热值含碳量来估算燃料含碳量的情景请填报本栏。

3 请加行一一指明。

附表 3　热回收焦炉燃料燃烧活动水平和排放因子数据一览表[1]

燃料品种	活动水平 / t	含碳量 / （tC/t）	数据来源			
			进入热回收焦炉的碳	低位发热量[2]/（GJ/ 万 Nm^3）	数据来源	单位热值含碳量[2]/（tC/GJ）
炼焦洗精煤			□检测值　□计算值		□检测值　□缺省值	
沥青			□检测值　□计算值		□检测值　□缺省值	
石油焦			□检测值　□计算值		□检测值　□缺省值	
其他配料			□检测值　□计算值		□检测值　□缺省值	
输出热回收焦炉的碳						
焦炭			□检测值　□计算值		□检测值　□计算值	

注：1 报告主体应为每个热回收焦炉分别复制、填写本表。

2 对于通过燃料低位发热量及单位热值含碳量来估算燃料含碳量的情景请填报本栏。

附表 4 其他燃烧设施活动水平和排放因子数据一览表

燃料品种	燃烧量[1]/（t 或万 Nm^3）	含碳量 /（tC/t 或 tC/ 万 Nm^3）	数据来源	低位发热量[2]/（GJ/t 或 GJ/ 万 Nm^3）	数据来源	单位热值含碳量[2]/（tC/GJ）	碳氧化率 /%	数据来源
无烟煤			□检测值 □计算值		□检测值 □缺省值			□检测值 □缺省值
烟煤			□检测值 □计算值		□检测值 □缺省值			□检测值 □缺省值
褐煤			□检测值 □计算值		□检测值 □缺省值			□检测值 □缺省值
洗精煤			□检测值 □计算值		□检测值 □缺省值			□检测值 □缺省值
其他洗煤			□检测值 □计算值		□检测值 □缺省值			□检测值 □缺省值
型煤			□检测值 □计算值		□检测值 □缺省值			□检测值 □缺省值
焦炭			□检测值 □计算值		□检测值 □缺省值			□检测值 □缺省值
原油			□检测值 □计算值		□检测值 □缺省值			□检测值 □缺省值
燃料油			□检测值 □计算值		□检测值 □缺省值			□检测值 □缺省值

续表

燃料品种	燃烧量[1]/（t或万 Nm^3）	含碳量/（tC/t或tC/万 Nm^3）	数据来源	低位发热量[2]/（GJ/t或GJ/万 Nm^3）	数据来源	单位热值含碳量[2]/（tC/GJ）	碳氧化率/%	数据来源
汽油			□检测值 □计算值		□检测值 □缺省值			□检测值 □缺省值
柴油			□检测值 □计算值		□检测值 □缺省值			□检测值 □缺省值
喷气煤油			□检测值 □计算值		□检测值 □缺省值			□检测值 □缺省值
一般煤油			□检测值 □计算值		□检测值 □缺省值			□检测值 □缺省值
石脑油			□检测值 □计算值		□检测值 □缺省值			□检测值 □缺省值
石油焦			□检测值 □计算值		□检测值 □缺省值			□检测值 □缺省值
液化天然气			□检测值 □计算值		□检测值 □缺省值			□检测值 □缺省值
液化石油气			□检测值 □计算值		□检测值 □缺省值			□检测值 □缺省值
其他石油制品			□检测值 □计算值		□检测值 □缺省值			□检测值 □缺省值

续表

燃料品种	燃烧量[1]/（t或万 Nm^3）	含碳量/（tC/t或tC/万 Nm^3）	数据来源	低位发热量[2]/（GJ/t或GJ/万 Nm^3）	数据来源	单位热值含碳量[2]/（tC/GJ）	碳氧化率/%	数据来源
焦炉煤气			□检测值 □计算值		□检测值 □缺省值			□检测值 □缺省值
高炉煤气			□检测值 □计算值		□检测值 □缺省值			□检测值 □缺省值
转炉煤气			□检测值 □计算值		□检测值 □缺省值			□检测值 □缺省值
其他煤气			□检测值 □计算值		□检测值 □缺省值			□检测值 □缺省值
天然气			□检测值 □计算值		□检测值 □缺省值			□检测值 □缺省值
炼厂干气			□检测值 □计算值		□检测值 □缺省值			□检测值 □缺省值
其他能源品种[3]			□检测值 □计算值		□检测值 □缺省值			□检测值 □缺省值

注：1 除焦炉之外的其他所有燃烧设施分品种的燃料燃烧量之和。

2 对于通过燃料低位发热量及单位热值含碳量来估算燃料含碳量的情景请填报本栏。

3 报告主体实际燃烧的能源品种如未在表中列出请自行添加。

附表 5　常规机焦炉（半焦炉）炼焦过程 CO_2 排放活动水平和排放因子数据一览表

	物料名称	活动水平数据 /（t 或万 Nm^3）	含碳量 /（tC/t 或 tC/ 万 Nm^3）	数据来源
进入炭化室的碳	炼焦洗精煤			□检测值　□化学计算　□缺省值
	沥青			□检测值　□化学计算　□缺省值
	石油焦			□检测值　□化学计算　□缺省值
	其他配料[1]			□检测值　□化学计算　□缺省值
输出炭化室的碳	焦炭（包括半焦）			□检测值　□化学计算　□缺省值
	焦炉煤气			□检测值　□化学计算　□缺省值
	煤焦油			□检测值　□化学计算　□缺省值
	粗苯			□检测值　□化学计算　□缺省值
	轻苯			□检测值　□学计算　□缺省值
	……[2]			□检测值　□化学计算　□缺省值

注：[1，2]请报告主体根据实际投入产出情况，加行一一说明。

附表 6　焦炉煤气制化工产品生产过程 CO_2 排放活动水平和排放因子数据一览表

	物料名称	活动水平数据 /（t 或万 Nm^3）	含碳量 /（tC/t 或 tC/ 万 Nm^3）	数据来源
碳输入	焦炉煤气			□检测值　□化学计算　□缺省值
	其他原料 [1]			□检测值　□化学计算　□缺省值
碳输出	甲醇			□检测值　□化学计算　□缺省值
	合成氨			□检测值　□化学计算　□缺省值
	尿素			□检测值　□化学计算　□缺省值
	LNG/CNG			□检测值　□化学计算　□缺省值
	其他化工产品 [2]			□检测值　□化学计算　□缺省值

注：[1, 2] 请报告主体根据实际投入产出情况，加行一一说明。

附表 7　煤焦油加工生产过程 CO_2 排放活动水平和排放因子数据一览表

	物料名称	活动水平数据 /（t 或万 Nm^3）	含碳量 /（tC/t 或 tC/ 万 Nm^3）	数据来源
碳输入	煤焦油			□检测值　□化学计算　□缺省值
	其他原料[1]			□检测值　□化学计算　□缺省值
碳输出	萘			□检测值　□化学计算　□缺省值
	酚			□检测值　□化学计算　□缺省值
	蒽			□检测值　□化学计算　□缺省值
	菲			□检测值　□化学计算　□缺省值
	咔唑			□检测值　□化学计算　□缺省值
	沥青			□检测值　□化学计算　□缺省值
	其他[2]			□检测值　□化学计算　□缺省值

注：[1, 2]请报告主体根据实际投入产出情况，加行一一说明。

附表 8　苯加工精制生产过程 CO_2 排放活动水平和排放因子数据一览表

	物料名称	活动水平数据 /（t 或万 Nm^3）	含碳量 /（tC/t 或 tC/ 万 Nm^3）	数据来源
碳输入	粗苯			□检测值　□化学计算　□缺省值
	轻苯			□检测值　□化学计算　□缺省值
	其他原料 [1]			□检测值　□化学计算　□缺省值
碳输出	苯			□检测值　□化学计算　□缺省值
	甲苯			□检测值　□化学计算　□缺省值
	二甲苯			□检测值　□化学计算　□缺省值
	溶剂油			□检测值　□化学计算　□缺省值
	吹苯残渣			□检测值　□化学计算　□缺省值
	其他产品 [2]			□检测值　□化学计算　□缺省值

注：[1, 2] 请报告主体根据实际投入产出情况，加行一一说明。

附表 9　企业 CO_2 回收利用量数据一览表

CO_2 回收外供量 /（万 Nm^3）	外供气体 CO_2 体积浓度 /%	CO_2 回收作原料量 /（万 Nm^3）	原料气 CO_2 体积浓度 /%

附表 10　企业净购入的电力和热力活动水平和排放因子数据一览表

类型	净购入量 /（MW · h 或 GJ）			CO_2 排放因子 /（tCO_2/（MW · h）或 tCO_2/GJ）
		购入量 /（MW · h 或 GJ）	外供量 /（MW · h 或 GJ）	
电力				
蒸汽				
热水				

附录二：相关参数缺省值

表 2.1 常见化石燃料特性参数缺省值

燃料品种		低位发热量	热值单位	单位热值含碳量 /（tC/GJ）	燃料碳氧化率
固体燃料	无烟煤*	20.304	GJ/t	27.49×10^{-3}	94%
	烟煤*	19.570	GJ/t	26.18×10^{-3}	93%
	褐煤*	14.080	GJ/t	28.00×10^{-3}	96%
	干洗精煤（灰分 10%）	29.727	GJ/t	25.40×10^{-3}	93%
	其他洗煤*	8.363	GJ/t	25.40×10^{-3}	90%
	型煤	17.460	GJ/t	33.60×10^{-3}	90%
	焦炭（干全焦，灰分 13.5%）	28.469	GJ/t	29.40×10^{-3}	93%
液体燃料	原油	42.620	GJ/t	20.10×10^{-3}	98%
	燃料油	40.190	GJ/t	21.10×10^{-3}	98%
	汽油	44.800	GJ/t	18.90×10^{-3}	98%
	柴油	43.330	GJ/t	20.20×10^{-3}	98%
	一般煤油	44.750	GJ/t	19.60×10^{-3}	98%
	石油焦	31.998	GJ/t	27.50×10^{-3}	98%
	其他石油制品	41.031	GJ/t	20.00×10^{-3}	98%
	煤焦油	33.496	GJ/t	22.00×10^{-3}	98%
	粗（轻）苯	41.869	GJ/t	22.70×10^{-3}	98%
气体燃料	炼厂干气	46.050	GJ/t	18.20×10^{-3}	99%
	液化石油气	47.310	GJ/t	17.20×10^{-3}	99%
	液化天然气	41.868	GJ/t	17.20×10^{-3}	99%
	天然气	389.31	GJ/ 万 Nm^3	15.30×10^{-3}	99%
	焦炉煤气	167.460	GJ/ 万 Nm^3	13.60×10^{-3}	99%
	高炉煤气	31.390	GJ/ 万 Nm^3	70.80×10^{-3}	99%
	转炉煤气	73.270	GJ/ 万 Nm^3	49.60×10^{-3}	99%
	密闭电石炉炉气	111.190	GJ/ 万 Nm^3	39.51×10^{-3}	99%
	其他煤气	52.270	GJ/ 万 Nm^3	12.20×10^{-3}	99%

* 基于空气干燥基。

资料来源：1）对低位发热量：《中国能源统计年鉴 2012》；GB 21342《焦炭单位产品能源消耗限额》；《2005 年中国温室气体清单研究》等；

2）对单位热值含碳量：《2006 年 IPCC 国家温室气体清单指南》；《省级温室气体清单指南（试行）》；

3）对碳氧化率：《省级温室气体清单指南（试行）》。

表 2.2　饱和蒸汽热焓表

压力 /MPa	温度 /℃	焓 /（kJ/kg）	压力 /MPa	温度 /℃	焓 /（kJ/kg）
0.001	6.98	2 513.8	1.00	179.88	2 777.0
0.002	17.51	2 533.2	1.10	184.06	2 780.4
0.003	24.10	2 545.2	1.20	187.96	2 783.4
0.004	28.98	2 554.1	1.30	191.6	2 786.0
0.005	32.90	2 561.2	1.40	195.04	2 788.4
0.006	36.18	2 567.1	1.50	198.28	2 790.4
0.007	39.02	2 572.2	1.60	201.37	2 792.2
0.008	41.53	2 576.7	1.40	204.3	2 793.8
0.009	43.79	2 580.8	1.50	207.1	2 795.1
0.010	45.83	2 584.4	1.90	209.79	2 796.4
0.015	54.00	2 598.9	2.00	212.37	2 797.4
0.020	60.09	2 609.6	2.20	217.24	2 799.1
0.025	64.99	2 618.1	2.40	221.78	2 800.4
0.030	69.12	2 625.3	2.60	226.03	2 801.2
0.040	75.89	2 636.8	2.80	230.04	2 801.7
0.050	81.35	2 645.0	3.00	233.84	2 801.9
0.060	85.95	2 653.6	3.50	242.54	2 801.3
0.070	89.96	2 660.2	4.00	250.33	2 799.4
0.080	93.51	2 666.0	5.00	263.92	2 792.8
0.090	96.71	2 671.1	6.00	275.56	2 783.3
0.10	99.63	2 675.7	7.00	285.8	2 771.4
0.12	104.81	2 683.8	8.00	294.98	2 757.5
0.14	109.32	2 690.8	9.00	303.31	2 741.8
0.16	113.32	2 696.8	10.0	310.96	2 724.4
0.18	116.93	2 702.1	11.0	318.04	2 705.4
0.20	120.23	2 706.9	12.0	324.64	2 684.8
0.25	127.43	2 717.2	13.0	330.81	2 662.4
0.30	133.54	2 725.5	14.0	336.63	2 638.3
0.35	138.88	2 732.5	15.0	342.12	2 611.6
0.40	143.62	2 738.5	16.0	347.32	2 582.7
0.45	147.92	2 743.8	17.0	352.26	2 550.8
0.50	151.85	2 748.5	18.0	356.96	2 514.4
0.60	158.84	2 756.4	19.0	361.44	2 470.1
0.70	164.96	2 762.9	20.0	365.71	2 413.9
0.80	170.42	2 768.4	21.0	369.79	2 340.2
0.90	175.36	2 773.0	22.0	373.68	2 192.5

表 2.3 过热蒸汽热焓表

单位：kJ/kg

温度	压力											
	0.01 MPa	0.1 MPa	0.5 MPa	1 MPa	3 MPa	5 MPa	7 MPa	10 MPa	14 MPa	20 MPa	25 MPa	30 MPa
0℃	0	0.1	0.5	1	3	5	7.1	10.1	14.1	20.1	25.1	30
10℃	42	42.1	42.5	43	44.9	46.9	48.8	51.7	55.6	61.3	66.1	70.8
20℃	83.9	84	84.3	84.8	86.7	88.6	90.4	93.2	97	102.5	107.1	111.7
40℃	167.4	167.5	167.9	168.3	170.1	171.9	173.6	176.3	179.8	185.1	189.4	193.8
60℃	2 611.3	251.2	251.2	251.9	253.6	255.3	256.9	259.4	262.8	267.8	272	276.1
80℃	2 649.3	335	335.3	335.7	337.3	338.8	340.4	342.8	346	350.8	354.8	358.7
100℃	2 687.3	2 676.5	419.4	419.7	421.2	422.7	424.2	426.5	429.5	434	437.8	441.6
120℃	2 725.4	2 716.8	503.9	504.3	505.7	507.1	508.5	510.6	513.5	517.7	521.3	524.9
140℃	2 763.6	2 756.6	589.2	589.5	590.8	592.1	593.4	595.4	598	602	605.4	603.1
160℃	2 802	2 796.2	2 767.3	675.7	676.9	678	679.2	681	683.4	687.1	690.2	693.3
180℃	2 840.6	2 835.7	2 812.1	2 777.3	764.1	765.2	766.2	767.8	769.9	773.1	775.9	778.7
200℃	2 879.3	2 875.2	2 855.5	2 827.5	853	853.8	854.6	855.9	857.7	860.4	862.8	856.2
220℃	2 918.3	2 914.7	2 898	2 874.9	943.9	944.4	945.0	946	947.2	949.3	951.2	953.1
240℃	2 957.4	2 954.3	2 939.9	2 920.5	2 823	1 037.8	1 038.0	1 038.4	1 039.1	1 040.3	1 041.5	1 024.8
260℃	2 996.8	2 994.1	2 981.5	2 964.8	2 885.5	1 135	1 134.7	1 134.3	1 134.1	1 134	1 134.3	1 134.8
280℃	3 036.5	3 034	3 022.9	3 008.3	2 941.8	2 857	1 236.7	1 235.2	1 233.5	1 231.6	1 230.5	1 229.9
300℃	3 076.3	3 074.1	3 064.2	3 051.3	2 994.2	2 925.4	2 839.2	1 343.7	1 339.5	1 334.6	1 331.5	1 329
350℃	3 177	3 175.3	3 167.6	3 157.7	3 115.7	3 069.2	3 017.0	2 924.2	2 753.5	1 648.4	1 626.4	1 611.3

续表

温度	压力											
	0.01 MPa	0.1 MPa	0.5 MPa	1 MPa	3 MPa	5 MPa	7 MPa	10 MPa	14 MPa	20 MPa	25 MPa	30 MPa
400℃	3 279.4	3 278	3 217.8	3 264	3 231.6	3 196.9	3 159.7	3 098.5	3 004	2 820.1	2 583.2	2 159.1
420℃	3 320.96	3 319.68	3 313.8	3 306.6	3 276.9	3 245.4	3 211.0	3 155.98	3 072.72	2 917.02	2 730.76	2 424.7
440℃	3 362.52	3 361.36	3 355.9	3 349.3	3 321.9	3 293.2	3 262.3	3 213.46	3 141.44	3 013.94	2 878.32	2 690.3
450℃	3 383.3	3 382.2	3 377.1	3 370.7	3 344.4	3 316.8	3 288.0	3 242.2	3 175.8	3 062.4	2 952.1	2 823.1
460℃	3 404.42	3 403.34	3 398.3	3 392.1	3 366.8	3 340.4	3 312.4	3 268.58	3 205.24	3 097.96	2 994.68	2 875.26
480℃	3 446.66	3 445.62	3 440.9	3 435.1	3 411.6	3 387.2	3 361.3	3 321.34	3 264.12	3 169.08	3 079.84	2 979.58
500℃	3 488.9	3 487.9	3 483.7	3 478.3	3 456.4	3 433.8	3 410.2	3 374.1	3 323	3 240.2	3 165	3 083.9
520℃	3 531.82	3 530.9	3 526.9	3 521.86	3 501.28	3 480.12	3 458.6	3 425.1	3 378.4	3 303.7	3 237	3 166.1
540℃	3 574.74	3 573.9	3 570.1	3 565.42	3 546.16	3 526.44	3 506.4	3 475.4	3 432.5	3 364.6	3 304.7	3 241.7
550℃	3 593.2	3 595.4	3 591.7	3 587.2	3 568.6	3 549.6	3 530.2	3 500.4	3 459.2	3 394.3	3 337.3	3 277.7
560℃	3 618	3 617.22	3 613.64	3 609.24	3 591.18	3 572.76	3 554.1	3 525.4	3 485.8	3 423.6	3 369.2	3 312.6
580℃	3 661.6	3 660.86	3 657.52	3 653.32	3 636.34	3 619.08	3 601.6	3 574.9	3 538.2	3 480.9	3 431.2	3 379.8
600℃	3 705.2	3 704.5	3 701.4	3 697.4	3 681.5	3 665.4	3 649.0	3 624	3 589.8	3 536.9	3 491.2	3 444.2

附录 2.12

重点行业建设项目碳排放环境影响评价试点技术指南（试行）

1　适用范围

本指南适用于电力、钢铁、建材、有色、石化和化工六大重点行业中需编制环境影响报告书的建设项目二氧化碳排放环境影响评价。适用的具体行业范围见附录1。其他行业的建设项目碳排放环境影响评价可参照使用。

本指南规定了上述六大重点行业环境影响报告书中开展碳排放环境影响评价的一般原则、工作流程及工作内容。

2　规范性及管理性引用文件

本指南引用了下列文件或其中的条款。凡是不注日期的引用文件，其有效版本适用于本指南。

HJ 2.1　建设项目环境影响评价技术导则　总纲

HJ 2.2　环境影响评价技术导则　大气环境

HJ 2.3　环境影响评价技术导则　地表水环境

GB/T 32150　工业企业温室气体排放核算和报告通则

GB/T 32151.1　温室气体排放核算与报告要求　第 1 部分：发电企业

GB/T 32151.4　温室气体排放核算与报告要求　第 4 部分：铝冶炼企业

GB/T 32151.5　温室气体排放核算与报告要求　第 5 部分：钢铁生产企业

GB/T 32151.7　温室气体排放核算与报告要求　第 7 部分：平板玻璃生产企业

GB/T 32151.8　温室气体排放核算与报告要求　第 8 部分：水泥生产企业

GB/T 32151.10　温室气体排放核算与报告要求　第 10 部分：化工生产企业

中国石油化工企业温室气体排放核算方法与报告指南（试行）（发改办气候〔2014〕2920 号　附件 2）

其他有色金属冶炼和压延加工业企业温室气体排放核算方法与报告指南（试行）（发改办气候〔2015〕1722 号　附件 2）

关于加强高耗能、高排放建设项目生态环境源头防控的指导意见（环环评

〔2021〕45 号）

3 术语和定义

以下术语定义适用于本指南。

3.1 碳排放（Carbon emission）

指建设项目在生产运行阶段煤炭、石油、天然气等化石燃料（包括自产和外购）燃烧活动和工业生产过程等活动产生的二氧化碳排放，以及因使用外购的电力和热力等所导致的二氧化碳排放。

3.2 碳排放量（Carbon emission amount）

指建设项目在生产运行阶段煤炭、石油、天然气等化石燃料（包括自产和外购）燃烧活动和工业生产过程等活动，以及因使用外购的电力和热力等所导致的二氧化碳排放量，包括建设项目正常和非正常工况，以及有组织和无组织的二氧化碳排放量，计量单位为“吨 / 年”。

3.3 碳排放绩效（Carbon emission efficiency）

指建设项目在生产运行阶段单位原料、产品（或主产品）或工业产值碳排放量。

4 碳排放环境影响评价工作程序

在环境影响报告书中增加碳排放环境影响评价专章，按照环环评〔2021〕45 号文要求，分析建设项目碳排放是否满足相关政策要求，明确建设项目二氧化碳产生节点，开展碳减排及二氧化碳与污染物协同控制措施可行性论证，核算二氧化碳产生和排放量，分析建设项目二氧化碳排放水平，提出建设项目碳排放环境影响评价结论。

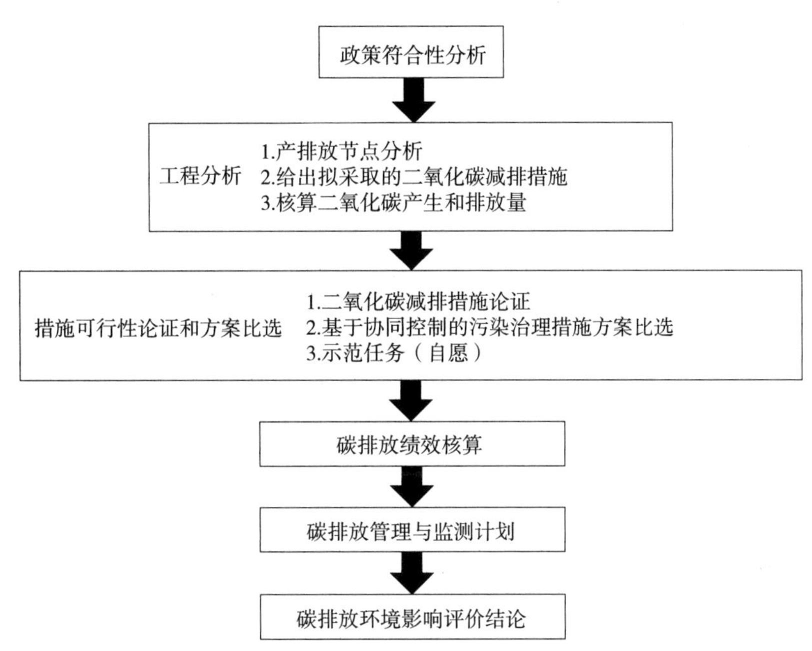

图 1　建设项目碳排放环境影响评价工作程序图

5　评价内容

5.1　建设项目碳排放政策符合性分析

分析建设项目碳排放与国家、地方和行业碳达峰行动方案，生态环境分区管控方案和生态环境准入清单，相关法律、法规、政策，相关规划和规划环境影响评价等的相符性。

5.2　建设项目碳排放分析

5.2.1　碳排放影响因素分析

全面分析建设项目二氧化碳产排节点，在工艺流程图中增加二氧化碳产生、排放情况（包括正常工况、开停工及维修等非正常工况）和排放形式。明确建设项目化石燃料燃烧源中的燃料种类、消费量、含碳量、低位发热量和燃烧效率等，涉及碳排放的工业生产环节原料、辅料及其他物料种类、使用量和含碳量，烧焦过程中的烧焦量、烧焦效率、残渣量及烧焦时间等，火炬燃烧环节火炬气流量、组成及碳氧化率等参数，以及净购入电力和热力量等数据。说明二氧化碳源头防控、过程控制、末端治理、回收利用等减排措施状况。

5.2.2　二氧化碳源强核算

根据二氧化碳产生环节、产生方式和治理措施，可参照 GB/T 32150、GB/T

32151.1、GB/T 32151.4 、GB/T 32151.5、GB/T 32151.7、GB/T 32151.8、GB/T 32151.10、发改办气候〔2014〕2920 号文和发改办气候〔2015〕1722 号文中二氧化碳排放量核算方法，亦可参照附录 2 中的方法，开展钢铁、水泥和煤制合成气建设项目工艺过程生产运行阶段二氧化碳产生和排放量的核算。各地方还可结合行业特点，不断完善重点行业建设项目二氧化碳源强核算方法。此外，鼓励有条件的建设项目核算非正常工况及无组织二氧化碳产生和排放量。在附录 3 中给出二氧化碳排放的方式、数量等排放情况。

改（扩）建及异地搬迁建设项目还应包括现有项目的二氧化碳产生量、排放量和碳减排潜力分析等内容。对改（扩）建项目的碳排放量的核算，应分别按现有、在建、改扩建项目实施后等几种情形汇总二氧化碳产生量、排放量及其变化量，核算改（扩）建项目建成后最终碳排放量，鼓励有条件的改（扩）建及异地搬迁建设项目核算非正常工况及无组织二氧化碳产生和排放量。

5.2.3 产能置换和区域削减项目二氧化碳排放变化量核算

对于涉及产能置换、区域削减的建设项目，还应核算被置换项目及污染物减排量出让方碳排放量变化情况。

5.3 减污降碳措施及其可行性论证

5.3.1 总体原则

环境保护措施中增加碳排放控制措施内容，并从环境、技术等方面统筹开展减污降碳措施可行性论证和方案比选。

5.3.2 碳减排措施可行性论证

给出建设项目拟采取的节能降耗措施。有条件的项目应明确拟采取的能源结构优化，工艺产品优化，碳捕集、利用和封存（CCUS）等措施，分析论证拟采取措施的技术可行性、经济合理性，其有效性判定应以同类或相同措施的实际运行效果为依据，没有实际运行经验的，可提供工程化实验数据。采用碳捕集和利用的，还应明确所捕集二氧化碳的利用去向。

5.3.3 污染治理措施比选

在满足 HJ 2.1、HJ 2.2 和 HJ 2.3 关于污染治理措施方案选择要求前提下，在环境影响报告书环境保护措施论证及可行性分析章节，开展基于碳排放量最小的废气和废水污染治理设施和预防措施的多方案比选，即对于环境质量达标区，在保证污染物能够达标排放，并使环境影响可接受前提下，优先选择碳排放量最小的污染防治措施方案。对于环境质量不达标区［环境质量细颗粒物 $PM_{2.5}$ 因子对应污染源因子二氧化硫 SO_2、氮氧化物 NO_x、颗粒物 PM 和挥发性有机物 VOCs，环境质量臭氧（O_3）因子对应污染源因子 NO_x 和 VOCs］，在保证环境质量达标因子能够达标排放，并使环境影响可接受前提下，优先选择碳排放量最小的针对达标因子的污染防治措施方案。

5.3.4 示范任务

建设项目可在清洁能源开发、二氧化碳回收利用及减污降碳协同治理工艺技术等方面承担示范任务。

5.4 碳排放绩效水平核算

5.4.1 参照附录 4，核算建设项目的二氧化碳排放绩效。

5.4.2 改（扩）建、异地搬迁项目，还应核算现有工程二氧化碳排放绩效，并核算建设项目整体二氧化碳排放绩效水平。

5.4.3 在附录 3 中明确建设项目和改（扩）建、异地搬迁项目的二氧化碳排放绩效水平。

5.5 碳排放管理与监测计划

5.5.1 编制建设项目二氧化碳排放清单，明确其排放的管理要求。

5.5.2 提出建立碳排放量核算所需参数的相关监测和管理台账的要求，按照核算方法中所需参数，明确监测、记录信息和频次。

5.6 碳排放环境影响评价结论

对建设项目碳排放政策符合性、碳排放情况、减污降碳措施及可行性、碳排放水平、碳排放管理与监测计划等内容进行概括总结。

附 录 1

重点行业及代码

（规范性附录）

行业	国民经济行业分类代码（GB/T 4754—2017）	类别名称
电力	44	电力、热力生产和供应业
	4411	火力发电
	4412	热电联产
钢铁	31	黑色金属冶炼和压延加工业
	3110	炼铁
	3120	炼钢
	3130	钢压延加工
建材	30	非金属矿物制品业
	3011	水泥制造
	3041	平板玻璃制造
有色	32	有色金属冶炼和压延加工业
	3216	铝冶炼
	3211	铜冶炼
石化	25	石油、煤炭及其他燃料加工业
	2511	原油加工及石油制品制造
	2522	煤制合成气生产
	2523	煤制液体燃料生产
化工	26	化学原料和化学制品制造业
	2614	有机化学原料制造

附 录 2

钢铁、水泥和煤制合成气项目工艺过程二氧化碳源强核算推荐方法

（资料性附录）

（一）钢铁高炉使用焦炭产生的二氧化碳排放量可按能源作为原材料（还原剂）进行计算，公式如下：

$$E_{原材料}=AD_{还原剂}\times EF_{还原剂}$$

式中：$E_{原材料}$——能源作为原材料用途导致的二氧化碳排放量，tCO_2；

$EF_{还原剂}$——能源作为还原剂用途的二氧化碳排放因子，推荐值为 2.862，无量纲；

$AD_{还原剂}$——活动水平，即能源作为还原剂的消耗量，t。

（二）水泥熟料窑的二氧化碳排放量可按物料衡算法计算，公式如下：

$$D=\left[\sum_{i=1}^{n}\left(m_i\times\frac{s_{m_i}}{100}\right)+\sum_{i=1}^{n}\left(f_i\times\frac{s_{f_i}}{100}\right)+\sum_{i=1}^{n}(g_i\times s_{g_i}\times 10^{-5})-\sum_{i=1}^{n}\left(p_i\times\frac{s_{p_i}}{100}\right)\right]\times 44/12$$

式中：D——核算时段内二氧化碳排放量，tCO_2；

m_i——核算时段内第 i 种入窑物料使用量，t；

s_{m_i}——核算时段内第 i 种入窑物料含碳率，%；

f_i——核算时段内第 i 种固体燃料使用量，t；

s_{f_i}——核算时段内第 i 种固体燃料含碳率，%；

g_i——核算时段内第 i 种入炉气体燃料使用量，$10^4\ m^3$；

s_{gi}——核算时段内第 i 种入炉气体燃料碳含量，mg/m^3；

p_i——核算时段内第 i 种产物产生量，t；

s_{pi}——核算时段内第 i 种产物含碳率，%。

（三）煤制合成气建设项目二氧化碳排放量可按物料衡算法计算，公式如下：

$$E_{CO_2煤制合成气}=（Q_{煤}\times CC_{煤}+Q_{燃料气}\times CC_{燃料气}\times 10^{-9}-Q_{净化气}\times CC_{净化气}\times 10^{-9}-Q_{气化渣}\times CC_{气化渣}-Q_{低价排放气}\times CC_{低价排放气-CO}\times 28/12）\times 44/12$$

式中：$E_{CO_2煤制合成气}$——煤制合成气工段产生的 CO_2 排放，tCO_2；

$Q_{煤}$——煤炭使用量，t；

$CC_{煤}$——煤炭中含碳质量分数，t_c/t；

$Q_{燃料气}$——粉煤气化、硫回收等装置燃料气用量，Nm^3；

$CC_{燃料气}$——燃料气碳含量，mg/Nm^3；

$Q_{净化气}$——净化气流量，Nm^3；

$CC_{净化气}$——净化气碳含量，mg/Nm^3；

$Q_{气化渣}$——气化灰渣设计产生量，t；

$CC_{气化渣}$——气化灰渣中碳的质量分数，t_c/t；

$Q_{低价排放气}$——低温甲醇洗尾气流量，Nm^3；

$CC_{低价排放气-CO}$——低温甲醇洗尾气的 CO 含量，mg/Nm^3。

附 录 3

二氧化碳排放情况汇总表

（资料性附录）

序号	排放口[1]编号	排放形式[2]	二氧化碳排放浓度[3]/（mg/m^3）	碳排放量[4]/（t/a）	碳排放绩效[5]/（t/t 原料）	碳排放绩效[5,6]/（t/t 产品）	碳排放绩效[5]/（t/ 万元工业产值）	碳排放绩效[5]/（t/ 万元工业增加值）
排放口合计								

[1] 同时排放二氧化碳和污染物的排放口统一编号，只排放二氧化碳的排放口按照相应规则另行编号。
[2] 有组织或无组织。
[3] 无组织排放源不需要填写。
[4] 各排放口和排放口合计都需要填写。
[5] 填写排放口合计，排放绩效具体填报类型参见附录 4。
[6] 电力行业建设项目为 t/（kW·h）。

附 录 4
重点行业碳排放绩效类型选取表
（资料性附录）

重点行业		排放绩效 /（t/t 原料[1]）	排放绩效 /（t/t 产品）	排放绩效 /（t/ 万元工业产值）	排放绩效 /（t/ 万元工业增加值）
电力	燃煤发电、燃气发电	√		√	√
钢铁	炼铁		√[2]	√	√
	炼钢		√[3]	√	√
	钢压延加工		√[4]	√	√
建材	水泥制造		√[5]	√	√
	平板玻璃制造		√[6]	√	√
有色	铝冶炼		√	√	√
铜冶炼		√	√	√	
石化	原油加工及石油制品制造	√		√	√
	煤制合成气生产	√	√	√	√
	煤制液体燃料生产	√	√	√	√
化工	有机化学原料制造[7]		√	√	√

[1] 原料按折标计算。
[2] 吨产品为烧结矿、球团矿、生铁。
[3] 吨产品为石灰、粗钢。
[4] 吨产品为钢材。
[5] 吨产品为吨熟料。
[6] 吨产品为吨玻璃水。
[7] 环氧乙烷产品按当量计算。